云计算数据中心规划与设计

李 劲◎编著

Cloud Computing Data Center
Planning and Design

人民邮电出版社

北 京

图书在版编目（CIP）数据

云计算数据中心规划与设计 / 李劲编著. -- 北京：
人民邮电出版社，2018.3
ISBN 978-7-115-47452-0

Ⅰ. ①云… Ⅱ. ①李… Ⅲ. ①云计算—研究 Ⅳ.
①TP393.027

中国版本图书馆CIP数据核字(2018)第032067号

内 容 提 要

　　本书力求具有理论性、实用性、系统性和导向性，内容密切结合数据中心现状，从理论上提出并论证了面向未来云计算数据中心的架构模型，梳理云计算数据中心项目建设流程和相关环节的注意事项。书中针对云计算数据中心重要组成子系统基础设施、电源系统、制冷系统、网络及综合布线系统、云计算系统、信息安全等方面提出了建设方案，并紧密结合工程实际，结合具体项目案例详细介绍了云计算数据中心的规划，为云计算数据中心的建设人员和管理人员提供了清晰的思路和可操作的方法。

　　本书内容丰富，实用性强，涉及云计算数据中心规划方法、案例等内容，可作为云计算数据中心项目建设工程技术人员、管理人员的参考书或培训教材。

◆ 编　著 李　劲
　　责任编辑 李　强
　　责任印制 彭志环
◆ 人民邮电出版社出版发行　　北京市丰台区成寿寺路 11 号
　　邮编　100164　　电子邮件　315@ptpress.com.cn
　　网址　http://www.ptpress.com.cn
　　三河市中晟雅豪印务有限公司印刷
◆ 开本：787×1092　1/16
　　印张：17.75　　　　　　　　2018 年 3 月第 1 版
　　字数：399 千字　　　　　　 2018 年 3 月河北第 1 次印刷

定价：89.00 元

读者服务热线：(010)81055488　印装质量热线：(010)81055316
反盗版热线：(010)81055315

前　言

随着云计算和大数据的兴起，云计算数据中心如雨后春笋般不断出现。未来云计算数据中心的发展势头更猛，以百度、腾讯、阿里巴巴为代表的互联网企业，中国电信、中国移动、中国联通等运营商，以及华为、浪潮等设备提供商，都有已建、在建或筹建的云计算数据中心。一段时间内，云计算中心和传统数据中心将并存，在未来 5 年内，云计算数据中心每年将以 50% 的增速发展。

云计算数据中心与传统数据中心的差异在哪里，如何建设和管理先进高效的云计算数据中心，是相关建设人员和管理维护人员面临的主要课题。与之相适应，涉及云计算数据中心的技术和学术研究也非常活跃，出版了大量书籍和文献，为业内人士带来了很大的方便。然而，在云计算数据中心规划设计这个极具经济意义和社会意义的重要领域内，仍然还有许多问题有待深入研究。作者根据多年从事数据中心规划、设计工作的总结和体会，融合近年来所承担的科技项目的有关成果，参考了一些兄弟单位和设备供应商的技术解决方案编写了本书，可以说是在这方面的初步尝试，也希望起到抛砖引玉的作用。

本书第 1 章从数据中心的发展趋势出发定义本书的重点研究内容。第 2 章对云计算中心项目建设流程和必要性、可行性的论证提出了相关方法。第 3 章对云计算中心总体建设方案进行了描述，归纳云计算中心相关建设标准、建设目标和原则、系统架构和各子系统组成等。第 4 章描述了基础设施相关建设标准。第 5 章介绍了数据中心电源系统的相关原理和建设方案。第 6 章对数据中心制冷系统的设计方案进行了详细阐述。第 7 章介绍了云数据中心的网络系统。第 8 章系统介绍了云计算系统的规划设计方法。第 9 章对云计算中心的信息安全提出了要求和解决方案。第 10 章介绍了数据中心的消防安全解决方案。第 11 章对云数据中心的运行维护管理提出了建设方案和相关建议。第 12 章介绍了云计算中心建设项目的招标方案建议。第 13 章对数据中心的环保、职业安全、职业卫生相关措施提出了建议。第 14 章对数据中心建设项目实施进度及人员培训提出

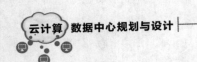

了相关建议。第 15 章对项目投资估算提供依据，并对效益与指标分析方法提出了建议，为项目建设提供了评判依据。第 16 章分析了云数据中心相关项目的风险和风险管理手段。

云数据中心的规划、设计、建设已不再是传统意义上数据中心的规划、设计、建设，而是基于全新云计算技术、基于 SDN 网络通信技术和全新能源技术的数据中心建设。本书基于国内外相关技术标准，对这些技术进行了系统的总结和梳理，为云计算数据中心的建设提供全面的建设规划设计方案，为从事相关工作的各类工程人员提供相应的支撑。

本书内容繁多，编者的时间和水平有限，难免有所疏漏，请各位读者批评指正。

作者

目　录

第 1 章　概述

1.1　数据中心的定义和发展现状

　　数据中心在维基百科里给出的定义是"数据中心是一整套复杂的设施。它不仅包括计算机系统和其他与之配套的设备（如通信和存储系统），还包含冗余的数据通信连接、环境控制设备、监控设备以及各种安全装置"。谷歌在其发布的 *The Datacenter as a Computer* 一书中，将数据中心解释为"多功能的建筑物，能容纳多个服务器以及通信设备。这些设备被放置在一起是因为它们具有相同的对环境的要求以及物理安全上的需求，并且这样放置便于维护，而并不仅仅是一些服务器的集合"。

　　过去 10 多年，数据中心无论是在技术上还是部署上都极速发展，变化也快，但粗略来说可划分为 3 个阶段：第一阶段是以数据中心大集中（Data Center Consolidation）为主的 DC 1.0；第二阶段以利用资源虚拟化（Virtualization）和服务动态管理（Dynamic Service Orchestration）为手段，以增加资源共享利用率和资源部署灵活度的 DC 2.0，上述两个阶段技术上最大的分野为云计算技术的日趋成熟和大批量部署；第三阶段的 DC 3.0 是为了适应目前特别是大型网站（OTT）数据处理急速增长的业务需求而产生的，而其中大部分技术业界还在预研阶段，有很大程度的不确定性。

　　近年来，随着云计算的兴起，数据中心的发展呈大型化发展趋势，我国每年建成的机房中面积超过 3 000m² 的机房数目逐渐增多，小于 3 000m² 的机房数目逐渐减少。我国在 2009 年以前建成的主流机房面积都小于 10 000m²，直到 2009 年开始有占地面积大于 10 000m² 的机房。在 2011 年后，每年建成的主流大型机房中约一半大于 10 000m²。

　　从目前已建数据中心情况来看，三大运营商占据了主流机房数量的 69%，第三方 IDC 运营商占据主流机房的 31%。3 000 万元～ 10 000 万元投资额的项目在主流项目中占比最

高，投资额小于 3 000 万元的项目占比 24%，投资额大于 10 000 万元的项目占比 31%。随着占地面积大于 3 000m² 的机房数目增多，投资额大于 10 000 万元的项目占比将越来越高。

1.2 云计算发展趋势

1.2.1 云计算定义

云计算的定义有多种说法。对于到底什么是云计算，至少有 100 种解释。现阶段被广为接受的定义是美国国家标准与技术研究院（NIST）提出的：云计算是一种按使用量付费的模式，这种模式提供可用的、便捷的、按需的网络访问，进入可配置的计算资源共享池（资源包括网络、服务器、存储、应用软件、服务），这些资源能够被快速提供，只需投入很少的管理工作，或与服务供应商进行很少的交互。

1.2.2 云计算发展简史

1983 年，太阳电脑（Sun Microsystems）提出了"网络是电脑"（The Network is the Computer），2006 年 3 月，亚马逊（Amazon）推出了弹性计算云（Elastic Compute Cloud；EC2）服务。

2006 年 8 月 9 日，谷歌首席执行官埃里克·施密特（Eric Schmidt）在搜索引擎大会（SES San Jose 2006）中首次提出了"云计算"（Cloud Computing）的概念。谷歌"云端计算"源于谷歌工程师克里斯托弗·比希利亚所做的"Google 101"项目。

2007 年 10 月，谷歌与 IBM 开始在美国大学校园，包括卡内基梅隆大学、麻省理工学院、斯坦福大学、加州大学伯克利分校及马里兰大学等，推广云计算的计划，这项计划希望能降低分布式计算技术在学术研究方面的成本，并为这些大学提供相关的软硬件设备及技术支持（包括数百台个人电脑及 BladeCenter 与 System x 服务器，这些计算平台将提供 1 600 个处理器，支持包括 Linux、Xen、Hadoop 等开放源代码平台）。而学生则可以通过网络开发各项以大规模计算为基础的研究计划。

2008 年 1 月 30 日，谷歌宣布在中国台湾启动"云计算学术计划"，与中国台湾的台湾大学、交通大学等学校合作，将这种先进的云计算技术大规模、快速地推广到校园。

2008 年 2 月 1 日，IBM 宣布在中国无锡太湖新城科教产业园为中国的软件公司建立全球第一个云计算中心（Cloud Computing Center）。

2008 年 7 月 29 日，雅虎、惠普和英特尔宣布一项涵盖美国、德国和新加坡的联合研究计划，推出云计算研究测试床，推进云计算。该计划与合作伙伴创建 6 个数据中心作为研究试验平台，每个数据中心配置 1 400 ～ 4 000 个处理器。这些合作伙伴包括新加坡资讯通信发展管理局、德国卡尔斯鲁厄大学 Steinbuch 计算中心、美国伊利诺伊大学香槟分校、英特尔研究院、惠普实验室和雅虎。

2008 年 8 月 3 日，美国专利商标局网站信息显示，戴尔正在申请"云计算"（Cloud

Computing）商标，此举旨在加强对这一未来可能重塑技术架构的术语的控制权。

2010 年 3 月 5 日，Novell 与云安全联盟（CSA）共同宣布一项供应商中立计划，名为"可信任云计算计划"（Trusted Cloud Initiative）。

2010 年 7 月，美国国家航空航天局和包括 Rackspace、AMD、英特尔、戴尔等支持厂商共同宣布 OpenStack 开放源代码计划，微软在 2010 年 10 月表示支持 OpenStack 与 Windows Server 2008 R2 的集成；而 Ubuntu 已把 OpenStack 加至 11.04 版本中。

2011 年 2 月，思科系统正式加入 OpenStack，重点研制 OpenStack 的网络服务。

1.2.3 云计算的特点

云计算通过使计算分布在大量的分布式计算机上，而非本地计算机或远程服务器中，企业数据中心的运行将与互联网更相似，使得企业能够将资源切换到需要的应用上，根据需求访问计算机和存储系统。

好比是从古老的单台发电机模式转向了电厂集中供电的模式，它意味着计算能力也可以作为一种商品进行流通，就像煤气、水电一样，取用方便，费用低廉。最大的不同在于，它是通过互联网进行传输的。

被普遍接受的云计算特点如下。

1. 超大规模

"云"具有相当的规模，谷歌云计算已经拥有 100 多万台服务器，亚马逊、IBM、微软、雅虎等企业的"云"均拥有几十万台服务器。企业私有云一般拥有数百上千台服务器。"云"能赋予用户前所未有的计算能力。

2. 虚拟化

云计算支持用户在任意位置、使用各种终端获取应用服务。所请求的资源来自"云"，而不是固定的、有形的实体。应用在"云"中某处运行，但实际上用户无须了解、也不用担心应用运行的具体位置，只需要一台笔记本或者一个手机，就可以通过网络服务来实现我们需要的一切，甚至包括超级计算这样的任务。

3. 高可靠性

"云"采用了数据多副本容错、计算节点同构可互换等措施来保障服务的高可靠性，使用云计算比使用本地计算机更可靠。

4. 通用性

云计算不针对特定的应用，在"云"的支撑下可以构造出千变万化的应用，同一个"云"可以同时支撑不同的应用运行。

5. 高可扩展性

"云"的规模可以动态伸缩，满足应用和用户规模增长的需要。

6. 按需服务

"云"是一个庞大的资源池，按需购买；云可以像自来水、电、煤气那样计费。

7. 极其廉价

由于"云"的特殊容错措施，可以采用极其廉价的节点来构成云，"云"的自动化

集中式管理使大量企业无须负担日益高昂的数据中心管理成本，"云"的通用性使资源的利用率较之传统的系统大幅提升，因此用户可以充分享受"云"的低成本优势，经常只要花费几百美元、几天时间就能完成以前需要数万美元、数月时间才能完成的任务。

云计算可以彻底改变人们未来的生活，但同时也要重视环境问题，这样才能真正为人类的进步做贡献，而不是简单的技术提升。

1.2.4 云计算演化

云计算主要经历了 4 个阶段才发展到现在这样比较成熟的水平，这 4 个阶段依次是电厂模式、效用计算、网格计算和云计算。

电厂模式阶段：利用电厂的规模效应来降低电力的价格，并让用户使用起来更方便，且无须维护和购买任何发电设备。

效用计算阶段：在 1960 年左右，当时计算设备的价格是非常高昂的，远非普通企业、学校和机构所能承受，所以很多人产生了共享计算资源的想法。1961 年，人工智能之父麦肯锡在一次会议上提出了"效用计算"这个概念，其核心借鉴了电厂模式，具体目标是整合分散在各地的服务器、存储系统以及应用程序来共享给多个用户，让用户能够像把灯泡插入灯座一样来使用计算机资源，并且根据其所使用的量来付费。但由于当时整个 IT 产业还处于发展初期，很多强大的技术还未诞生，比如互联网等，所以虽然这个想法一直为人称道，但是总体而言是"叫好不叫座"。

网格计算阶段：网格计算研究如何把一个需要非常巨大的计算能力才能解决的问题分成许多小的部分，然后把这些部分分配给许多低性能的计算机来处理，最后把这些计算结果综合起来攻克大问题。可惜的是，由于网格计算在商业模式、技术和安全性方面的不足，使得其并没有在工程界和商业界取得预期的成功。

云计算阶段：云计算的核心与效用计算和网格计算非常类似，也是希望 IT 技术能像使用电力那样方便，并且成本低廉。但与效用计算和网格计算不同的是，2014 年以来在需求方面已经有了一定的规模，同时在技术方面也已经基本成熟了。

1.2.5 云计算发展方向

21 世纪 10 年代云计算作为一个新的技术趋势已经得到了快速的发展。云计算已经造就了一个前所未有的工作方式，也改变了传统的软件工程企业。以下几个方面可以说是云计算现阶段发展最受关注的几大方面。

1. 云计算扩展投资价值

云计算简化了软件、业务流程和访问服务，并且帮助企业操作和优化他们的投资资源，不仅降低了成本，梳理了有效的商业模式，还提供了更大的灵活性。有很多的企业通过云计算优化他们的投资。在相同的条件下，企业提升了自身创新能力与 IT 水平，这将会给企业带来更多的商业机会。

2. 混合云计算的出现

企业使用云计算（包括私人和公共）来补充他们的内部基础设施和应用程序。专家预测，这些服务将优化业务流程的性能。采用云服务是一个新开发的业务功能。在这种情况下，按比例快速变化将成为一个优势。

3. 以云为中心的设计

越来越多的企业将组织设计作为云计算迁移的元素。这是一个主流趋势，预计增长将随之扩展到不同的行业。

4. 移动云服务

增长迅速的移动终端，如平板电脑和智能手机在移动服务中发挥了更多的作用。许多这样的设备被用来实现规模业务流程、通信等功能。更多的云计算平台和 API 将提供移动云服务。

5. 云安全

人们担心他们在云端的数据安全。正因为此，用户期待看到更安全的应用程序和技术出现。许多新的加密技术、安全协议，在未来会越来越多地呈现出来。

1.3 云计算数据中心的演进和发展方向

随着云计算的普及，目前传统数据中心的建设正面临异构网络、静态资源、管理复杂、能耗高等方面的问题，云计算数据中心（以下简称云数据中心）与传统数据中心有所不同，它既要解决如何在短时间内快速、高效地完成企业级数据中心的扩容部署问题，同时要兼顾绿色节能和高可靠性要求。高利用率、一体化、低功耗、自动化管理成为云计算数据中心建设的关注点，整合、绿色节能成为云计算数据中心构建技术的发展特点。

数据中心的整合首先是物理环境的整合，包括供配电和精密制冷等，主要问题是解决数据中心基础设施的可靠性和可用性。进一步的整合是构建针对基础设施的管理系统，引入自动化和智能化管理软件，提升管理运营效率。还有一种整合是存储设备、服务器等的优化、升级，以及推出更先进的服务器和存储设备。艾默生公司就提出，整合创新决胜云计算数据中心。

兼顾高效和绿色节能的集装箱数据中心的出现。集装箱数据中心是一种既吸收了云计算的思想，又可以让企业快速构建自有数据中心的产品。与传统数据中心相比，集装箱数据中心具有高密度、低 PUE、模块化、可移动、灵活快速部署、建设运维一体化等优点，成为发展热点。国外企业如谷歌、微软、英特尔等已经开始开发和部署大规模的绿色集装箱数据中心。

通过服务器虚拟化、网络设备智能化等技术可以实现数据中心的局部节能，但尚不能真正实现绿色数据中心的要求，因此，以数据中心为整体目标来实现节能降耗正成为重要的发展方向，围绕数据中心节能降耗的技术将不断创新并取得突破。数据中心高温化是一个发展方向，低功耗服务器和芯片产品也是一个方向。

1.4 本书重点研究内容

云计算的蓬勃发展，给云计算数据中心的建设带来了机遇和挑战，建设规模越来越大，建设过程也越来越复杂，建设成本极高。在云计算数据中心的项目建设过程中，完善的规划设计方案将成为项目成败的关键。

本书重点将从如何制定完善的云计算数据中心硬件设施建设项目的规划设计方案的角度，为云计算数据中心建设的投资方、建设方、承建方、设备厂商和相关工程技术人员提供相关的资料和建议。内容涵盖基础设施、电力、制冷、网络及综合布线、云计算系统架构规划、信息安全、机房环境和消防、运行维护和项目建设管理等全过程。本书简洁、全面地介绍了云计算中心项目硬件设施的规划设计，推动云计算数据中心的发展和进步。

第2章　云计算数据中心项目建设流程和必要性、可行性论证

2.1　云计算数据中心建设需求分析

2.1.1　需求的产生

随着社会信息化的发展，IT技术的应用越来越普遍，各行各业需要更多的服务器、存储设备来满足这些应用的承载，云计算和大数据分析技术的出现，对服务器和存储设备的使用需求呈几何级数的增加，如何安置和维护好这些IT设备，常常通过数据中心项目来满足需求。需求是产生项目的基本前提。

2.1.2　需求识别

需求识别是项目启动阶段的首要工作，需求识别始于需求，问题或机会的产生通过需求建议书终结。云计算数据中心建设项目的需求识别，是为了使项目所期望的目标能以更好的方式来实现，项目建设方要清楚地指定，只有需求明确，设计出好的项目规划方案，承建方才能更准确地把握建设方意图，这对项目是大有益处的。

需求识别是一个过程，需求产生之时也就开始了识别需求。尽管产生了需求，作为数据中心项目的投资或建设方，此时萌发的是要得到什么的愿望，或感觉到缺乏什么，这时候还是一种朦胧的念头，还不清楚具体什么样的数据中心才能满足这种愿望，所期望的还可能只是一个范围，于是就要收集信息和资料、进行调查和研究，从而确定到底是怎样的数据中心才能满足需求。当然在需求识别的过程中还需要考虑一系列的约束条件，需求识别并非想入非非、随意而定的。有时，识别需求也并非是云计算数据中心建设投资方的个体行为，他们可能受到熟知群体的影响，比如数据中心领域的专家等，向他们征求建议，也可能向承建方请求他们的帮助，因为承建方在数据中心建设方面是专家，更能解决专业问题。当云计算数据中心的需求界定之后，就可开始准备需求建议书了，这就是从投资建设方的角度出发，全面详细地论述、表明本项目期望的目标或者期望得到什么，这种期望实质上就是项目目标的雏形。当需求建议书准备完毕后，投资建设方剩下的工作就是向潜在的承建方发送需求建议书（招标文件），以便从回复的项目申请书（应标文件）中评选出候选承建方（中标方），在招标公示流程后签订建设合同。至此需求识别告一段落。

需求的识别过程对投资建设方来说无疑是至关重要的。在现实的案例中，经常会遇到这样的例子，招标文件没有明确的建设需求，往往在实施过程中成为建设双方争论的焦点。责任是明确的：一方面，投资建设方没有明确告诉委托人希望的目标；另一方面，承建方也没有进行充分的调查研究。双方都具有一定的责任。

可以看出，需求识别的过程和作为对于云计算数据中心项目管理是异常重要的，需求识别意味着从开始时就避免了项目投资的盲目性。一份良好的需求建议书便是投资建设方与承建方沟通的基本条件，也是项目取得成功的关键。

2.1.3 需求建议书

需求建议书就是从投资建设方的角度出发，全面、详细地向承建方陈述、表达为了满足其已识别的需求应做哪些准备工作。也就是说，需求建议书是承建方发出的，用来说明如何满足其已识别需求的建议书。一份良好的需求建议书，主要包括：满足其需求的项目的工作陈述、对项目的要求、期望的项目目标、客户供应条款、付款方式、项目时间、对承建方的投标响应文件要求等。因此，需求建议书往往作为招标技术文件的一部分，在项目的招投标阶段作为要约发送给潜在的承建方。

好的需求建议书能让项目承建方把握客户所期待的产品或服务是什么，或者说所希望得到的是什么，只有这样，承建方才能准确地进行项目识别、项目构思等，从而面向客户提交一份有竞争力的方案建议书。因此，项目投资建设方的需求建议书应当是全面的、明确的，能够提供足够的信息，以使得承建方能够把握客户的主体思想。

项目投资建设方为了全面、准确地向承建方表达项目的意图，就需要认真、充分地准备一份好的需求建议书，一般应包含以下内容：

1. 云计算数据中心项目的总体陈述；

2. 项目的目标；

3. 项目目标的规定；

4. 项目供应；

5. 项目的付款方式；

6. 项目进度计划；

7. 对交付物的评价标准；

8. 有关承建方投标的事项；

9. 投标方案的评审标准。

2.2 云计算数据中心项目建设流程

云计算数据中心项目建设运营周期与一般项目建设流程类似，有一个完整、高效、规范的建设流程，有效地保证网络建设的水平和效率。该流程可以分为 3 个时期 8 个阶段，如图 2.1 所示。

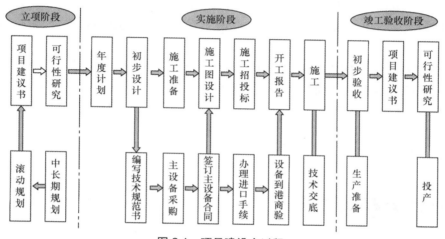

图 2.1　项目建设全过程

首先是项目前期（立项阶段），包括项目建议书和可行性研究报告两个阶段；其次是建设期（实施阶段），包括初步设计、设备厂商或承建方招标或技术谈判、施工图设计、施工 4 个阶段；最后是投产期（竣工验收阶段），包括竣工验收（初验、终验）、项目投产两个阶段。

项目建议书主要内容包括：对市场需求、技术发展、现有网络进行初步分析；提出网络的初步建设方案；对建设方案进行比较并选择；投资估算以及投资分析；重点在于多方案比较（技术、经济）。其作用为建设单位对项目做出的初步决策提供依据。

项目可行性研究报告主要内容包括：市场的需求、技术的发展、现有网络的进一步分析；提出初步网络建设方案；建设方案的比较并进行选择；投资估算以及经济分析；重点在于工程的经济可行性（包含建设规模、收入、投资、经营成本的预测）。其目的和作用是作为工程建设单位向政府或决策部门（董事会）申请立项的依据。

初步设计阶段主要内容包括：论述工程建设的理由、工程的建设方案；提出设备选型，采取重大技术措施，对技术指标与经济指标进行分析、研究，方案比选并推荐采用的方案，并进行工程设备配置、工程的投资概算；重点在于工程总体建设方案的比选以及投资概算。其目的是作为工程项目技术上的总体规划，为施工做准备，确定投资额度。初步设计阶段责任单位为项目设计单位。

设备厂商或承建方招标或技术谈判阶段主要内容包括：根据审定的设计方案，编制工程技术规范书；与设备供应商技术谈判；通过招投标等方式确定设备供应商或项目承建方；签订设备购买或项目总承包合同；重点在于技术、商务比较。其目的是保证工程进度、工程质量；采购合适的设备（技术、经济）和承建方。责任单位为建设单位和设计单位。

施工图设计的主要内容包括提出工程实施的具体措施（工程设备配置、工程技术措施）；绘制施工图纸；编制工程预算。其目的是指导施工，便于工程竣工、决算。责任单位为设计单位。

施工阶段主要内容为：施工现场复勘；工程施工和设备安装；设备安装后，先对设备单机测试；后对系统段测试；最后联网测试；编制竣工资料。责任单位为项目承建方。

竣工验收阶段主要内容包括：编制工程验收指标；工程验收小组对工程质量全面检验；审查竣工验收报告；确定竣工决算。其目的是尽快将系统投入使用；控制投资规模。工程验收小组人员应由建设、监理、维护管理、生产、设计、施工单位等部门组成。

投产试用期主要内容包括：竣工验收合格的工程由维护生产单位接管运营，根据竣工决算进行固定资产登记。

2.3 项目建设可行性论证

可行性分析是通过对项目的主要内容和配套条件，如市场需求、资源供应、建设规模、工艺路线、设备选型、环境影响、资金筹措、盈利能力等，从技术、经济、工程等方面调查研究和分析比较，并对项目建成以后可能取得的财务、经济效益及社会环境影响预测，从而提出该项目是否值得投资以及如何建设的咨询意见，为项目决策提供依据的一种综合性的系统分析方法。可行性分析应具有预见性、公正性、可靠性、科学性的特点。

2.3.1 可行性研究的依据

一个拟建项目的可行性研究，必须在国家有关的规划、政策、法规的指导下完成，同时，还必须要有相应的各种技术资料。可行性研究工作的主要依据包括：

① 国家经济和社会发展的长期规划，部门与地区规划，经济建设的指导方针、任务、产业政策、投资政策和技术经济政策以及国家和地方法规等；

② 经过批准的项目建议书和在项目建议书批准后签订的意向性协议等；

③ 由国家批准的资源报告，国土开发整治规划、区域规划和工业基地规划，对于交通运输项目建设要有相关的江河流域规划与路网规划等；

④ 国家进出口贸易政策和关税政策；

⑤ 当地的拟建厂址的自然、经济、社会等基础资料；

⑥ 有关国家、地区和行业的工程技术、经济方面的法令、法规、标准定额资料等；

⑦ 由国家颁布的建设项目可行性研究及经济评价的有关规定；

⑧ 包含各种市场信息的市场调研报告。

可行性研究工作对于整个项目建设过程乃至整个国民经济都有非常重要的意义，为了保证可行性研究工作的科学性、客观性和公正性，需有效地防止错误和遗漏，可行性研究的一般要求如下。

（1）首先必须站在客观公正的立场调查研究，做好基础资料的收集工作。对于收集的基础资料，要按照客观实际情况论证评价，如实地反映客观经济规律，从客观数据出发，通过科学分析得出项目是否可行的结论。

（2）可行性研究报告的内容深度必须达到国家规定的标准，基本内容要完整，应尽可能多地占有数据资料，避免粗制滥造，搞形式主义。

在做法上要掌握好以下 4 个要点。

① 先论证，后决策。

② 处理好项目建议书、可行性研究、评估这 3 个阶段的关系，哪一个阶段发现不可行都应当停止研究。

③ 要将调查研究贯彻始终。一定要掌握切实可靠的资料，以保证资料选取的全面性、重要性、客观性和连续性。

④ 多方案比较，择优选取。对于涉外项目，或者在加入 WTO 等外在因素的压力下必须与国外接轨的项目，可行性研究的内容及深度还应尽可能地与国际接轨。

（3）为保证可行性研究的工作质量，应保证咨询设计单位有足够的工作周期，防止因各种原因造成不负责任、草率行事的现象发生。

具体工作周期应由委托单位与咨询设计单位在签订合同时协商确定。

2.3.2　可行性研究主要内容

各类投资项目可行性研究的内容及侧重点因行业特点而差异很大，但一般应包括以下内容。

（1）投资必要性。在投资必要性的论证上，一是要做好投资环境的分析，对构成投资环境的各种要素进行全面的分析论证；二是要做好市场研究，包括市场供求预测、竞争力分析、价格分析、市场细分、定位及营销策略论证。

（2）技术可行性。主要从项目实施的技术角度，合理设计技术方案，并比选和评价。各行业不同项目的技术可行性的研究内容及深度差别很大。对于工业项目，可行性研究的技术论证应达到能够比较明确地提出设备清单的深度；对于各种非工业项目，技术方案的论证也应达到工程方案初步设计的深度，以便与国际惯例接轨。

（3）组织可行性。制定合理的项目实施进度计划、设计合理的组织机构、选择经验丰富的管理人员、建立良好的协作关系、制定合适的培训计划等，保证项目顺利执行。

（4）风险因素及对策。主要对项目的市场风险、技术风险、财务风险、组织风险、法律风险、经济及社会风险等风险因素做评价，制定规避风险的对策，为项目全过程的

风险管理提供依据。

上述可行性研究的内容，适用于不同行业、各种类型的投资项目。我国缺乏对各类投资项目可行性研究的内容及深度进行统一规范的方法，各地区、各部门制定的各种可行性研究的规定，基本上都是根据工业项目可行性研究的内容为主线制定的，并且基本上是以联合国工业发展组织的《工业项目可行性研究报告编制手册》为蓝本来编写的。我国急需一个各行业通用的、对可行性研究的内容及深度提出共性要求的统一规定，以规范整个可行性研究工作，避免各种非工业项目可行性研究都要参照工业项目的尴尬局面。

一般项目可行性研究的内容，均应设专章论述投资必要性、技术可行性、财务可行性、组织可行性和风险分析等内容。对于工业项目，应设多个章节对原材料供应方案、厂址选择、工艺方案、设备选型、土建工程、总图布置、辅助工程、安全生产、节能措施等技术可行性的各方面内容进行研究。对于非工业项目，应重视项目的经济和社会评价，重点评价项目的可持续性和对经济、社会、环境的影响。

在可行性研究中，咨询工程师应根据项目的特点，合理确定可行性研究的范围和深度，应按照下列步骤开展咨询工作：①了解业主意图；②明确研究范围；③组成项目小组；④搜集资料；⑤现场调研；⑥方案比选和评价；⑦编写报告。

第 3 章 云计算数据中心总体建设方案

3.1 数据中心建设相关标准

　　云计算数据中心的建设涵盖了建筑及结构、给排水、电气技术、暖通空调、计算机通信、消防、智能楼宇等多个专业技术，国内和国际上在数据中心总体设计和各专业领域已出台多个相关标准和规范。因此，我们在规划设计云计算数据中心的过程中，不仅要考虑满足客户的需求，同时要遵循标准和规范。本书将以最新的中国国家标准《数据中心设计规范》（GB 50174-2017）为总纲，同时参考美国国家标准学会（ANSI）2005 年批准颁布的《数据中心电信基础设施标准》（TIA-942 标准），指导云计算数据中心各子系统的规划设计。云计算数据中心的建设相关规范包括以下规范。

1. 总体规范

　　（1）国家标准《数据中心设计规范》（GB 50174-2017），2018 年 1 月 1 日生效。包含机房分级及性能要求、机房位置与设备布置、环境要求、建筑与结构、空气调节、电气、电磁屏蔽、机房布线、机房监控与安全规范、给水排水、消防。

　　（2）《互联网数据中心（IDC）工程设计规范》（YD 5193-2014）。主要内容包括互联网数据中心（IDC）的业务、系统组成、IDC 分级、机房设施子系统、网络子系统、资源子系统、业务子系统、管理子系统、安全、计费、IP 地址与码号、服务质量、能耗、设备配置要求等。

　　（3）美国国家标准学会（ANSI）2005 年批准颁布的《数据中心电信基础设施标准》（TIA-942 标准）。包含数据中心空间与布局、电源系统、布线路由、冗余、分级标准等。

2. 建筑及结构规范

（1）《电子计算机场地通用规范》（GB/T 2887-2011）。

（2）《电信专用房屋设计规范》（YD/T 5003-2014）。

（3）《公共建筑节能设计规范》（GB 50189-2015）。

（4）《绿色建筑评价标准》（GB/T 50378-2014）。

（5）《建筑照明设计标准》（GB 50034-2013）。

（6）《建筑装饰装修工程质量验收规范》（GB 50210-2001）。

3. 给排水规范

（1）《建筑给水排水设计规范》（GB 50015-2010）。

（2）《室外给水设计规范》（GB 50013-2006）。

（3）《室外排水设计规范》（GB 50014-2006）。

4. 电气技术规范

（1）《供配电系统设计规范》（GB 50052-2009）。

（2）《10kV 及以下变电所设计规范》（GB 50053-2003）。

（3）《低压变配电设计规范》（GB 50054-2009）。

（4）《3 ～ 110kV 高压配电装置设计规范》（GB 50060-2008）。

（5）《民用建筑电气设计规范》（JGJ 16-2008）。

（6）《建筑物防雷设计规范》（GB 50057-2010）。

（7）《信息技术设备用不间断电源通用技术条件》（YD/T 1095-2008）。

5. 暖通空调规范

（1）《采暖通风与空气调节设计规范》（GB 50019-2015）。

（2）《通风与空调工程施工质量验收规范》（GB 50243-2016）。

6. 计算机通信规范

（1）《综合布线系统工程设计规范》（GB 50311-2015）。

（2）《电信机房铁架安装设计标准》（YD/T 5026-2005）。

（3）《计算机机房用抗静电活动地板技术条件》（SJ/T 10796-2001）。

（4）《数据中心基础设施施工及验收规范》（GB 50462-2015）。

（5）《综合布线系统工程验收规范》（GB/T 50312-2016）。

7. 消防规范

（1）《建筑设计防火规范》（GB 50016-2014）。

（2）《气体灭火系统设计规范》（GB 50370-2005）。

（3）《火灾自动报警系统设计规范》（GB 50116-2013）。

8. 智能楼宇规范

（1）《智能建筑设计标准》（GB/T 50314-2015）。

（2）《安全防范工程技术规范》（GB 50348-2004）。

（3）《视频安防监控系统工程设计规范》（GB 50395-2007）。

3.2　云计算数据中心分类

在数据中心规划时，业界一般会首先考虑数据中心的定位，机房（机楼）的定位决定了数据中心的规模和建设条件。机房的分类主要根据机房的硬件设施，结合软件设施进行分类。这里主要介绍 GB 50174-2017 和 TIA/EIA-942 的 IDC 机房分类。

在数据中心建设过程中，业界可以根据机房的建设目标按照分类要求建设，即机房分类作为机房建设的输入条件，也可能机房先建设好了，根据分类标准归类。在制定数据中心建设方案时，业界需要关注客户业务需求，分析机房的分类规划，作为机房硬件设备配置的输入条件。

3.2.1　GB 50174-2017机房分级

数据中心机房应划分为 A、B、C 三级。设计时应根据机房的使用性质、管理要求及其在经济和社会中的重要性确定所属级别。

符合下列情况之一的数据中心机房应为 A 级：（1）电子信息系统运行中断将造成重大的经济损失；（2）电子信息系统运行中断将造成公共场所秩序严重混乱。A 级电子信息系统机房内的场地设施应按容错系统配置，在电子信息系统运行期间，场地设施不应因操作失误、设备故障、外电源中断、维护和检修而导致电子信息系统运行中断。

符合下列情况之一的电子信息系统机房应为 B 级：（1）电子信息系统运行中断将造成较大的经济损失；（2）电子信息系统运行中断将造成公共场所秩序混乱。B 级电子信息系统机房内的场地设施应按冗余要求配置，在系统运行期间，场地设施在冗余能力范围内，不应因设备故障而导致电子信息系统运行中断。

不属于 A 级或 B 级的电子信息系统机房为 C 级。C 级电子信息系统机房内的场地设施应按基本需求配置，在场地设施正常运行情况下，应保证电子信息系统运行不中断。

本标准与 TIA/EIA-942 的区别主要在于等级的划分，A 级对应 TIA/EIA-942 的 Tier 4，B 级对应 TIA/EIA-942 的 Tier 2，C 级对应 TIA/EIA-942 的 Tier 1，Tier 3 基本归类为 A 级。

3.2.2　TIA/EIA-942机房分级

1. Tier 1 机房：基本的机房基础设施

（1）基本配置要求

Tier 1 机房定义为基本配置机房。基本配置机房内的计算机设备具有无备援容量的电力配送和制冷组件，具有单一或无备份电力配送和制冷分配路径来供应计算机设备。即使有 UPS 或者发电机，也是单模块系统，具有多处单故障点。

（2）性能确认

具有足够的空间容量满足机房设备安装的需求；或许有（也许没有）架空地板；系统故障会影响大部分基础设施系统中的计算机设备、系统和用户体验。

（3）操作影响

机房运行易受已计划活动和计划外的活动影响。计划内和计划外的活动都会很容易引起机房整体运行中断。

机房基础设施（系统、组件或分配路径等元素）中断或故障将会影响机房计算机设备的运行。

对于机房基础设施各组件的人为操作错误或自然故障将导致整个数据中心运行中断。

为了实现预防性的维护和维修，基础设施需完全地手动关闭。一般情况下，基础设施每年需要完全关闭一次，确保安全地进行必要的预防性保养和维修工作；紧急情况下，可能需要更频繁的系统关闭；如未定期维修，将大大增加意外中断的风险，以及后续出现严重故障的可能性。

Tier 1 数据中心机房的可用性为 99.671%。

2. Tier 2 机房：具冗余组件级机房基础设施

（1）基本要求

Tier 2 机房具有一些冗余的部件或备援容量组件。具有部分备援容量的电力配送和制冷组件，具有单一或部分备援电力配送和制冷分配路径来供应计算机设备。UPS 和发电机的设计容量是 $N+1$，且为单回路设计，因此有单点中断可能。

（2）性能确认

冗余部件或备援容量组件可以有计划地从服务中删除，不会导致机房整体运行中断。

数据中心配备架空地板。

对关键分配路线和其他基础设施维护仍需要程序化地关闭设备。删除分配路线或其他备援组件仍需要关闭部分工作的计算机设备。

（3）操作影响

机房运行易受已计划活动和计划外的活动所影响。计划内和非计划性的活动引起数据中心中断的可能性小于 Tier 1 级数据中心。计划外的活动会很容易引起机房整体运行中断。任何计划外的冗余部件失效也许会影响计算机设备。计划外之任何冗余系统中断或故障将会影响计算机设备。

机房基础设施组件的人为操作错误也许会导致机房整体运行中断。

机房基础设施各组件的人为操作错误或自然故障将导致机房整体运行中断。

机房基础设施每年必须完全关闭一次，确保安全地进行必要的预防性保养和维修工作；紧急情况下可能需要更频繁的系统关闭；如未定期维修，将大大增加意外中断的风险，以及后续出现严重故障的可能性。

Tier 2 数据中心的可用性为 99.741%。

3. Tier 3 机房：可并行维护级机房基础设施

（1）基本要求

Tier 3 机房具有冗余部件和备援容量组件；具有多个独立的备援电力配送和制冷分配路径来供给计算机设备；任何时候只需要一个分配路径即可供给计算机设备。

所有的 IT 设备都是双电源的。数据中心的容错电力遵循规范（版本 2.0）所定义的，且正确安装并与该机房基础设施的拓扑架构兼容。任何传输设备，如使用点开关则必须纳入不符合本规范的计算机设备内。

（2）性能确认

每个在分配路径中的部件或组件的备份容量部件或组件，都可以有计划地从服务中移除，不会造成任何计算机设备中断。

当备援组件因任何原因导致从服务中被删除时，要有足够的永久备份容量以满足机房的需求。对于大型系统，这意味着是两个独立的通路，必须有充足的处理能力和配电通路，允许在一条通路承担负载工作的同时，另外一条通路进行维护和测试。

（3）操作影响

操作人员可以在不引起计算机硬件运行中断的情况下，进行所有计划内的现场活动。计划性的活动包括：保护性和程序式的维护、维修和组件替换，增加或者减少与处理能力相关的部件，对部件和系统测试，节能改造活动以及更多的活动。

机房整体运行易受计划外活动影响。任何计划外活动（如操作错误或者设施部件自然故障）导致的容量系统中断或失效，将会影响计算机设备或机房的整体运行。任何计划外之容量组件或分配要素中断或失效，也许会影响计算机设备。机房基础设施组件的人为操作错误也许会导致机房设备运行中断。

计划内的机房基础设施维修，可以使用备援容量部件和备份分配路径来安全地替代维修设备执行任务。

在维修期间，损坏的风险可能会升高（此类保养状况不会使正常运作达成之等级评定无效）。

在客户的业务需求允许增加成本进行更高级保护时，Tier 3 数据中心机房通常可以升级到 Tier 4 级数据中心机房。

Tier 3 数据中心机房的可用性为 99.982%。

4. Tier 4 机房：容错级机房基础设施

（1）基本要求

Tier 4 机房：容错级机房具有多个独立的、完全隔离的备份容量组件系统，具有独立、多样化的有效分配路径，同时为计算机设备供应电力配送和制冷分配。备份容量组件及多元化分配路径，须配置成 N 的容量，在基础设施发生任何故障时可以提供计算机设备电力和冷却。

所有的 IT 设备是双电源的，机房容错电力遵循规范（版本 2.0）所定义的并且正确安装，须与该机房基础设施的拓扑架构相同。传输设备如使用点开关，必须纳入不符合本规范的计算机设备内。

基础设施的备份系统和备份分配路径必须完全地彼此隔离（隔间），以防止任何单一事件同时影响主用/备份系统或分配路径。

连续冷却是必需的。

（2）性能确认

任何基础设施主用/备用系统及其组件，任何基础设施主用/备用分配路径及其组件

的单一故障不会影响到计算机设备的运行。系统会自动自我恢复，以防止故障进一步影响到该机房的整体运行。

每个在分配路径中的备份系统及其组件，都可以有计划地从服务中移除，不会对计算机设备和机房整体运行造成任何影响。

当备份系统及其组件，或分配路径因任何原因从服务中被移除时，机房基础设施有足够的容量，可以满足机房正常整体运行的需求。

（3）操作影响

数据中心机房运行不会受计划内事件的影响。Tier 4 机房的基础设施的性能和能力可以保证任何计划内活动不会引起关键负载的中断。

数据中心机房运行不会受任何单一计划外活动的影响。数据中心基础设施的容错能力可以为基础设施提供能忍受至少一次的最糟糕的情况——计划外故障或非关键性负载事件的冲击能力。这需要同时工作的两条配送途径，通常是双系统（S+S）的配置；从电力角度考虑，需要两个独立的（$N+1$）UPS 系统。

计划内的机房基础设施维修，可以使用备份系统及其部件和备份分配路径来安全地替代维修设备执行任务。在维修期间，如果备份系统及其部件和备份分配路径关闭，会因基础设施其他分配路径发生故障导致计算机设备损坏以及机房整体运行中断的风险相对升高（此类保养配置不会使正常运作达成的等级评定无效）。

根据消防和供电安全规范要求，由于火灾报警或灭火行动启动了紧急停电程序（EPO），导致停机事件的发生，这可能导致机房运行中断。

全面地达到 Tier 4 级机房的要求并不容易，需要较大的投资和较长的时段。以下几个要素是 Tier 4 机房的特征要求：（1）至少 3 000 m^2 以上；（2）70 ～ 80 个经验丰富的专业化管理人员；（3）独立建筑且功能分区；（4）双系统，双信道甚至多信道备份；（5）可用性达到 99.995%。

3.3 能效模型评估

3.3.1 能效定义

《中华人民共和国节约能源法》指出，所谓节能是指加强用能管理，采取技术上可行、经济上合理以及环境和社会可以承受的措施，减少从能源生产到消费各个环节中的损失和浪费，更加有效、合理地利用能源。因此，现代意义的节约能源并不是简单地减少使用能源，降低生活品质，而应该是提高能效，降低能源消耗，也就是"该用则用、能省则省"。能效，即能源效率，一般是指在能源利用中，发挥作用的能源量与实际消耗的能源量之比。从数据中心运营及使用角度看，数据中心的能效可以广义地定义为数据中心服务器所执行的运算任务与任务执行过程中所耗费的总能量之比。

3.3.2　数据中心能耗结构

数据中心是能够容纳多个计算机或服务器及与之配套的通信和存储设备的多功能建筑物，它包含一整套的复杂设施，如电源保障系统、环境控制设备、安全装置等。相比于传统的机房，数据中心具有高密度、规模化、高可靠性和运营方式灵活的特点。随着云计算的快速发展，数据中心越来越成为信息存储、处理的重要载体。与一般的建筑设施不同，为了保证计算机系统的安全可靠运行，数据中心能耗一般能达到同样面积的办公楼的 100 ～ 200 倍，如此大的耗电量使能耗管理成为数据中心设计者和运营商需要考虑的重要问题。能耗管理的主要目的是提高能源使用的效率和降低所有与能耗相关的经济及环境代价，具体来说，数据中心的业主关心能耗带来的投资及运营成本，而社会及政府则需要关注高能耗对环境的影响。

一个典型的数据中心主要由冷水机组、室内空调、供配电系统、IT 设备及照明等几个部分消耗电能，其中，核心的 IT 设备，包括计算、存储、网络等，约消耗整个数据中心 30% 的能耗，而配套及保障设施需要消耗其他约 70% 的电能。这些配套设施中，为保证 IT 设备运行所需的温度、湿度环境而使用的制冷设备、室内空调等耗能最多，约占整个数据中心能耗的 30% ～ 50%，而用于满足 IT 设备电压、电流要求及保证供电安全可靠性的 UPS 及配电单元等电源设备需要消耗约 20% ～ 25% 的电能。

3.3.3　能耗影响因素

影响数据中心能耗的因素很多，包括数据中心的环境影响、设备运行过程中的能源损耗、为保障 IT 设备安全可靠运行的冗余设备的能源消耗，以及能源管理的效率等。

1. 设备能源损耗

数据中心的设备能源损耗主要来源于两个部分，第一部分是 UPS 的转换损耗，通常 UPS 在负载较高时转换效率为 88% ～ 94%，最新的飞轮 UPS 和高效 UPS 在正常工作时可作为 UPS 的旁路，使得总体的转换效率提高到 97%。

另外，过长的电力线缆在传输时也会产生不可忽略的损耗，如电缆长度大于 100m 时，损耗可能高达 1% ～ 3%。

空调同样带来效率的降低，一种情况是如果机架距离空调较远时，空调风扇需要增大功率，同时如果冷通道过长，冷热空调混合的机会也会增大，这样会严重降低空调的效率。另一种情况是大型机房采用的冷水主机，通常冷冻水的温度接近 10℃，如此低的温度很容易引起空调主机的结露现象，从而降低空调效率。

2. 低效的能源使用

冷却机组和室内空调是数据中心能耗的重要部分，温度设置过低、气流组织设计不合理都会导致能耗的浪费。

数据中心设计时需要合理配置冷气流输送和热气流排放口的位置、气流组织模式，以及冷热气流的温度。冷却机组输送的冷气与 IT 设备产生的热气流需要相互隔离，互不干扰。如果冷热气流交汇，那么冷气机组就需要消耗额外的电能用于热气流的降温。

目前绝大多数机房的设置温度为 20℃，以确保 IT 设备不会因过热而宕机。2011 年美国采暖、制冷与空调工程师学会（ASHRAE）发布了第 3 版最新设备的温湿度环境建议标准。

ASHRAE 建议数据中心的操作温度在 18℃～ 27℃ 范围内。据估计数据中心的设置温度每降低 1℃，将会多消耗 2%～ 4% 的电能，假设 IT 设备在室温 27℃ 环境下与在 20℃ 环境下运行状况相同，那么将环境温度设为 20℃ 就会浪费约 20% 的能耗。

3. 降低能耗的主要措施

美国谷歌公司根据其数据中心建设的十几年经验，总结了降低数据中心能耗的 4 项措施。

（1）气流组织：尽量减少热气流与尚未经过设备的冷气流的混合，室内机到工作点的路径尽可能短，从而减少传输损耗。

（2）提高冷通道温度：可将冷通道的温度从 18℃～ 20℃ 提升到 27℃，更高的冷通道温度可提高冷冻水的温度，从而减少主机的工作时间。

（3）利用自然冷却技术：例如，冷却塔采用自然蒸发散热的模式，可以极大地降低冷水机组的耗能。谷歌在比利时的机房甚至 100% 利用自然冷却技术。

（4）高性能 UPS：配电设备是数据中心高耗能设施之一，降低配电设备的能耗一是要尽量提高电源转化的效率，减少电压电流转换带来的损耗，例如，利用新型飞轮 UPS 可以将电源转换效率从普通的 90% 提高到 97%；二是尽量缩短高压电源到设备的传输距离以减少线路损耗，例如，采用给每个服务器配置 12V 直流 UPS 可以将能耗效率提高到 99.99%。

3.3.4 数据中心能效评价标准

1. 基础设施能效

国际上目前比较通行的衡量数据中心能效的指标是 PUE 和 DCiE，其计算公式为：

$PUE =$ 数据中心总耗电 /IT 设备耗电

$DCiE = 1/PUE =$ IT 设备耗电/数据中心总耗电

在这两个指标中，IT 设备耗电被认为是"有意义"的电能，PUE 值越高表示该数据中心的能效越低。

2. 设备能效

尽管 PUE 定义了数据中心基础设施的能效，但是 IT 设备自身的能效并未考虑在内。例如，服务器的核心功能是运算和存储，而数据中心输入到每个服务器电能并不是 100% 应用到运算及存储模块上，通常电源、稳压模块和内部风扇占据了服务器 20% 以上的能耗。

服务器的能效（SPUE）可以用类似 PUE 的方法来衡量，即服务器输入电量与有效耗电量之比。其中，有效耗电量是指与运算直接相关的服务器部件，包括主板、CPU、磁盘、内存、输入输出等，但不包含服务器内电源、稳压模块及内部风扇等的能耗。据绿色网格组织统计，SPUE 一般为 1.6～ 1.8，因为服务器电源效率约为 80%，而绝大多数主板使用的稳压模块有超过 30% 的能源损耗。

3. 负载能效

数据中心运营的最终目的是提供计算及应用服务，然而，通常服务器不运行应用程序或处于待机状态时依然要消耗电能，换言之，服务器有用部件所消耗的电能也并非全部"有意义"。由于服务器能耗会随计算负荷的变化而改变，对于终端应用层次服务器能效（LPUE）的测算需要考虑不同计算负荷下能耗的变化。目前国内、国际对不同负载下服务器能效的评估方法有很多研究，但没有统一的标准，因此采用国际权威 IT 测试组织 SPEC 发布的统计性能评价基准测试结果是目前可行的一种方法。利用不同服务器平台运行一个标准的应用程序，并对其系统负荷对比，从而排除软件效能对于能耗的影响，关注服务器硬件本身负荷和能耗之间的关系。

3.3.5　综合能效评估模型

综上所述，数据中心的能效评价包含 3 个层次：基础设施、IT 设备、服务器负载，严格意义上的能效应该能够体现数据中心所有应用服务所消耗的负载耗能与数据中心的总耗能的关系。

由此，数据中心能效可定义为：

能效（E）＝负载耗电/总耗电

受能效控制要求、设施条件等的限制，不同的数据中心可以根据各自的情况决定能效评价的粒度，采用不同的评估指标，如下公式所示：

能效（E）＝负载耗电/总耗电 ＝1/PUE（负载耗电＝IT 设备耗电）

能效（E）＝负载耗电/总耗电 ＝（1/PUE）×（1/$SPUE$）（负载耗电＝服务器有效部件耗电）

能效（E）＝负载耗电/总耗电 ＝（1/PUE）×（1/$SPUE$）×（计算耗电 / 服务器有效部件耗电）（负载耗电＝计算耗电）

统计资料在强调低 PUE 值以外，更着重介绍了如何定制服务器，减少不必要的组件，从而提高 IT 设备能效。随着云计算产业的不断发展，服务器负载均衡、基于负载的能效评价等也都逐渐成为国内外研究的热点，这些都表明数据中心的能耗管理已经从仅仅关注 PUE 向综合能效评估转变。

从国外先进数据中心的设计经验来看，模块化和集装箱式机房由于采取冷通道封闭、科学设计气流组织，使用列间空调缩短冷空气传输距离及列间 UPS 缩短电源传输距离，相比于传统机房能效大大提高。同时，由于其模块化的特点，还可在小范围内采用提高冷通道温度等措施，从而直接降低 PUE 值。另外，模块化的设计有利于在能耗管理中根据服务器负载情况局部调整服务器环境，避免不必要的能耗。

3.4　建设目标和原则

3.4.1　建设目标

1. 高效、绿色、节能

数据中心是大量业务、应用、计算、数据加工、存储和处理的中心，大量的服务器、

磁盘阵列、安全设备、网络设备运行在数据中心机房。能耗是数据中心主要的运维成本之一，建设绿色数据中心，可以达到节省运维成本、提高数据中心容量、提高电源系统的可靠性及可扩展的灵活性等效果。随着互联网业务的迅速发展，数据中心耗能呈逐步上升的趋势，数据中心节能已成为节能工作的重点之一。数据中心中，主设备耗电占45%～55%，空调设备占35%～45%，电源设备及其他占10%～15%。因此在考虑通信机房及数据中心节能时，对于新建机房主要从空调、主设备、电源等方面考虑，降低通信机房和数据中心的能耗。

在机房的深化设计中，通过冷热通道的管理、气流组织管理、保温等设计和施工措施，降低机房冷量损耗，提升空调系统的制冷效率。

2. 稳定、安全、可靠

数据中心机房承载了企业的核心 IT 设备和信息数据，任何故障都有可能给客户带来巨大风险。因此机房建设必须满足各种 IT 设备和工作人员对温度、湿度、洁净度、电磁场强度、噪声干扰、安全保安、防漏、电源质量、振动、防雷和接地等的要求，并在数据中心布线、空调和电源等重要环节规划必要的冗余方案，保证建设一个稳定可靠的现代化计算机机房，更好地满足企业未来的业务发展。

安全性是数据中心建设中的关键，它包括物理空间统一的多重安保措施及网络的安全控制。数据中心应有完整的安全策略控制体系以实现其安全控制。

3. 统一集成和集中管理

在建设数据中心时，随着业务的不断发展，管理的任务必定会日益繁重。所以在数据中心的设计中，必须建立一套全面、完善的管理和监控系统。所选用的设备应具有智能化、可管理的功能，同时采用先进的管理监控系统，实现先进的集中管理监控，实时监控、监测整个数据中心机房的运行状况，实时灯光、语音报警，实时事件记录，这样可以迅速确定故障，提高运行性能、可靠性，简化数据中心管理人员的维护工作，从而为数据中心安全、可靠的运行提供最有力的保障。

3.4.2 建设原则

数据中心的基础设施建设是整个项目的重要部分，数据中心设计应满足当前云数据中心的各项需求应用，同时也需要满足面向未来快速增长的发展需求。因此数据中心具备先进、可靠、灵活、高质量、开放的特性，在系统集成和机房建设实施时遵循以下原则。

1. 先进性、实用性

在注重实际的情况下，机房应尽量采用现时的先进技术和设备，在保证满足当前需求的同时，兼顾未来业务的预期需求。所采用的设备、产品和软件不仅成熟而且能代表当今世界的技术先进水平，为业务提供稳定可靠的保障，并适应高速的业务发展需要，使整个数据中心机房系统在一段时期内保持技术的先进性，并具有良好的发展潜力。

2. 安全、可靠性

为保证云数据中心机房内各项业务应用能持续提供服务，机房配套设施必须整体具有高的可靠性。通过对机房的布局、电源、制冷、节能等各个方面进行高可靠性的设计，在关键设备中采用硬件备份、冗余等可靠性技术。

采用相关的软件技术提供较强的管理机制、控制手段和事故监控与安全保密等技术措施以提高机房的安全性。

3. 标准化、可扩展性

标准化、开放性是现代技术发展及应用的必要基础。云数据中心机房作为一个综合性的大系统，必须遵循国际标准和国家颁布的有关标准，包括各种建筑、机房设计标准，电力电气保障标准，空调、消防设计标准，以及计算机局域网、广域网标准，坚持统一规范的原则，从而为未来的业务发展、系统增容奠定基础。

机房必须具有良好的灵活性与可扩展性，能够根据业务不断深入发展的需要，在不影响现有业务前提下平滑地扩大设备容量和提高用户的数量和服务质量。机房内各系统应具备支持多种灵活地与外部系统互联互通的能力，提供技术升级、设备更新的灵活性。

3.5 云计算中心总体架构设计

3.5.1 设计理念

1. SAFE 理念

针对云数据中心项目，业界提出 SAFE 创新理念，从智能管理（Smart）、高可用性（Availability）、灵活扩展（Flexibility）、高效节能（Efficient）4 个方面规划和设计，如图 3.1 所示。

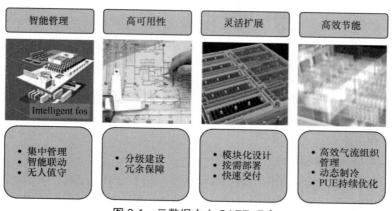

图 3.1 云数据中心 SAFE 理念

2. 智能化管理（Smart）

智能化管理（Smart）是新一代数据中心的主要特征，主要聚焦在智能散热技术、动态智能制冷、数据中心自动化管理方面。系统采用"集中管理、分散采集"的模式，通过分布在数据中心各区域的现场采集器（串口服务器），实现对监控设备的数据分散采集；现场采集器将采集的数据上传至监控服务器，实现完全集中的数据共享，由集中监

控系统对分布在不同区域的机房实现集中管理。通过"硬联动"和"软联动"技术，在不需人工干预的情况下，各子系统根据预先设计的规则自动配合，确保稳定、持续地提供服务。通过集成管理系统实现对数据中心 7×24×365 的全面集中监控和管理，保障数据中心机房内各设备及子系统的安全高效运行，以期实现最高的机房可用率，并不断提高运营管理水平，建立统一高效的管理平台，使解放机房管理人员成为现实，实现无人值守的目标，如图 3.2 所示。

基础设施智能化管理和 IT 架构智能化管理就像数据中心的左脑和右脑，互相协同工作，为业务信息提供一体化的智能化服务平台，在业务信息系统整个生命周期内提供全流程资源支持，根据业务信息系统的需要，动态调整所需要的 IT 资源、基础资源（供电、制冷等），使投资实现最大价值和效果。

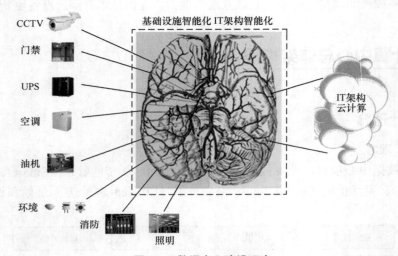

图 3.2　数据中心建设理念

3. 高可用性（Availability）

通过不同业务信息系统对基础资源可用性等级的不同诉求，将基础资源、IT 资源与业务信息系统紧密连接，帮助数据中心合理平衡基础资源的投入，提升基础资源的利用率，从而提升业务成效。

4. 灵活扩展（Flexibility）

如图 3.3 所示，在物理上采用模块化设计思想，基于电源、空调、IT 设备等各个系统之间的一种均衡；建设上采用增量构建方式，使在空间扩展上便于实现系统规划，避免投资过度；同时充分考虑未来设备集中化、虚拟化的发展方向，按照功率密度的不同来划分机房区域，并可根据业务应用级别的不同，灵活地实现资源按需分配，有效降低了成本。

监控系统采用"集散"控制系统架构，支持按各子系统的纵向扩展和安装物理模块的横向扩展。

5. 高效节能（Efficient）

高效节能（Efficient）是新一代数据中心设计和建设的核心理念。结合多年的设计经验和成功案例，在保证数据中心可靠性和可用性的前提下，采用多种节能措施，提高数据中心的能效。

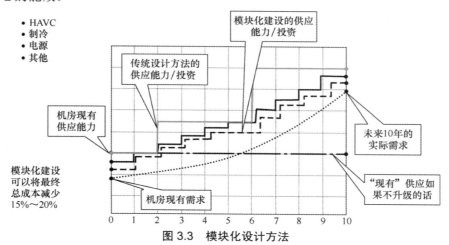

图 3.3 模块化设计方法

3.5.2 IT和工程结合

数据中心建设是一个十分复杂的工程，既是 IT 项目，也是工程项目。业界需结合多个数据中心建设项目的实施，综合 IT 项目与工程项目的特性，合理安排进度与流程，确保项目成功实施。

3.5.3 云数据中心总体架构

云数据中心总体架构如图 3.4 所示。

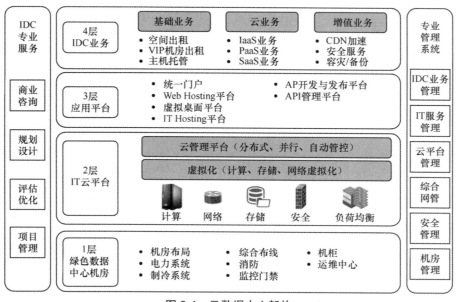

图 3.4 云数据中心架构

该架构包括 4 层结构：底层为数据中心机房；第 2 层为云平台，包括云管理平台，虚拟化以及计算、网络、存储等设备；第 3 层为数据中心应用平台，包括虚拟桌面平台、统一门户、API 管理平台等；最上层是数据中心业务层，包括基础业务、云业务、增值业务。

第4章 基础设施

4.1 数据中心选址

关于数据中心机房选址，国内和国外数据中心相关建设规范都有描述，其中以我国国家标准《数据中心设计规范》（GB 50174-2017）和美国国家标准学会（ANSI）2005 年批准颁布的《数据中心电信基础设施标准》（TIA-942 标准）描述较为详细，以下分别进行介绍，供读者参考。

4.1.1 GB 50174-2017 标准机房选址要求

《数据中心设计规范》（GB 50174-2017）在第 4.1 章对机房选址进行了规定。

其中第 4.1.1 节电子信息系统机房位置选择应符合下列要求：

① 电力供给应充足可靠，通信应快速畅通，交通应便捷；

② 采用水蒸发冷却方式制冷的数据中心，水源应充足；

③ 自然环境应清洁，环境温度应有利于节约能源；

④ 应远离产生粉尘、油烟、有害气体以及生产或贮存具有腐蚀性、易燃、易爆物品的场所；

⑤ 应远离水灾、地震等自然灾害隐患区域；

⑥ 应远离强振源和强噪声源；

⑦ 应避开强电磁场干扰；

⑧ A 级数据中心不宜建在公共停车库的正上方；

⑨ 大中型数据中心不宜建在住宅小区和商业区内。

第 4.1.2 节描述对于设置在建筑物内局部区域的数据中心，在确定主机房的位置时，应对安全、设备运输、管线敷设、雷电感应、结构荷载、水患及空调系统室外设备的安装位置等问题进行综合分析和经济比较。

在《数据中心设计规范》(GB 50174-2017) 的条文说明中对相应条款做了详细的说明。第 4.1.1 节释义如下。

在保证电力供给、通信畅通、交通便捷的前提下，数据中心的建设应选择气候环境温度相对较低的地区，这样有利于降低能耗。

电子信息系统受粉尘、有害气体、振动冲击、电磁场干扰等因素影响时，将导致系统运算差错、误动作、机械部件磨损、腐蚀、缩短使用寿命等。数据中心位置选择应尽可能远离产生粉尘、有害气体、强振源、强噪声源等场所，避开强电磁场干扰。

水灾隐患区域主要是指江、河、湖、海岸边，A 级数据中心的防洪标准应按 100 年重现期考虑；B 级数据中心的防洪标准应按 50 年重现期考虑。在园区内选址时，数据中心不应设置在园区低洼处。

对数据中心选址地区的电磁场干扰强度不能确定时，需实地测量，测量值超过本规范第 5 章规定的电磁场干扰强度时，应采取屏蔽措施。

从安全角度考虑，A 级数据中心不宜建在公共停车库的正上方，当只能将数据中心建在停车库的正上方时，应对停车库采取防撞防爆措施。

大中型数据中心是指主机房面积大于 200m² 的数据中心。由于空调系统的冷却塔或室外机组工作时噪声较大，如果数据中心位于住宅小区内或距离住宅太近，噪声将对居民的生活造成影响。居民小区和商业区内人员密集，也不利于数据中心的安全运行。

数据中心选址时，如不能满足本条和附录 1 的要求，应采取相应防护措施，保证数据中心安全。附录 1 中规定的数据中心与飞机场之间的距离主要是指在航道范围内建设数据中心时需要保持的距离，不在航道范围内建设数据中心，不受此条限制。

第 4.1.2 节在多层或高层建筑物内设置电子信息机房时，影响主机房位置确定的因素释义如下。

1. 设备运输：主要考虑为机房服务的冷冻、空调、UPS 等大型设备的运输，运输线路应尽量短。

2. 管线敷设：管线主要有电缆和冷媒管，敷设线路应尽量短。

3. 雷电感应：为减少雷击造成的电磁感应侵害，主机房宜选择在建筑物低层中心部位，并尽量远离建筑物外墙结构柱子（其柱子内钢筋作为防雷引下线）。

4. 结构荷载：由于主机房的活荷载标准值远大于建筑的其他部分，从经济角度考虑，主机房宜选择在建筑物的低层部位。

5. 水患：数据中心不宜设置在地下室的最底层。当设置在地下室的最底层时，数据中心应采取措施，防止管道泄漏、消防排水等水渍损失。

6. 机房专用空调的主机与室外机在高差和距离上均有使用要求，因此在确定主机房位置时，数据中心应考虑机房专用空调室外机的安装位置。

在规范标准附录 1 中，列出了各级数据中心位置选择的详细要求，本书摘录如表 4.1

所示。

表 4.1　各级数据中心技术要求

项目	技术要求			备注
	A级	B级	C级	
距离停车场	不宜小于20m	不宜小于10m	—	包括自用和外部停车场
距离铁路和高速公路的距离	不宜小于800m	不宜小于100m	—	不包括各场所自身使用的数据中心
距离地铁的距离	不宜小于100m	不宜小于80m	—	不包括地铁公司自身使用的数据中心
在飞机航道范围内建设数据中心距离飞机场	不宜小于8 000m	不宜小于1 600m	—	不包括机场自身使用的数据中心
距离甲、乙类厂房和仓库、垃圾填埋场	不应小于2 000m		—	不包括甲、乙类厂房和仓库自身使用的数据中心
距离火药、炸药库	不应小于3 000m		—	不包括火药、炸药库自身使用的数据中心
距离核电站的危险区域	不应小于40 000m			不包括核电站自身使用的数据中心
有可能发生洪水的地区	不应设置数据中心		不宜设置数据中心	
地震断层附近或有滑坡危险区域	不应设置数据中心		不宜设置数据中心	
从火车站、飞机场到达数据中心的交通道路	不应少于2条道路	—	—	

4.1.2　TIA-942标准机房选址要求

在《数据中心电信基础设施标准》（TIA-942 标准）的附录 F 中对机房选址考虑的描述如下。

1. 建筑物不应该位于百年一遇的洪水平原上、靠近地震断层、在有滑坡危险的山上、水坝或水塔水流下的地方。此外，附近应该没有在地震时会落下碎片的建筑物。

2. 建筑物不应该位于附近有机场飞行轨迹的地方。

3. 建筑物不应该位于距离铁路或高速公路 0.8km 以内的地方，减少化学品溢出的危险。

4. 建筑物不应该位于距离机场、研究实验室、化工厂、垃圾掩埋场、河流、海岸线或大坝 0.4km 以内的地方。

5. 建筑物不应该位于距离一个军事基地 0.8km 以内的地方。

6. 建筑物不应该位于距离一个核工厂、军火厂或防御工程 1.6km 以内的地方。

7. 建筑物不应该位于相邻有外国使馆的地方。

8. 建筑物不应该位于高危险的区域。

在 TIA-942 标准规范的附表 A 中，列出了各级机房对机房位置选择的详细要求，本书摘录如表 4.2 所示。

表 4.2　各级机房位置选择要求

	级别1	级别2	级别3	级别4
在洪水危害边界图或洪水保险费率图中，靠近洪水危害区域	没要求	不能在洪水危害区域内	不能在百年一遇或50年一遇、小于91m/100码的洪水危害区域（100码=91.44m）	不小于91m/100码的洪水危害区域（100码=91.44m）
靠近沿海或岛屿的水路	没要求	没要求	不小于91m	不小于0.8km
靠近主要交通要道	没要求	没要求	不小于91m	不小于0.8km
靠近飞机场	没要求	没要求	不小于1.6km或大于48km	不小于8km或大于48km
靠近大城市的区域	没要求	没要求	不大于48km	不大于16km
多租户占有的建筑物	没要求	只有在财物是无危害时，允许	如果所有租户是数据中心或电信公司时，允许	如果所有租户是数据中心或电信公司时，允许

对于建筑位置的考虑，TIA-942 标准描述如下。

① 建筑物实际位置应该是单独的专用于数据中心的建筑物的一层。

② 首选柱子之间大净跨度的、能够最大利用空间来安放设备的建筑物。

③ 建筑物材料应该是不燃的。外墙应该是混凝土或方石砌体建造，以便提供安全性，特别是在灌木丛火灾能够导致服务损耗或威胁结构的区域。

④ 当建筑物不是专用于数据中心时，其他租户应该是非工业的和不干扰数据中心的。避免建筑物与饭店和咖啡厅在一起，减少火灾危险。

⑤ 如果数据中心是在多租户建筑物的最顶层，那么，应该有足够的竖井和管道空间，提供给发电机、安全、电信和电管、空调、通风和加热系统、接地导体和天线电缆使用。

⑥ 建筑物应该满足安装的结构要求。考虑 UPS 电池和变压器的载荷，又要考虑隔绝在相邻楼层上的旋转的设备的震动。

⑦ 应该提供足够的空间给所有的机械和电力设备，包括室内的、室外的和屋顶的设备。应该考虑将来设备的需求。

⑧ 计算机房的位置应该远离 EMI 和 RFI 源，如 X 射线设备，无线电变送器和变压器。EMI 和 RFI 源头应该在一定距离以外，这样可以减少干扰，通过频谱 3.0V/m。

⑨ 避免将计算机机房安排在休息室、管理员厕所、厨房、实验室和机械房的正下方。

4.1.3　云数据中心选址

云数据中心是一项成本较大、人才密集、技术集中、要求高度可用性的系统工程。从选址的角度，除技术上受相关标准的制约外，数据中心的可用性会受到以下 6 个方面要素的影响。

第一，地理位置、自然条件、自然环境。应远离地震、台风、洪水等自然灾害易发地区，气候条件舒适稳定，环境清洁；应尽可能方便而非偏远，其地理位置应利于交通与通信。

第二，社会及当地的人力资源条件。主要考察当地经济文化发展水平、科技教育环境、交通便利条件、人力资源供应及水平等方面，数据中心作为信息技术的集中体现，对各种社会资源的要求都非常高。

第三，当地的水、电、气配套的设施条件。数据中心的业务特点以及其质量和容量的要求，决定了数据中心对当地供电能力的要求，供电量必须保证充足和稳定。

第四，建设和运营的成本因素。对于一个建设项目来说，成本必然是一个必须反复权衡的因素。成本涉及当地规划及土地价格、房屋建筑价格、租赁和物业价格、网络通信费用、用电价格、用水价格、人力成本和当地消费水平等多种因素。

第五，所在地的周边环境条件。选址应避开产生粉尘、油烟、有害气体，以及生产或贮存腐蚀性、易燃、易爆物产品的工厂、仓库等，远离高速路、铁路 1 500m 以上，以避免震动对于主机的影响。

第六，政策环境，当地政府提供的政策。良好的政策环境将有利于一个基地气候的形成，促进客户的选择和落户。

实际的云数据中心项目选址应根据以上 6 个要素综合考虑，按重要性排序为地理位置、自然条件、自然环境；所在地的周边环境条件；建设和运营的成本因素；政策环境；社会及当地的人力资源条件。

4.2 数据中心功能布局及结构设计

根据功能的不同，数据中心可以划分为主机房区、支持区、辅助区和行政管理区。主机房区包括：服务器机房、网络机房、存储机房等。支持区包括：高低压变配电房、发电机房、UPS 电池电力室、空调机房、设备监控机房、接入室和消防控制中心等。辅助区包括：监控室、休息区、会议室等。行政管理区包括：用户接待区、用户操作区等。以上可根据实际功能需要选择性设置。

4.2.1 GB 50174-2017 机房组成和结构设计要求

在 GB 50174-2017 标准的第 4.2 节，机房组成描述如下。

数据中心的组成应根据系统运行特点及设备具体要求确定，应由主机房、辅助区、支持区、行政管理区等功能区组成。

主机房的使用面积应根据电子信息设备的数量、外形尺寸和布置方式确定，应预留今后业务发展需要的使用面积。主机房的使用面积可按下列方法确定。

当电子信息设备已确定规格时，按照下式计算：

$A = SN$

式中，A ——主机房的使用面积（m^2）；

    S——单台机柜（架）、大型电子信息设备和列头柜等设备占用面积，可取
     $2.0 \sim 4.0(\mathrm{m}^2/\text{台})$；

    N——主机房内所有机柜（架）、大型电子信息设备和列头柜等设备的总台数。

  辅助区和支持区的面积之和可为主机房面积的 $1.5 \sim 2.5$ 倍。

  用户工作室的使用面积可按 $4\mathrm{m}^2/$ 人 $\sim 5\mathrm{m}^2/$ 人计算；硬件及软件人员办公室等有人长期工作的房间，使用面积可按 $5\mathrm{m}^2/$ 人 $\sim 7\mathrm{m}^2/$ 人计算。

4.2.2　TIA/EIA-942机房组成和结构设计要求

  在 TIA/EIA-942 标准的第 3.2 节和第 5 章，详细描述了数据中心空间与其他建筑物空间的关系以及相关布局要求。图 4.1 说明了一个典型的数据中心的主要空间和它们之间及与数据中心以外的空间是怎样联系的。

  数据中心电信空间包括入口房间、主要分布区域（MDA）、水平分布区域（HDA）、区域分布区域（ZDA）和设备分布区域（EDA）。

  入口房间是用于数据中心结构电缆系统和建筑物内部电缆的接口，为接入运营商和消费者共有。这个空间包括接入运营商的分隔硬件和接入运营商的设备。如果数据中心在一个一般办公用途或除数据中心外还有其他性质空间的建筑物中，入口房间可以位于计算机房外面。入口房间位于计算机房外面也可以增加安全性，因为它避免了接入运营商技师进入计算机房。数据中心可以有多个入口房间来提供冗余或用来避免接入运营商的备用电路超过最大的电缆长度。入口房间通过主要分布区域与计算机房交界。入口房间可以与主要分布区域相邻或与主要分布区域结合。

  主要分布区域包括主要十字连接（MC），它是数据中心结构电缆系统分布区域的中心点。当设备区域直接从主要分布区域得到服务时，主要分布区域也可能包括水平交叉连接（HC）。这个空间是在计算机房内的。在多租客数据中心，为安全起见，主要分布区域可以位于一个专用房间。每一个数据中心必须至少有一个主要分布区域。计算机房中心路由器、中心局域网（LAN）开关、中心存储区域网络（SAN）开关和专用的分支交换（PBX）经常位于主要分布区域。因为这一空间是数据中心电缆基础设施的中心。接入运营商的备用设备［如 M13 多路（复用）器］经常位于主要分布区域而不是在入口房间，这样可以避免由于电路长度限制而需要第二个入口房间，主要分布区域可以服务于一个数据中心中的一个或多个水平分布区域或设备分布区域，一个或多个电信房间位于计算机房外面用来支持办公空间、操作中心和其他外部支持房间。

  当水平交叉连接（HC）不位于主要分布区域时，水平分布区域是用来服务于设备区域的。因此，当水平分布区域被使用时它可能包括水平交叉连接（HC），该水平交叉连接（HC）分布给电缆到设备分布区域的点。水平分布区域在计算机房中，但为安全起见，它可以位于计算机房中的一个专用房间。水平分布区域一般包括 LAN 开关、SAN 开关和位于设备分布区域末端设备的键盘/视频/鼠标（KVM）开关。一个数据中心的计算机房空间可以在多个楼层，每层由它自己的 HC 来服务。当全部的计算机房空间可以支持主要分布区域时，一个小型的数据中心可以不要求水平分布区域。然而，一个典型的数据中心将有几个水平分布区域。

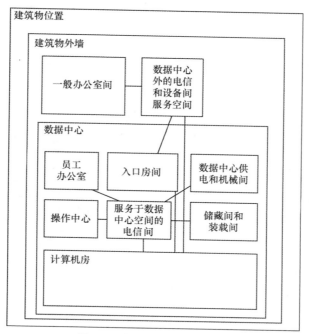

图 4.1　数据中心的空间关系

设备分布区域（EDA）是分布末端设备的空间，包括计算机系统和电信设备。这些区域一定不能用作入口房间和主要分布区域或水平分布区域。

还有一个可选择的、水平电缆的互相联络点，叫作区域分布区域。这一区域位于水平分布区域和设备分布区域之间，允许时常发生的重新配置和机动性。

典型的数据中心包括一个入口房间、可能一个或多个电信机房、一个主要分布区域和几个水平分布区域。图 4.2 所示是典型的数据中心布局。

数据中心设计师可以将主要交叉连接和水平交叉连接合并在一个单独的主要分布区域内，可能像一个单个机柜或机架那么小。在一个简化的数据中心布局中，用于电缆连接支持区域和入口房间的电信机房也可以被合并到主要分布区域中。图 4.3 所示是针对小型数据中心的简化数据中心布局。

具有大型而独立的办公室和支持区域的数据中心，可能需要多个电信机房。对每一个大型的数据中心来说，因电路距离的限制可能需要多个入口房间。附加的入口房间可能被连接到主要分布区域和水平分布区域，这些区域是用来支持使用螺旋双绞电缆、光纤电缆和同轴电缆的。图 4.4 所示是具有多个入口房间的数据中心的布局。第一入口房间一定不能直接用电缆连接到水平分布区域。增加第二入口房间是为了避免超出电路长度限制。尽管通常不建议或鼓励将第二入口房间的电缆直接连到水平分布区域，但是，为了满足电路长度限制和冗余的需要，它还是允许的。

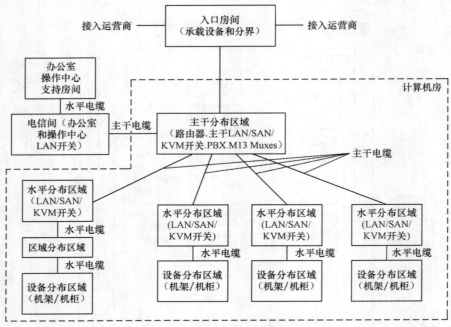

图 4.2 基本的数据中心布局范例

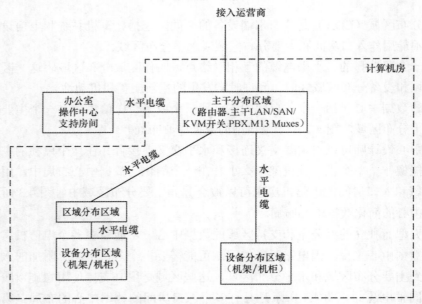

图 4.3 简化的数据中心布局范例

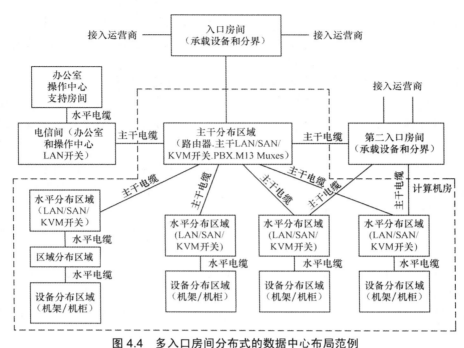

图 4.4 多入口房间分布式的数据中心布局范例

在 TIA/EIA-942 标准的第 5.3 节对计算机房相关布置要求进行了详述,本书不再展开。

4.3 给排水设计

在数据中心机房设计中,给排水设计与灭火系统、空调机和加湿器等设施相关联。在 GB 50174-2017 标准的第 12 章对给排水有详细要求。在 TIA/EIA-942 标准第 5 章以及附录 G6 均有给排水要求的相关描述。

当有水浸入的危险存在时,数据中心必须提供一种排水的方法(如一个地面排水沟)。此外,每 100 m² 应该提供一种或多种排水方法。任何通过房间的水和排水管应该设置在远离设备的位置,而不是直接在设备的上方。电子信息系统机房内的给水排水管道应采取防渗漏和防结露措施。穿越主机房的给水排水管道应暗敷或采取防漏保护的套管。管道穿过主机房墙壁和楼板处应设置套管,管道与套管之间应采取密封措施。主机房和辅助区设有地漏时,应采用洁净室专用地漏或自闭式地漏,地漏下应加设水封装置,并应采取防止水封损坏和反溢措施。电子信息机房内的给水排水管道及其保温材料均应采用难燃材料。

4.4 装饰装修

数据中心的装修主要为了满足机房环境工艺指标要求,包括架空地板、防鼠堤坝、

防水堤、机房特殊工艺的间隔墙、机房金属吊顶、机房特殊工艺组件的包装、机房内末端照明、插座、消防设备等配套设施。装修过程中应制订同等通用的基础建设标准，为适应多变的需求提供便利的基础条件。

数据中心机房的装修选用气密性好、不起尘、易清洁、变形小，具有防火、防潮性能的材料；避免在机房内产生各种干扰光线（反射光、折射光、眩光等），宜选用亚光材料；应避开强电磁场干扰及保障电脑系统信息安全；为满足机房的消防要求，装潢材料应选用不燃材料（防火等级 A 级）。

装饰材料选择以金属材料（A 级）及难燃材料（B1 级）为主，以满足机房区域内防静电、防辐射、防尘、防水、防雷、防火、防潮、防震和防噪声的要求为原则。

在机房施工中，应注意如下细节的处理。

防水防潮处理：避免生产用水或污水通过墙体和地面渗到信息机房内影响设备正常运行。

防静电处理：机房装修中，注意防静电地板、机架底座、顶棚、墙、柱面、管线等金属材料的接地处理。

防尘处理：保证机房的密闭性，并对地板下空气循环区域进行防尘处理，刷防尘涂料。

机房孔洞封堵：对机房所有孔洞进行有效封堵，封堵材料需满足《建筑内部装饰设计防火规范》的要求，保证机房能防火、防虫。

保温、隔热：注意机房地面的保温、防水处理。

1. 吊顶

顶面：根据机房的具体建筑结构情况，整个机房为了确保机房的保温和消防需要，全部采用规格为 600mm×600mm×0.8mm 的微孔铝制天花板铺设，距地面不小于 3m，具有美观的形式和耐用、防火、防潮的功能。

铝合金微孔方板材料特点如下。

① 美观适用：铝合金微孔方板以铝合金板为主要原料，采用先进的技术生产，质感良好、线条美观、色彩柔和、连接光滑，既可同其他装饰材料配合使用，如防静电地板、透明玻璃隔墙等，也使装饰风格非常协调，艺术情趣十分盎然。

② 不燃性：由于以金属为原料，不会燃烧，符合现代建筑消防安全的需要。

③ 吸音效果：利用网口面板及吸音材料，具有极好的吸音效果。

④ 产品寿命长，经济实用。

2. 地面

（1）地面工艺要求。

① 在平地面上做防潮、防尘处理，刷高级防潮防尘漆。

地面保温：主机房、测试机房地面全部贴一层 15mm 厚保温棉。

② 敷设地板之前，在防静电地板下，先敷设 3mm×30mm 紫铜板网格等电位网，地板金属支架均匀用 BV2.5 导线与等电位网连接，便于泄放静电。

③ 活动地板采用无边防静电地板，防静电地板安装高度距地 700mm，铺设应紧密、

牢固，不得有响动。

④ 各板块间隙不大于 0.5mm；相邻板块高度差不大于 0.5mm；各区整体不平度不大于 0.2mm。

⑤ 地板调整水平时，不得用垫物；遇不规则地面时，应对地面进行处理。

⑥ 加工地板光滑、平整，走线口边必须磨圆滑，加装塑料走线孔盖。

⑦ 地板与墙面交界处，需精确切割下料。切割边需封胶处理后安装。地板安装后，用彩钢板厂家踢脚板压边装饰。

⑧ 主机房与走道连接处、消防通道与室外连接处做设备斜坡，方便重型设备搬运。监控室、UPS 间等辅助功能区安装静电地板的区域门口做台阶时，要求美观大方，台阶面敷设抗静电防滑地毯。

⑨ 精密空调、小型机、UPS 主机及电池柜、配电柜等重型设备下均做槽钢支架，使负载均衡，确保整体负荷在可承受范围内。机房承重加固采用 10cm 槽钢加固，加固区间必须和静电地板保持在同一高度。

（2）静电地板。

机房采用优质防静电地板，可做到有效地防潮、防火、防尘和保持良好的温湿度，同时做静电泄露接地系统。抗静电活动地板技术指标如下。

① 地板电阻率：（$10 \times 10^7 \sim 10 \times 10^8$）$\Omega \cdot cm$。

② 分布载荷：$1\,500 kg/m^2$；集中载荷：$700 kg/m^2$。

③ 地板下表面平整、不起尘、易清洁。

④ 地板达到国标 GB 6650-86 的要求。

活动地板在计算机房建设中是必不可少的主材。机房敷设活动地板主要有两个作用：首先，在活动地板下形成隐蔽空间，可以在地板下敷设电源线管、线槽、综合布线、消防管线以及一些电气设施（插座、插座箱等）等；其次，敷设了活动地板，可以在活动地板下形成空调送风静压箱和冷空气流通通道。此外，活动地板的抗静电功能也为计算机及网络设备的安全运行提供了保证。

活动地板主要由两部分组成：① 抗静电活动地板板面；② 地板支承系统，主要为横梁支角（支角分成上、下托，螺杆可以调节，以调整地板面水平）。地板规格主要为 600mm×600mm，其具备以下优点。

① 易于更换：用吸板器可以取下任何一块地板，使地板下面的管线及设备的维护保养及修理极其方便。

② 使用灵活：当其中的某一部分需要改变，如增加新的机柜，其扩展极其方便，如可任意调整地板高度。

③ 牢固性、稳定性和紧密性：活动地板的安装工艺可以保证地板的严密和稳定；调整好不会有响动和摇摆，也没有噪声；对有孔洞如管、槽，则要做好封堵，保持围护结构的严密，防止老鼠进入。

④ 活动地板形状规则，表面平整：安装平整的活动地板，给人以高档、豪华的印象。

⑤ 地板系统可以承受较高压力的碾压：在高压力下有较好的持续性。这是因为地板

本身承载能力大、板面的硬度高及稳定性好。

地板支架为可调支撑，下部结构配有自带静电释放接地装置的功能，所有支撑之间有加强筋，满足机房的承重需求；横梁为专用钢材，具有刚性好、承载能力强等特点。支架、横梁表面采用镀锌处理，美观、防腐。图 4.5 所示为静电地板安装。

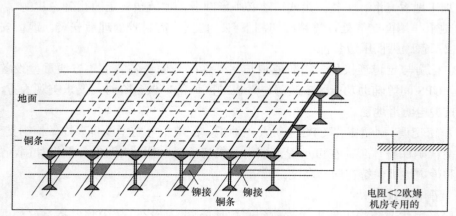

地面

铜条

铆接   铆接
      铜条

电阻<2 欧姆
机房专用的

图 4.5　静电地板安装示意

（3）机房地面保温措施。

① 必要性。

因空调采用下送上回的方式，地板下空需作为送风通道。由于空调 24 小时不间断工作，地面楼板的温度始终保持在设定温度左右，在高温炎热天气，下一层楼吊顶上方的温度可以达到 40℃以上甚至到 50℃，这时楼板的下底面和上表面温差很大，会产生结露滴水现象，严重影响下一层楼的工作环境，并损坏房屋结构。

② 采用措施。

采用在主机区水泥地面上铺设厚玻化微珠保温砂浆，可取得良好的效果。

③ 工艺保障。

保温材料 40mm 厚防止冷气下渗，达到防止结露的目的。

3. 墙、柱面

机房内墙装修的目的的是保护墙体材料，保证室内使用条件，创造一个舒适、美观而整洁的环境。

内墙的装饰效果由质感、线条和色彩 3 个因素构成。目前，在机房墙面装饰中最常见的是贴墙材料（如铝塑板、彩钢板）饰面等，其特点：表面平整、气密性好、易清洁、不起尘、不变形。

土建墙体厚度要符合热负荷要求，使室内热负荷减少到最低限度。所采用的材料应该不易燃烧，而且隔热、隔音、吸音性好。

墙体表面涂附的材料种类很多，设计者可根据实际情况，参考有关资料合理选择。要求不易产生尘埃、不产生静电、无毒的材料。

彩钢板装修材料具备以下特点：

（1）耐候性好、强度高、易保养；

（2）优良的隔音性、断热性和绝佳的防火性能；

（3）可塑性好、耐撞击、屏蔽强、防震性好；

（4）平整性好，轻而质感好，颜色可选；

（5）可回收，绿色环保。

无框玻璃隔断，应采用槽钢、全钢结构框架。墙面玻璃厚度不小于 10mm，门玻璃厚度不小于 12mm。表面不锈钢厚度应保证压延成型后平如镜面的视觉效果。

石膏板、吸音板等隔断墙的沿地、沿顶及沿墙龙骨建筑围护结构内表面之间应衬垫弹性密封材料后固定。当设计无明确规定时，固定点间距不宜大于 800mm。

竖龙骨准确定位并校正垂直后与沿地、沿顶龙骨可靠固定。

有耐火极限要求的隔断墙竖龙骨的长度应比隔断墙的实际高度短 30mm，上、下分别形成 15mm 膨胀缝，其间用难燃弹性材料填实。全钢防火大玻璃隔断，钢管架刷防火漆，玻璃厚度不小于 12mm，无气泡。

安装隔断墙板时，板边与建筑墙面间隙应用嵌缝材料可靠密封。

当设计无明确规定时，用自攻螺钉固定墙板宜符合：螺钉间距沿板周边间距不大于 200mm，板中部间距不大于 300mm，均匀布置。

有耐火极限要求的隔断墙板应与竖龙骨平等铺设，不得与沿地、沿顶龙骨固定。

隔断墙两面墙板接缝不得在同一根龙骨上，每面的双层墙板接缝亦不得在同一根龙骨上。

安装在隔断墙上的设备和电气装置固定在龙骨上，墙板不得受力。

隔断墙上需安装门窗时，门框、窗框应固定在龙骨上，并按设计要求对其缝隙密封。

4. 门、窗

根据机房防火要求，各功能分区应采用钢制防火门。

不锈钢门框、窗框、隔断墙的规格型号应符合设计要求，安装应牢固、平整，其间隙用非腐蚀性材料密封。当设计无明确规定时，隔断墙沿墙立柱固定点间距不宜大于 800mm。

门扇、窗扇应平整、接缝严密、安装牢固、开闭自如、推拉灵活。

施工过程中对铝合金门窗及隔断墙的装饰面应采取保护措施。

安装玻璃的槽口应清洁，下槽口应补垫软性材料。玻璃与扣条之间按设计要求填塞弹性密封材料，应牢固严密。

根据现行国家标准《电子信息系统机房设计规范》、TIA-942 要求，机房的窗户全部封闭。

5. 装饰工程要求

（1）需充分展现现代机房的立体效果。

在机房装饰设计中，尽量遵循淡雅稳定、简洁明快、线条流畅的宗旨，避免大面积的平淡感，体现出简洁明快的开放式风格。

（2）注意色彩的搭配和组合。

在机房装饰设计中，机房区域内主色调需淡雅柔和，遵循"大协调小对比"的原则，色彩大面协调，局部用以对比、点缀。机房的顶、地面以较冷色调为主色调，容易使人镇静，工作人员进入机房后心情会趋于平静，有利于尽快投入工作和长期工作。

（3）机房装饰用材上，应满足 GB 50174-2017 和 TIA-942 标准相应等级标准和计算站场地标准要求。

机房装饰用材上，选用气密性好、不起尘、易清洁、变形小，具有防火、防潮性能的吊顶材料、墙面材料、地面材料。

所选材料可考虑外表为亚光，既使材料的质感得到充分的展现，又避免了在机房内产生各种干扰光线（反射光、折射光、眩光等）。

在地板下的地面、吊顶上楼板面均刷涂防尘漆两遍。全部水泥面均经刷漆处理，达到不起尘的作用，从而保证空调送风系统的空气洁净，满足 A 级机房的要求。

6. 抗震加固

设备安装机房抗震设防类别应依据 YD 5054-2010《电信建筑抗震设防分类标准》，设备加固安装必须满足 YD 5059-2005《电信设备安装抗震设计规范》的要求。

4.5 照明设计

数据中心主要依靠人工采光，数据中心照明质量的好坏不仅会影响计算机操作人员和软硬件维修人员的工作效率和身心健康，而且会影响计算机的可靠运行。灯具布置尽量避免直接反射光，避免灯光从作业面至眼睛的直接反射，降低对比度，增加能见度。一般在机房区域内可选用 3×36W 隔栅灯，灯具的镜面为亚光，机房区平均照度达到规范要求：不小于 500lx（离地面 800mm 处）。在办公区设置 3×18W 隔栅灯，走道内采用 40W 吸顶灯。

主机房区及办公区设置应急照明（约为普通照明的十分之一）、疏散照明（如出口指示灯、诱导灯等），在主机房区均匀分布带蓄电池的隔栅灯，作为应急照明灯。蓄电池时间不小于 30 分钟。

照明箱内设置灯光控制模块，其可以通过对灯光控制系统的设置达到对主机房内灯具的定时开启和关闭。

设计中所选用的灯具均采用高品质、节能型、高显色性光源，并配以高质量的电子镇流器，功率因数大于 0.9。

1. 照明电源

在各机房设置一个照明插座配电箱，分为两个回路。其中一个回路接自大楼市电配电箱，另一个回路接自 UPS 电源。

2. 照度标准

机房照明设计标准主要指标为照度。

照度：光通量投射到物体表面时，即可把物体表面照亮；照度就是光通量的表面密度，即射到物体表面的光通量 φ 与该物体表面的面积 S 的比值，即 $E=\varphi/S$（其中照度的单位为 lx）。

在考虑机房的照明时，数据中心还须同时考虑照明的均匀度、照明的稳定性、光源的显色性、眩光和阴影等要求。

按《数据中心设计规范》和《建筑照明设计标准》GB 50034-2004，设计照度值级眩光限制要求见表 4.3。

表 4.3　设计照度值级眩光限制要求

房间名称	照度标准值（lx）	统一眩光值（UGR）
数据中心机房	500	22
辅助区	300	19

3. 光源及灯具

在办公区设置 3×18W 隔栅灯，走道内采用 40W 吸顶灯，机房及配套用房内主要选用 3×28W 三基色稀土荧光灯具，灯具自带电子镇流器，荧光灯镇流器的谐波限值符合现行国家标准《电磁兼容限值谐波电流发射限值》（GB 17625.1）的有关规定，可防止产生的谐波干扰计算机的正常运行。灯具吊顶内嵌入式安装，照明光线柔和，以适合人体的生理需要。灯具采取分区、分组的控制措施。

4. 照明控制

照明箱内设置灯光控制模块，其可以通过对灯光控制系统的设置达到对主机房内灯具的定时开启和关闭。

为了实现机房照明节能效果，数据中心可拟采用人体红外感应灯具开关。开关采用自动随机延时（可连续延时方式）：当人在感应范围内活动，开关始终接通，直到人离开后才自动关闭。施工安装时，探测器不应被遮挡。

5. 应急照明

数据中心为保证停电时能继续维持机房的正常工作和消防应急需要，按国家相关规范，各机房及疏散通道内应设置应急照明。

机房内照明设置两个回路，一个回路为普通照明采用市电供电，另一个回路为应急照明采用 UPS 供电。主机房区及办公区设置应急照明（约为普通照明的十分之一），疏散照明（如出口指示灯、诱导灯等），在主机房区均匀分布带蓄电池的隔栅灯，作为应急照明灯。蓄电池时间不小于 30 分钟。

6. 标志

标志包括消防逃生标志、门牌标志、指引标志等。

7. 插座

在机房墙壁上设置检修插座，其他办公区域根据使用情况设置相应墙壁插座或地面插座；安装分为墙壁底距地 0.3m 安装和地面安装，地面安装采用专用地插。插座的安

装位置根据机房的实际需求确定。

8. 线路敷设

照明、插座分别由不同的支路供电，照明、插座支路导线均采用导线穿金属线管暗敷在墙内。

9. 安全用电

所有照明回路均增设 PE 线；所有插座支路均设剩余电流保护器，动作电流值为30mA。

4.6 综合布线系统

综合布线系统采用标准化的语音、数据、图像、监控设备，各线综合配置在一套标准的布线系统上，统一布线设计、安装施工和集中管理维护。以屏蔽双绞线和光缆为传输媒介，采用分层星型结构，传送速率高。近几年来，随着光通信技术和计算机网络技术的发展，网络通信业务量不断地提高，数据中心已经进入以 10 吉比特传输速率为标志的时代，这样选择一套先进的数据中心综合布线系统是极其必要的，它将为今后一段时间内的发展预留余量。相对于传统楼宇的结构化布线，数据中心的布线技术具有更多的技术细节与应用特征，在一栋建筑中，既有数据中心，又有其他功能性区域，怎样把传统综合布线与数据中心综合布线有效的连接，组成一套高性能、高效率、整合优化以及节能环保的布线系统是我们设计的重要方向。

4.6.1 系统概述

1. 综合布线系统简介

综合布线系统（结构化布线系统），是一套用于建筑物或建筑群内的传输网络，它将语音、数据、图像等设备彼此相连，也使上述设备与外部通信数据网络相连接。综合布线系统由各种系列的部件组成，包括传输介质（含铜缆或光纤）、链路管理硬件（交叉连接区域和连接面板）、连接器、插座、适配器、电气保护装置（浪涌保护器及保护接地）以及支持的硬件（安装管理系统的各类工具）。综合布线系统一般由 6 个独立的子系统组成。

（1）工作区子系统

一个独立的需要设置终端设备的区域宜划分为一个工作区。工作区应由配线（水平）布线系统的信息插座延伸到工作站终端设备处的连接电缆及适配器组成。

（2）水平子系统

水平子系统应由工作区的信息插座、信息插座至楼层配线设备（FD）的配线电缆或光缆、楼层配线设备和跳线等组成。

（3）电信配线间子系统

电信配线间又称为电信间，主要用于主干线与楼层水平线路的交换，电信间的数量及面积应根据水平配线的长度和信息点数量综合考虑。

（4）主干线子系统

干线子系统应由设备间的建筑物配线设备（BD）和跳线以及设备间至各楼层配线间的干线电缆组成。

（5）设备间子系统

设备间是在每一幢大楼的适当地点设置电信设备和计算机网络设备，以及建筑物配线设备，进行网络管理的场所。对于综合布线工程设计，设备间主要安装建筑物配线设备（BD）。电话、计算机等各种主机设备及引入设备可合装在一起。设备间内的所有总配线设备应用色标区别各类用途的配线区。设备间位置及大小应根据设备的数量、规模、最佳网络中心等因素，综合考虑确定。

（6）建筑群子系统

建筑群子系统应由连接各建筑物之间的综合布线缆线、建筑群配线设备（CD）和跳线等组成。建筑群子系统宜采用地下管道或电缆沟的敷设方式。管道内敷设的铜缆或光缆应遵循电话管道和入孔的各项设计规定。此外安装时至少应预留 1～2 个备用管孔，以供扩充之用，如图 4.6 所示。

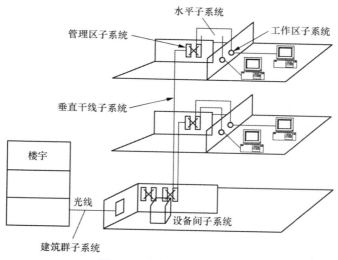

图 4.6　综合布线系统示意

2. 数据中心布线系统简介

数据中心布线包括核心数据机房内布线、数据机房外布线和支持空间（数据机房外）。

（1）数据机房内布线

数据中心计算机房内布线空间包含主配线区、水平配线区、区域配线区和设备配线区。

主配线区包括主交叉连接（MC）配线设备，它是数据中心结构化布线分配系统的中心配线点。当设备直接连接到主配线区时，主配线区能够包括水平交叉连接（HC）的配线设备。主配线区的配备主要服务于数据中心网络的核心路由器、核心交换机、核

心存储区域网络交换设备和 PBX 设备。主配线区位于计算机房内部，为提高其安全性，主配线区也能够设置在计算机房内的一个专属空间内。每一个数据中心应该至少有一个主配线区。

水平配线区用来服务于不直接连接到主配线区 HC 的设备。水平配线区主要包括水平配线设备，为终端设备服务的局域网交换机、存储区域网络交换机和 KVM 交换机。一个数据中心能够有设置于各个楼层的计算机机房，每一层至少含有一个水平配线区，如果设备配线区的设备距离水平配线设备超过水平线缆长度限制的要求，能够设置多个水平配线区。

在大型计算机房中，为了获得在水平配线区与终端设备之间更高的配置灵活性，水平布线系统中能够包含一个可选择的对接点，叫作区域配线区。区域配线区位于设备经常移动或变化的区域，能够采用机柜或机架，也能够采用集合点（CP）完成线缆的连接，区域配线区也能够表现为连接多个相邻设备的区域插座。

设备配线区是分配给终端设备安装的空间，包括计算机系统和通信设备、服务器和存储设备，以及服务器外围设备。设备配线区的水平线缆端接在固定于机柜或机架的连接硬件上，需为每个设备配线区的机柜或机架提供充足数量的电源插座和连接硬件，使设备缆线和电源线的长度减少至最短距离。

（2）支持空间布线

数据中心支持空间（计算机房外）布线空间，包含进线间、电信间、行政管理区、辅助区和支持区。

进线间是数据中心结构化布线系统和外部配线及公用网络之间接口与互通交接的场地，设置用于分界的连接硬件。进线间的设置主要用于电信线缆的接入和电信业务经营者通信设备的放置。这些设施在进线间内经过电信线缆交叉转接，接入数据中心内。

电信间是数据中心内支持计算机房以外的布线空间，包括行政管理区、辅助区和支持区。电信间用于安置为数据中心的正常办公及操作维护支持提供本地数据、视频和语音通信服务的各种设备。数据中心电信间与建筑物电信间属于功能相同，但服务对象不同的空间，建筑物电信间主要服务于楼层的配线设施。

行政管理区主要是指用于办公、卫生、值班等目的的场所。辅助区是用于电子信息设备和软件的安装、调试、维护、运行监控和管理的场所，包括测试机房、监控中心、备件库、打印室、维修室、装卸室、用户工作室等区域。支持区是支持并保障完成信息处理过程和必要的技术作业的场所，包括变配电室、柴油发电机房、UPS 室、电池室、空调机房、动力站房、消防设施用房、消防和安防控制室等。

4.6.2 数据机房及测试区布线系统设计案例

1. 工程概况

本工程为某通信公司办公楼建筑，总建筑面积 67 400m²，其中地上建筑面积 46 400m²，地下建筑面积 21 000m²。本建筑地下一、二层为汽车库及设备用房；首层为大堂、接待、集中会议区；二至四层为数据机房、测试机房及通信测试区，其中机房总面积约 9 500m²；

四至九层为通信测试区及开敞办公区。

2. 设计原则及使用方需求

考虑到使用方的业务需求，本建筑整体采用结构化布线系统，应充分考虑其兼容性、开放性、灵活性、可靠性、先进性、经济性的系统特点，适用于多种网络布线方式。采用 10 吉比特以太网通信标准和光纤与双绞线混合的布线方式，可为当前及未来网络应用提供足够的带宽容量。要求测试区、办公区光纤敷设到工位，完全支持 10Gbit/s 的传输速率。应业主方要求，电话采用全数字 IP 电话系统，本建筑应能资源共享，实现三网合一技术。

3. 系统总体构架

本系统采用开放式星型拓扑结构设计。本建筑地下一层设一个弱电机房（设备间），配线设备安装于此。外线由建筑所在地块数据总中心的园区主配线架引来，数据、语音分别采用 1 组 12 芯室外单模光缆。有线电视前端机房引入本建筑弱电机房 1 组 6 芯室外光缆。

因为水平链路线缆的传输距离不能超过 90m，所以在建筑每层四角处各设一个弱电间（电信间），安装弱电设备及楼层交换机柜。数据机房强、弱电布线较为烦琐，管线较多，在机房、测试区、办公区建议土建做 70mm 厚网络地板，对弱电传输信道物理隔离，与监控视频电缆分开敷设，防止外部串扰。本楼综合布线系统拓扑结构图如图 4.7 所示。

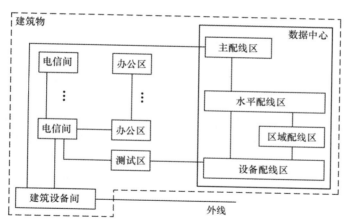

图 4.7　建筑布线拓扑

4. 布线系统设计

建筑各层电信间与弱电竖井合用，测试区、开敞办公区、会议区水平线缆采用 50/125μm 多模光纤。TSB 155 建议 Cat6A UTP 线缆安装时须捆扎，一捆最好不超过 12 根。相比之下 Cat6A STP 线缆能够节省更多的线槽、线管、线缆管理等安装成本，因此行政管理区、辅助区水平电缆采用（STP Cat6A）6 类屏蔽双绞线。水平线缆走道内采用封闭金属桥架敷设，引至室内转为金属保护管至信息插座或在网络地板下敷设。

办公区、测试区末端按每个工位配三口信息地插面板，由电信间交换机配线架引来

两根（STP Cat6A）6 类屏蔽双绞线（每个工位），一根供电脑及 IP 电话使用，一根作为备用。会议室考虑预留双口信息地插面板，顶板预留网络信息接口。变配电室、UPS 室、动力站房预留电话信息点，消防兼安防控制室设置网络及电话信息点。本建筑设置信息发布系统，管理者可通过该系统登录服务器设计发布内容，并通过网络传输至播放终端，因此，需在公共区域入口、会议室门口预留信息发布点。

数据机房内由封闭金属线槽引至主配线区，由主配线区至水平配线区在网络地板下敷设完成。由于本建筑内有测试区域，考虑到水平配线区域至终端设备的配置灵活性，测试机房内应设置区域配线区，区域配线区应预留 CP 集合点。基于补偿插入损耗对于传输指标的影响考虑，区域配线区的信息插座连接至设备线缆的最长距离应符合下面公式。

$$Z=(102-H)/(1+D)-T \leqslant 22\text{m}$$

H 是水平线缆的长度，它加上跳线长度要 $\leqslant 100\text{m}$。

D 是跳线类型降级因子，对于 24AWG STP 电缆取 0.2。

T 为水平交叉连接配线区跳线和设备电缆的长度总和。水平布线系统信道如图 4.8 所示。

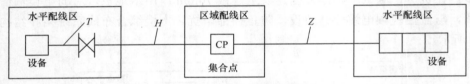

图 4.8　水平布线系统信道

另外，考虑到线缆直径变大，24AWG 改为 23AWG，降低了插入损耗，增加了设备布置的灵活性。

数据机房主配线区连接水平配线区和电信间，它们之间的布线连接叫作主干布线。主干线缆支持的最长传输距离是与网络应用及采用何种传输介质有关的，为了缩短布线系统中的传输距离，一般将主配线区设置在数据中心的中间位置。当实际布线距离超过应用要求距离时，允许水平配线间的直接连接。本工程主干线缆采用多模光纤，多模光纤在 10 吉比特以太网中的传输距离如表 4.4 所示。

表 4.4　多模光纤在各种网络应用

应用	LZ 550	LZ 300	LZ 150	50μm 500/500MHz·km	62.5μm 200/500MHz·km
10GBASE-S 850nm	550m	300m	150m	82m	32m
10GBASE-LX4 1 310nm	300m	300m	300m	300m	300m
10GFiber Channel 850nm	535m	300m	150m	82m	32m

从上述表中我们能够看出在 10GBASE-LX4 的通信规格下，使用 LZ 型光纤与 50μm/62.5μm 多模光纤的传输距离都为 300m，但 LZ 型光纤色散率低，零色散率为

0.101ps/nm·km，因此不需要加光纤衰减补偿装置，即可降低网络布线成本。

本项目数据机房呈 L 型，整体距离较长，因此在设计时可考虑将机房拆分成两个分区，从电信间分别引路由至机房主配线区，使每个分区内的主干线缆长度都能满足上述标准的要求。

数据机房内的配线模式采用交叉连接，即在服务器和交换机之间多使用一个跳线盘，这样当机房内需要移动和更换设备时，只需改变跳线盘的跳线即可，服务器和交换机可为永久链路。这样可使布线操作更加简单，便于管理。

4.6.3　数据机房智能化布线管理系统

随着结构化布线工程的普及和布线灵活性的不断提高，用户变更网络连接或跳接的频率也在提高，而布线系统是影响网络故障的重要原因，如何能通过有效的办法实现网络布线的实时管理，使网管人员有一个清晰的网络维护工作界面呢？这就需要有布线管理。

本工程使用智能化布线管理系统，将数据机房、测试机房内所有连接到 TCP/IP 的网络设备物联化。分析仪可探测到服务器跳线回路的开闭情况，并连同端口的 ID 传送给上位机的系统软件。通过该系统可实现监控所有物理连接，并对数据实时更新，发现所有连接到 TCP/IP 的网络设备，自动化地网络管理，提高网络运行的安全性及网络管理的效率。

4.6.4　数据机房布线接地问题

《建筑物防雷设计规范》GB 50057-2010 中第 6.3.4.5 条规定：电子系统的所有外露导电物应与建筑物的等电位连接网络进行功能性等电位连接。电子系统不应设独立的接地装置。向电子系统供电的配电箱的保护地线（PE 线）应就近与建筑物的等电位连接网络进行等电位连接。《建筑物电子信息系统防雷技术规范》GB 50343-2004 中第 5.1.2 条规定：需要保护的电子信息系统必须采取等电位连接与接地保护措施；第 5.2.5 条规定：防雷接地应与交流工作接地、直流工作接地、安全保护接地公用一组接地装置，接地装置的接地电阻值必须按接入设备中要求的最小值确定。

通过上述规范要求，本建筑数据机房接地与建筑物防雷接地采用共用接地装置，这样做的好处是能够防止强电设备区出现高电位时对电子设备区的放电击穿。数据中心机房电子信息设备较密集，为了实现一个低阻抗的等电位接地网，在数据机房地板下安装金属网格，所有金属设备外壳、桥架等分别就近连接到金属网格，并且各金属设备外壳间相互连接形成网格状的等电位连接网络。等电位连接网络的网格间距越小，对低频信号的抗干扰能力越强，机房内网格的水平距离不应超过 3m。数据机房内设接地母排，一端用 40×4 热镀锌扁钢与接地网格相连接，另一端与建筑物主钢筋及电信间内的接地干线相连接。

4.6.5　小结

数据中心建设是一个系统工程，它不仅取决于 IT 技术发展的驱动，而且也和建筑

技术的发展有关。信息技术与建筑技术的结合能够更有力地驱动数据中心的建设向前发展。在看到了希望和前途的同时，综合布线设计人员也应不断学习，掌握新的产品、技术知识，对数据中心计算机机房建设的关键问题有更深入的了解，这其中包括布线系统的性能、空间利用、安全性、线缆管理等。

第5章　电源系统

5.1　电源系统概述

　　数据中心的工艺复杂、专业性强、IT 设备对运行环境要求高，对电源的需求量大，安全度、PUE（电源使用效率）等均是对数据中心评价十分重要的指标。

　　（1）各系统用电量所占的比例，如图 5.1 所示。从图 5.2 中可见，IT 设备（重要负荷）占 52%，制冷系统占 38%。

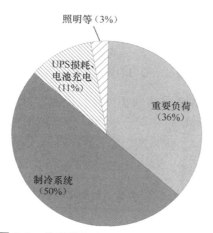

图 5.1　传统数据中心内部用电负荷比例

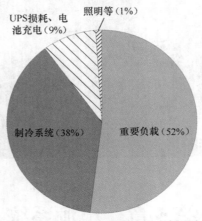

图 5.2　采用高效冷却方式的数据中心内部用电负荷比例

（2）IT 设备的发热量大，数据中心各种设备所产生的热量所占比例，如图 5.3 所示。从图 5.3 中可见，IT 设备产生的热量约占 70%，机房内的环境温度的推荐值为20℃～25℃，制冷系统的耗电量大，约占 38%。

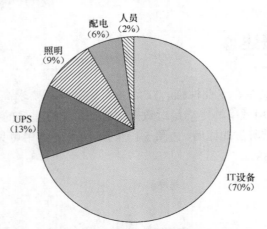

图 5.3　数据中心内部设备等产生的热负荷比例

（3）数据中心的各种设备要求实现 100% 的正常运行。TIA/EIA-942 数据中心标准提供了数据中心可靠性等级的规范，这个等级划分是由 Uptime Institute（正常运行协会）推广的。1 级可靠性没有冗余，4 级则提供了最高等级的故障容错率。年宕机时间及可靠性如表 5.1 所示。

表 5.1　年宕机时间及可靠性

	T1	T2	T3	T4
单位面积功率W/ft² （1W/ft²≈10.76W/m²）	20～30	40～50	100～150	>150
年宕机时间	28.8h	22.0h	1.6h	0.4h
可靠性	99.671%	99.749%	99.982%	99.995%

（续表）

	T1	T2	T3	T4
电源	UPS	UPS+发电机	UPS+发电机	UPS+发电机

数据中心是服务器的密集场所，服务器本身耗电从几千瓦到几十千瓦，另外制冷系统的用电量，根据 GB 50174-2017 及 TIA-942 标准，不同级别的数据中心均对电源提出了要求，如表 5.2 和表 5.3 所示。

表 5.2　GB 50174-2017 机房分级及电气系统要求

机房等级	A 级	B 级	C 级	备注
供电电源	应由双重电源供电	宜由双重电源供电	两回线供电	
供电网络中独立于正常电源的专用馈线电路	可作为备用电源	—	—	
变压器	$2N$	$N+1$	N	A级也可采用其他避免单点故障的系统配置
后备柴油发电机系统	$N+X$ 冗余 （$X=1 \sim N$）	$N+1$ 当供电电源只有一路时需设置后备柴油发电机	不间断电源系统的供电时间满足信息存储要求时，可不设置柴油发电机	
后备柴油发电机的基本容量	应包括不间断电源系统的基本容量，空调和制冷设备的基本容量		—	
柴油发电机燃料存储量	满足12h用油	—	—	1. 当外部供油时间有保障时，燃料存储量仅需外部供油时间。 2. 应防止柴油微生物的滋生
不间断电源系统配置	$2N$ 或 M（$N+1$）（$M=2$，3，4…）	$N+1$	N	$N \leqslant 4$
	一路（$N+1$）UPS和一路市电供电	—	—	满足第3.2.2条要求时
	可以$2N$，也可以$N+1$	—	—	满足第3.2.3条要求时
不间断电源自动转换旁路	需要		—	
不间断电源手动维修旁路	需要		—	
不间断电源系统电池最少备用时间	15min柴油发电机作为后备电源时	7min 柴油发电机作为后备电源时	根据实际需要确定	

（续表）

机房等级	A 级	B 级	C 级	备注
空调系统配电	双路电源（其中至少一路为应急电源），末端切换。采用放射式配电系统	双路电源，末端切换。采用放射式配电系统	采用放射式配电系统	
变电所物理隔离	容错配置的变配电设备应分别布置在不同的物理隔间内	—	—	

表 5.3　TIA-942 数据中心分级及电气系统要求

机房等级	T1	T2	T3	T4
总体要求	基本型，无冗余。允许单点或多点故障，不要求在线维护	组件冗余型，单路由，允许单点或多点故障，不要求在线维护	在线维护型，系统冗余，双路由，不允许单点故障	容错型，系统+系统，不允许单点故障，能够在线维护
供电电源	单路市电	单路市电	双路市电	双路市电（来自上级两个不同降压站）
变压器	N	N	$N+1$或$2N$	$2（N+1）$
后备柴油发电机组	可以不设，若设也是N配置，容量满足计算机、电信暖通设备要求	需要设置，N配置，容量满足计算机、电信暖通设备要求	$N+1$，在容量满足计算机、电信暖通设备要求下，增加1台备用	$N+1$，在容量满足所有用电设备要求下，增加1台备用
后备柴油发电机燃料存储量	8h	24h	36h	72h
不间断电源系统配置	N	$N+1$	$N+1$	$2N/2（N+1）$

　　根据以上规范，本章将从供配电系统、发电机组、UPS 系统和防雷接地系统等几个方面对数据中心电源系统的设计进行介绍。

5.2　供配电系统

　　在数据中心的供配电系统设计中，满足规范的前提下，对机房设备的供电方案有很多种，无论中压系统、低压系统（包括 UPS 系统）均有不同的配电形式，这就需要设计人员做一些方案比较，针对不同要求、不同情况给出最合理的供配电方案。一般情况下，数据中心高压配电系统的建设（包括设计施工）由电网系统统筹考虑，本书只针对数据中心低压配电系统进行一些论述，此章节为大家提供变压器配置方案以供参考，关于 UPS 输出配电系统将在 UPS 系统中进行介绍。

5.2.1 N系统

此系统为一对一的形式,即单独一台变压器单独出线,系统如图5.4所示。

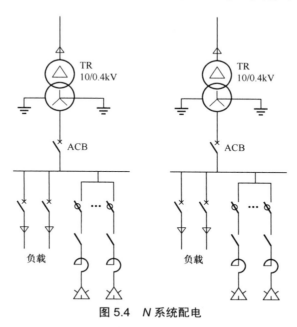

图 5.4 N 系统配电

这种系统优点是系统简单、节省造价。缺点是可靠性低,因为设备没有备用,当设备检修或设备线路故障时将中断供电,在国家标准《数据中心设计规范》(GB 50174-2017)内可以看到,此系统只适用于 C 级机房。

5.2.2 N(1+1)系统

此系统为变压器互为备用形式,即平时各自带不超过变压器额定容量 50%的负载运行,当某一台变压器故障或检修时,通过闭合母联开关,由另一台变压器负担全部负载,系统如图5.5所示。

这种系统缺点是造价及基本电费高;变压器平时负荷率较低,绝大部分时间变压器负荷率均不超过 50%。优点是系统简单;供电可靠性高;若允许合环倒闸,则可实现不停电检修和维护;操作简单。在国家标准《数据中心设计规范》(GB 50174-2017)内可以看到,此系统适用于 A、B 级机房。

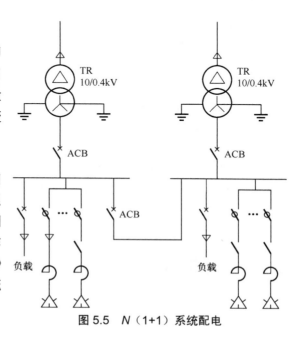

图 5.5 N(1+1)系统配电

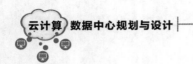

5.2.3 N+1系统

此系统为某一台变压器同时作为另外几台变压器的备用，系统如图 5.6 所示。

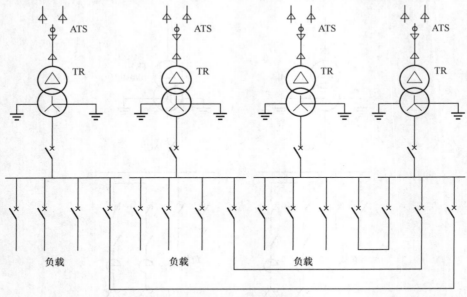

图 5.6 N+1 系统配电

这种系统的优点是因为变压器数量减少，可以减少基本电费；且变压器负荷率比较合理，除备用变压器平时无负载外，其余变压器平时均可按正常合理值设计容量。缺点是可靠性比 N(1+1) 系统略低；每台变压器前均需设置中压 ATS 或中压互锁断路器。

作者认为此系统适用于单层面积较大，即变压器均设置在同层的情况，因为目前数据中心内变压器容量较大，变压器间母线容量也较大，大容量低压母线跃层设置并不十分合理，而且增加了投资和维护成本。

同时，在目前的国家标准《数据中心设计规范》（GB 50174-2017）内并没有对此系统进行描述，若严格按照目前国标规定，C 级机房使用浪费，A、B 级机房使用又不满足标准。据作者所知，这种系统在国外使用较多，在合理配置 UPS 系统的前提下，可以满足（美国国家标准学会 2005 年批准颁布的《数据中心电信基础设施标准》TIA-942 标准，本标准由美国电信产业协会和 TIA 技术工程委员会编写）Tier 4 级机房（此标准机房最高等级）的使用要求，且 TIA-942 内未针对变压器给出具体规定。

综上所述，作者认为除非是使用方要求使用此系统，目前不建议国内机房设计中采用这种低压配电系统。

5.3 发电机组

为确保云计算数据中心的设备能得到不间断的电源供电，在云计算数据中心机楼通常采用"市电供电 + 柴油发电机组备用"所组成的电源供电系统。

5.3.1　柴油发电机组原理、组成及分类

柴油发电机组，主要由柴油内燃机组、同步发电机、油箱、控制系统 4 个部分组成（见图 5.7），利用柴油为燃料，柴油内燃机组控制柴油在汽缸内有序燃烧，产生高温、高压的燃气，当燃气膨胀时推动活塞使曲轴旋转，产生机械能，通过传动装置带动同步交流发电机旋转，将机械能转换为电能输出，给各用电负载提供电源。柴油发电机组一般有如下构成的组件：

（1）柴油发动机；

（2）三相交流无刷同步发电机；

（3）控制屏；

（4）散热水箱；

（5）燃油箱。

柴油发电机组有多种分类方法，按柴油机的转速可分为高速机组（3 000rpm）、中速机组（1 500rpm）和低速机组（1 000rpm 以下）；按柴油机的冷却方式可分为水冷和风冷机组；按柴油机柴油调速方式可分为机械调速、电子调速、液压调速和电子喷油管理控制调速系统（简称"电喷"或"ECU"）；按机组使用的连续性可分为长用机组和备用机组；柴油发电机组通常采用三相交流同步无刷励磁发电机，按发电机的励磁方式可分为自励式和他励式。本节重点介绍按照应用场地、冷却方式和控制方式的分类方式。

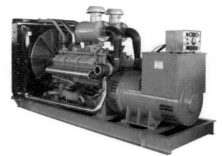

图 5.7　柴油发电机

5.3.2　发电机组容量的计算

根据 GB 50174-2017，A 级机房的备用柴油发电机系统配置为"N 或（N+X）冗余"，B 级机房为"N"，C 级机房当不间断电源系统的供电时间满足信息存储要求时，可不设置柴油发电机；而根据 TIA-942 标准 Tier 4 机房的备用柴油发电机系统标准为"2N"冗余，Tier 3 为"N+X"冗余，Tier 2 为"N+1"冗余，Tier 1 为 N。由此可见，在备用柴油发电机系统冗余要求上，TIA-942 的 Tier 4 标准高于 A 级机房的标准，Tier 3、Tier 2 高于 B 级机房的标准，Tier 1 高于 C 级机房的标准。从国内一些大型数据中心的设计现状和运行情况来看，A 级机房的备用柴油发电机系统采用"N+X"冗余是合理的，也是可靠的。发电机组的输出功率及台数应根据负荷大小、负荷类别、投入顺序以及最大电动机的启动容量等因素来确定。

1. 考虑 UPS 的发电机组容量计算

数据中心专用发电机组的主要负载为机房 IT 设备及其 UPS 电源系统。对于 UPS 而言，发电机输出的有功功率和视在功率均应满足 UPS 系统初始充电及浮充运行的供电需要。设计时应考虑 UPS 系统的效率、充电功率、UPS 系统输入功率因数以及谐波对发电机的影响等诸多因素。

（1）仅考虑 UPS 系统的效率和充电功率的影响，发电机输出的有功功率的计算。

仅考虑 UPS 系统的效率和 UPS 系统的充电功率的影响，可按有功功率确定发电机的容量。通常 UPS 标示的额定容量（功率）指的是输出容量（功率），在计算相应的发电机容量时，需要将 UPS 的输出功率根据其变换效率折算成输入功率。在电池起始充电时，UPS 的额定输入功率还需加上电池充电功率（电池充电功率可以向 UPS 系统产品商查询，通常为 10% ~ 30% UPS 输出功率），即

$$P_{\text{ups 输入}} = \frac{P_{\text{ups 输出}}}{\eta} + P_{\text{ups 充电}} \tag{1}$$

此时，发电机输出的有功功率为：

$$P_{\text{发电机}} = k \times P_{\text{ups 输入}} \tag{2}$$

式中，$P_{\text{ups 输入}}$——UPS 的输入功率，单位 kW；

$P_{\text{ups 输出}}$——UPS 的额定输出功率，单位 kW；

η——UPS 的系统效率；

$P_{\text{ups 充电}}$——UPS 的充电功率，单位 kW；

$P_{\text{发电机}}$——发电机输出的有功功率，单位 kW；

k——安全系数，通常取 1.1 ~ 1.2。

（2）考虑 UPS 输入功率因数，发电机输出功率的计算。

若考虑 UPS 输入功率因数的影响，可按视在功率确定发电机的容量，则 UPS 的额定输入功率为：

$$S_{\text{ups 输入}} = \frac{P_{\text{ups 输出}}}{PF} \tag{3}$$

$$PF = PF_{\text{disp}} \times PF_{\text{dist}} \tag{4}$$

此时，发电机的输出功率为：

$$S_{\text{发电机}} = k \times S_{\text{ups 输入}} \tag{5}$$

式中，$S_{\text{ups 输入}}$——UPS 的视在功率，单位 kVA；

PF——UPS 的输入功率因数（包括基波无功和谐波无功）；

PF_{disp}——基波功率因数；

PF_{dist}——谐波功率因数；

$S_{\text{发电机}}$——发电机输出的视在功率，单位 kVA。

不同类型的 UPS 系统其输入功率因数并不相同，目前市场上常见 UPS 系统（在满载状态下）的输入整流器和输入功率因数如表 5.4 所示。

表 5.4 UPS 系统的输入整流器和输入功率因数

UPS整流器的类型	配置的输入滤波器类型	输入功率因素PF
6脉冲可控硅相控整流器	无	0.8

（续表）

UPS整流器的类型	配置的输入滤波器类型	输入功率因素PF
6脉冲可控硅相控整流器	LC无源滤波器	0.9
6脉冲可控硅相控整流器	有源滤波器	0.98
12脉冲可控硅相控整流器	无	0.9
12脉冲可控硅相控整流器	11次无源滤波器	0.95
具有PFC的IGBT整流器	不需要	0.99

（3）考虑 UPS 的谐波，发电机容量的选择。

由于 UPS 是一个非线性负载，会产生高次谐波（不同的整流方式会产生不同的谐波分量）。UPS 的大量高次谐波电流反馈至发电机，引起发电机电源电压波形失真。发电机电源的电压总谐波畸变率为：

$$THD_U = \frac{\sqrt{\sum_{n=2}^{\infty}(U_m)^2}}{U_1} \times 100\% = \frac{\sqrt{\sum_{n=2}^{\infty}(I_n Z_m)^2}}{U_1} \times 100\% \tag{6}$$

式中，THD_U——电压总谐波畸变率；

U_n——第 n 次谐波电压，单位 V；

U_1——基波电压，单位 V；

I_n——第 n 次谐波电流，单位 A；

Z_m——发电机组电源内阻，单位 Ω；

n——谐波次数。

由上式可见，负载产生的谐波电流越大或发电机组的内阻越大，发电机组输出的电压波形失真就越大。增加发电机的容量以降低电源内阻或提高 UPS 的整流脉冲数量均能减少电压波形失真。

因此，在考虑发电机容量与 UPS 电源匹配上可采用以下 3 种方案。

① 增大发电机容量。

② 发电机组的稳压磁调节装置尽可能采用不受谐波电流影响的类型，比如采用 PMG（永磁发电机）激励式。

③ 选择低谐波的 UPS 电源。笔者认为：方案③ 最为合理，即使增加一些 UPS 电源成本，其总费用仍低于增加发电机系统容量的总费用，还减少了谐波带来的其他一系列问题。目前，谐波较低、运行较稳定的整流技术依次是：IGBT（整流有源功率因数校正）、6 脉冲可控硅相控整流 + 有源滤波器、12 脉冲整流器 +11 次谐波滤波器等。

当 UPS 的电流总谐波畸变率小于 15% 时，则可以忽略 UPS 产生的谐波电流对发电机组输出电压波形的影响，即在计算发电机组输出功率时可基本不考虑 PF_{dist}。

一般情况下，备用发电机组匹配 UPS 电源部分的计算容量可以按 UPS 额定输出功率的 1.5 倍作为 UPS 电源的输入功率。

2. 按稳定负荷计算发电机容量

$$S_{C1} = \alpha \frac{P_\Sigma}{\eta_\Sigma \cos\phi} \qquad\qquad (7)$$

式中，α——负荷率；

P_Σ——总负荷，单位 kW；

η_Σ——总负荷的计算效率，一般取 0.82 ～ 0.88；

$\cos\phi$——发电机额定功率因数，可取 0.8。

总负荷包括：数据中心机房的 IT 负荷、UPS 负荷、空调负荷、照明负荷等设备的总计算负荷。

3. 考虑最大成组电动机启动需要计算发电机容量

$$S_{C2} = \left[\frac{P_\Sigma - P_m}{\eta_\Sigma} + P_m \times k \times C \times \cos\phi_m\right]\frac{1}{\cos\phi} \qquad (8)$$

式中，P_m——启动容量最大的电动机或成组电动机的容量，kW；

K——电动机的启动倍数；

C——按电动机启动方式确定的系数，全压启动：$C= 1.0$；Y- $\triangle$ 启动：$C=0.67$；耦压器启动：50% 抽头启动，$C=0.25$；65% 抽头启动，$C=0.42$；80% 抽头启动，$C=0.64$；

$\cos\phi_m$——电动机的启动功率因数，一般取 0.4。

在大型数据中心的设计中，通常有多台大容量冷冻机组需要提供发电机电源。从式（8）可见，当大容量冷冻机组的台数较多时，大电动机启动方式对发电机容量的影响是比较大的。因此，业界应尽可能采用降压启动的方式，并采用适当的分组，错开启动时间，以减少所需发电机的总容量，从而节约设备投资。

5.3.3　发电机电压等级的选择

大型数据中心中重要设备的计算负荷大，通常需要设置的备用发电机系统的容量也特别大，有七八千 kW，也有上万 kW 的。在确定数据中心备用发电机组的电压等级时，数据中心应考虑 0.4kV 配电柜主母线的额定电流、0.4kV 发电机系统的短路电流、发电机系统及其配电系统的经济性等因素。

首先，数据中心应考虑 0.4kV 配电柜主母线的额定电流。目前，国内大部分 0.4kV 配电柜主母线的额定电流为 5 000A ～ 6 300A，因此，单组 0.4kV 备用发电机组容量不应超过 3 600kW，可采用 2 台 1 800 kW 并机方案或 2 台 1 800kW+1 台 1 800kW（冗余）并机方案，配电主母线电流控制在 6 300A 以内。当备用发电机组容量大于 3 600kW 小于 7 200kW 时，数据中心可采用分组的 0.4kV 发电机组方案，如分为 2 组"2+1"冗余的 0.4kV 发电机组，也可采用 10kV 或 6kV 发电机组的方案。

其次，数据中心应考虑 0.4kV 发电机系统的短路电流。大容量的发电机系统往往短路电流很大，以两台 2 080kVA 柴油发电机并机为例，假设不考虑配电系统中正在运行的电动机的影响，不考虑配电线路阻抗的影响，计算发电机系统 0.4kV 母线侧的短路电流如表 5.5 所示。

表 5.5 发电机系统 0.4kV 母线侧的短路电流计算

发电机额定电压U_P	0.4kV
发电机容量S_G	2 080kVA
发电机额定电流$I_{r \cdot G}$	3 002A
发电机瞬态电抗$X_{G'}$	0.17
发电机超瞬态电抗$X_{G''}$	0.12
发电机超瞬态时间常数$T_{d-G''}$	0.02s
发电机电枢时间常数T_{d-G}	0.02s

单台发电机出线端短路电流周期分量 $i_{z \cdot G}$ 为

$$i_{z \cdot G} = i_{z \cdot G0} \times 1.1 = \left[\frac{I_{r \cdot G}}{X_{G'}} + \left(\frac{I_{r \cdot G}}{X_{G''}} - \frac{I_{r \cdot G}}{X_{G'}} \right) e^{-\frac{t}{T_{d-G''}}} \right] \times 1.1 \qquad (9)$$

式中，$i_{z \cdot G0}$——最大相电流的周期分量，单位 A。

单台发电机出线端短路电流非周期分量 $i_{f \cdot G}$ 为：

$$i_{f \cdot G} = i_{f \cdot G0} \frac{\sqrt{2} I_{r \cdot G}}{X_{G''}} e^{-\frac{t}{T_{d-G''}}} \qquad (10)$$

式中，$i_{f \cdot G0}$——最大相电流的非周期分量，单位 A。

两台并机发电机出线端短路冲击电流 i_{ch} 为

$$i_{ch} = 2 \left(\sqrt{2} i_{z \cdot G} + i_{f \cdot G} \right) \qquad (11)$$

发电机出线端短路电流计算结果如表 5.6 所示。

表 5.6 发电机出线侧短路电流计算结果

周期	0	1/2 T	T	3/2 T	2T	5/2 T	3 T
时间（t）/s	0	0.01	0.02	0.03	0.04	0.05	0.06
单台发电机出线端短路电流周期分量$i_{z \cdot G}$/kA	27.52	24.34	22.40	21.23	20.52	20.09	19.83
单台发电机出线端短路电流非周期分量$i_{f \cdot G}$/kA	35.38	21.46	13.02	7.89	4.79	2.90	1.76
单台发电机出线端短路冲击电流i_{ch}/kA	74.30	55.88	44.70	37.92	33.81	31.32	29.81
2台发电机并机母线侧短路冲击电流i_{ch}/kA	148.60	111.76	89.40	75.84	67.62	62.64	59.62

从表 5.6 可见，两台发电机并机系统在短路后 1/2 周期时，母线侧短路冲击电流为 111.76kA，若考虑发电机馈电线路阻抗的影响，发电机配电系统的短路冲击电流通常略小于 100kA，在选择断路器时，需要选用高分断能力型，即极限分断能力（I_{cu}）为 100kA。

从以上分析可见，如果选用更大容量的发电机组，则配电系统中的短路电流会更大，需要更大分断能力的断路器，这样不但会增加整个配电系统的投资，也会使产品的选择范围受到限制。所以，单组 0.4kV 备用发电机系统的总容量一般不宜超过 3 600kW，如超过 3 600kW 可采用 10kV 或 6kV 发电机组的方案，或分组的 0.4kV 发电机组方案。

最后，数据中心应考虑发电机系统价格及其配电系统的经济性。

通常采用的 0.4kV 发电机方案，与 10kV 及 6kV 中压发电机方案相比，具有以下优势：① 0.4kV 发电机的价格比 10kV 发电机的价格便宜约 10% ～ 25%；②发电机配电系统及控制系统较为简单。

采用 10kV 及 6kV 中压发电机方案与 0.4kV 发电机方案相比的优势：① 10kV 发电机配电线路的价格通常会低于 0.4kV 发电机配电线路；②由于经过配电变压器后，0.4kV 侧短路电流会大大减小，整个配电设备的短路电流分断能力的要求较低，从而使配电系统的价格也较便宜。

另外，数据中心还需要从以下几方面综合比较：①由于 0.4kV 发电机组分组的需要，当发电机需采用"N+1"冗余时，可能会增加发电机的台数；②发电机房与数据机房的距离对配电系统电压降的影响；③ 10kV 及 6kV 双电源切换设备与 0.4kV 双电源切换设备的数量和价格有差异，从而确定一个合理的、经济的备用发电机方案。

5.3.4 发电机系统控制策略

大型数据中心的发电机系统是非常庞大、非常重要的，因此其控制策略也比较复杂，设计人员必须认真对待，考虑周全。一个完善的控制系统必须是迅速启动、可靠运行、逻辑清晰的。通常，设计人员需关注几个方面的问题包括：发电机启动信号取自何处；多台发电机的并机；各类负载卸载与投入的顺序；大容量冷冻机组启动对发电机系统的影响。

1. 发电机启动信号取自何处

发电机启动信号取自何处往往需根据整个配电系统的形式来确定，通常信号可取自：市电（高压）总开关、与发电机电源切换的市电配电系统（高压）总开关、与发电机电源切换的市电配电系统（高压）各个分路开关、与发电机电源切换的市电配电系统各个低压总开关等。不同的启动方案，其信号的数量和逻辑复杂程度都不相同，在方案确定时，需考虑此因素。

2. 多台发电机的并机

随着发电机并列运行台数的增加，其风险也会随之增加，且并列运行完成所需的时间也会增加，这直接影响到发电机备用电源的迅速投入。因此，发电机并列运行台数不宜过多。根据《民用建筑电气设计规范》（JGJ 16-2008）的第 6.1.2 条规定，多机并列运行机组台数宜为 2 ～ 4 台，而并列运行数量较少，又不便于大容量发电机系统的设计。从目前大部分大型数据中心的发电机系统设计案例来看，每组并列运行发电机的台数一般在 6 ～ 9 台，在自启动时，一般能在 30s 内完成同期，达到稳态运行。所以作者认为，每组并列运行发电机的台数控制在 6 ～ 9 台是合理的。如数量更多，则需要确认并列运行完成所需的时间和风险是否满足要求。

3. 各类负载卸载与投入的顺序

当市电故障时，备用发电机自动启动，为了使所有重要负荷尽快恢复供电，各路发电机的馈电回路均应采用遥控电动操作机构，并根据事先编制的程序自动投入。还应根据各个回路的重要性和紧迫性，设置不同的延时投入顺序，错时投入，避免同时投入造成发电机组熄火停机。

4. 大容量冷冻机组启动对发电机系统的影响

从前面的分析可见，多台大容量冷冻机组的启动会影响所需的发电机容量，因此，在空调恢复时间允许的前提条件下，我们可将多台大容量冷冻机组适当分组，并先启动大容量冷冻机组，在其稳定运行后，再启动小容量冷冻机组，以便合理地减小对发电机容量的需求。

5.3.5 其他需关注的问题

设计大型数据中心的备用发电机系统时，除了需周详地考虑上述问题外，还需关注储油、供油、维护、进风、排风、排烟、冷却等细节问题，因为这些问题也会直接影响整个发电机系统运行的可靠性。

根据最新的《数据中心设计规范》，A 级机房的发电机燃料存储量可供使用时间为 12h，而根据目前 Uptime Institute 标准，Tier 4 机房的燃料存储量可供使用时间也为 12h，国标、TIA 及其他国际标准对于发电机组持续供电时间的要求，总体趋势是在下降。大型数据中心的备用发电机系统容量非常大，如储存量要求较大，储油设施会十分庞大，危险性也会增大，尤其是燃油有一定的保质期，过多存储不经济。另外，建议用户与当地供油单位签订迅速供油和定期回收燃油的协议，以保证数据中心安全、经济地运行。

当发电机组较多、储油量较大时，储油设施宜分组设置，且供油泵和卸油泵宜分组设置，并设置备用油泵和备用管路，以提高其运行可靠性。一个可靠的备用发电机系统还需要精心维护，由于备用发电机系统可能长时不用，其发生故障可能性较高，因此数据中心必须定期维护，不但要启动发电机带负载试验，而且要进行一系列控制系统操作的演练，制订一系列应急预案；另外，还要定期检查储油、供油、蓄电池等设施，这样才能在市电发生故障时，确保数据中心安全运行。

由于大型数据中心的备用发电机系统容量非常大，其发电机的进风量、排风量、排烟量以及机组的冷却量都十分大，对建筑布局和建筑造型的影响很大，数据中心在设计前期就要统筹考虑。

5.4 UPS系统

为了保证数据中心计算机的正确、安全运行，对数据中心供电电源提出了越来越严格的要求，而 UPS 就是针对这一要求而设计、发展普及起来的一种供电系统（UPS，Uninterruptible Power System），称为"不间断电源系统"或"不停电供电系统"。现在

不间断电源，在计算机的外围设备中已经从一个不是很受重视的角色迅速演变成为互联网的关键设备及电子商务的保卫者。UPS 作为信息社会的基石，已开始了它新的历史使命，随着国际互联网时代的到来，对电力供电质量提出了越来越高的要求，无论是整个网络的设备还是数据传输途径，都采用端到端的全面保护，要求配备高质量的不间断电源。

当市电供电出现以下供电质量问题时：（1）电涌；（2）高压尖峰；（3）暂态过压；（4）电压下陷；（5）线路噪声；（6）频率偏移；（7）持续低压；（8）市电中断。UPS 将确保输出以稳定、纯净、不间断的正弦波交流电压，从而使计算机系统正常工作。

5.4.1 UPS分类及工作原理

为解决电网存在的质量问题，人们研制出不同类型的 UPS。尽管 UPS 可按不同方式分类，但从 UPS 的电路结构和不间断的供电方式来看，主要有以下三大类：后备式、在线互动式和双变换在线式。

1. 后备式

图 5.8 所示是后备式 UPS 工作原理图。它是静止式 UPS 的最初形式，应用广泛，技术成熟，一般只用于小功率范围。电路简单，价格低廉。

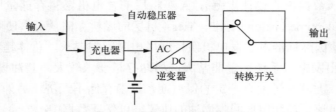

图 5.8　后备式 UPS 工作原理

功能部件如下所述。

（1）充电器：市电存在时，通过整流对蓄电池浮充充电；如果要求长延时，除了增加蓄电池容量之外，还需相应地加强充电能力和逆变器的散热措施。

（2）逆变器：市电存在时，逆变器不工作，也不输出功率；当市电掉电时，则由逆变器向负载供电，电压波形有方波、准方波、正弦波等。

（3）输出转换开关：市电存在时，接通市电向负载供电；当市电掉电时，断开市电通路，接通逆变器，继续向负载供电。

（4）自动稳压：市电存在时，可粗略稳压及吸收部分电网干扰。

性能特点如下所述。

（1）当市电存在时，市电利用率高，可达成 98% 以上。

（2）输入功率因数和输入电流谐波取决于负载性质。

（3）输出能力强，对负载电流峰值因数、浪涌系数、输出功率因数、过载等没有严格的限制。

（4）输出电压稳定度、精度差，但能满足一般要求。

（5）当市电掉电时，转换时间一般为 4ms ～ 10ms。

（6）输出转换开关受切换电流能力和动作时间限制，一般后备式 UPS 多在 2kVA 以下。

2. 在线互动式

图 5.9 是在线互动式 UPS 工作原理图。"在线"的含义是逆变器工作，但不输出功率，处于热备份状态，同时兼顾对蓄电池充电，增大 UPS 在市电正常时的功率容量，并且减少市电掉电时的转换时间，提高了输出电压的滤波作用，它属于并联功率调整方式，输出功率多在 5kVA 以下。

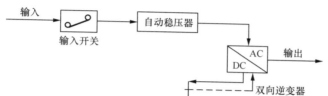

图 5.9　在线互动式 UPS 工作原理

功能部件如下所述。

（1）输入开关：市电掉电时，自动断开输入开关，防止逆变器向电网反馈电。

（2）自动稳压器：市电存在时，可粗略稳压及吸收部分电网干扰。

（3）逆变器：逆变器具有双向变换功能，当市电存在时为整流器，给蓄电池浮充充电；当市电掉电时为逆变器，由电池供电，保持 UPS 继续输出供电。

性能特点如下所述。

（1）当市电存在时，性能如下：

市电利用率高，可达 98% 以上；

输入功率因数和输入电流谐波取决于负载性质；

输出能力强，对负载电流波峰因数、浪涌系数、输出功率因数、过载等没有严格的限制；

输出电压稳定度、精度均差，但满足一般要求；

变换器直接接在输出端，并处于热备份状态，对输出电压尖峰干扰有抑制作用。

（2）当市电掉电时，性能如下：

因为输入开关存在断开时间，致使 UPS 输出仍有转换时间，但比后备式要小得多；

电路简单、成本低，市电供电时可靠性高；

变换器同时具有充电功能，且其充电能力很强；

如在输入开关与自动稳压器之间串接一电感，当市电掉电时，逆变器可立即向负载供电，可避免输入开关未断开时，逆变器反馈到电网而出现短路的危险。

这样可使在线互动式的转换时间减少到零，并增加抗干扰能力，但降低了 UPS 的输出功率因数。

3. 双变换在线式

图 5.10 为双变换在线式 UPS 工作原理。传统双变换在线式，特别是大功率 UPS，目前仍多采用这种电路结构，它属于串联功率传输方式。

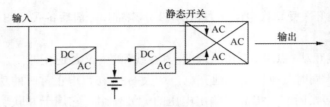

图 5.10　双变换在线式 UPS 工作原理

功能部件如下所述。

（1）整流器：当市电存在时，实现 DC-AC 转换功能，一方面向 DC-AC 逆变器提供能量，同时还向蓄电池充电。该整流器多为可控硅整流器，但也有 IGBT-PWM-DSP 高频变换新一代整流器。

（2）逆变器：完成 DC-AC 转换功能，向输出端提供高质量电能，无论由市电供电或转由电池供电，其转换时间为零。

（3）静态开关：当逆变器过载或发生故障时，逆变器停止输出，静态开关自动转换，由市电直接向负载供电。静态开关为智能型大功率无触点开关，转换时间可被当作是零。

性能特点如下所述。

不管有无市电，负载的全部功率都由逆变器提供，保证高质量的电力输出。

市电掉电时，输出电压不受任何影响，没有转换时间。

由于全部负载功率都由逆变器负担，因而 UPS 的输出能力不理想，对负载提出限制条件，如负载电流峰值因数、过载能力、输出功率因数等。

对可控整流器还存在输入功率因数低、无功损耗大、输入谐波电流对电网产生极大的污染等缺点。当然，若使用 IGBT-PWM-DSP 整流技术或功率因数校正技术，可把输入功率提高到接近 1，输入谐波电流也将降到 <3% 以下。但脉冲整流输入功率因数只能达到 0.95 左右。

在市电存在时，串联式的两个变换都承担 100% 的负载功率，所以 UPS 整机效率较低。

为了提高双变换在线式 UPS 在市电存在时的节能及运行可靠性，近来有人提出在线式 UPS 的后备运行设想和技术，在电网电压条件较好的地方，在输入电压处于某一种范围内（可自行设置），且当 UPS 本身配置很强的抗干扰电路功能时，通过智能开关，把 UPS 设置在后备式运行，逆变器空载热备份，对于要求供电质量并不十分苛刻的用户，这可能是一种可行的方案。

高输入功率因数双变换在线式 UPS 有很好的节能效果，因为当今应用的负载几乎全为非线性负载，如果负载直接接入电网供电，其输入非正弦峰值电流很大，将造成很大的输入无功损耗。当然接入低输入功率因数双变换在线式 UPS，其输入非正弦峰值电流也将很大，也会造成很大的输入无功损耗，只不过前者是线性负载直接消耗电网的无功功率，而后者却是通过 UPS 来消耗电网的无功功率，但高输入功率因数双变换在线式 UPS 却能通过能量变换关系，把非线性负载引起的无功损耗降至最低，因而高输入功率因数双变换在线式 UPS 具有节能效果，这是后备式、在线互动式所望尘莫及的。

表 5.7 不同电路结构 UPS 对电网的适应能力

电网质量 ＼ UPS电路结构	后备式UPS	在线互动式	双变换在线式
电压浪涌	无法解决	有限解决	完全解决
高压尖脉冲	无法解决	有限解决	完全解决
暂态过压	无法解决	有限解决	完全解决
电压下陷	有限解决	有限解决	完全解决
线路噪声	有限解决	有限解决	完全解决
频率偏移	无法解决	无法解决	完全解决
持续低压	完全解决	完全解决	完全解决
市电中断	完全解决	完全解决	完全解决

5.4.2 数据中心UPS供电方案

1. N 系统

此系统没有备用 UPS，即在满足 UPS 负荷率 70％左右的情况下，计算需要设置 N 台 UPS，系统如图 5.11 所示。

这种系统的优点是系统简单、维护简单；UPS 效率高；投资低。缺点是需增加负载控制装置，以避免单台 UPS 负载过高；IT 设备均由同一组 UPS 供电，存在单点故障；UPS 没有备用，可靠性低。在国家标准内，此系统只适用于 C 级机房。

2. N+X 冗余系统（X = 1 ～ N）

此系统有 $1 \sim N$ 台备用 UPS，即满足 UPS 负荷率 70％左右的情况下，计算需要 N 台 UPS，设置 $N+X(X = 1 \sim N)$ 台 UPS，系统图与 N 系统一致（见图 5.11），只是增加了 X 台备用 UPS。

这种系统的优点是系统简单、维护简单；投资较低。缺点是需增加负载控制装置，以避免单台 UPS 负载过高；IT 设备均由同一组 UPS 供电，存在单点故障；UPS 有备用，UPS 均正常时效率较低，可靠性高于 N 系统。在国家标准内，此系统适用于 B 级机房。

目前，在多数数据中心设计中，我们一般采用一台备用，即 N+1 台 UPS。

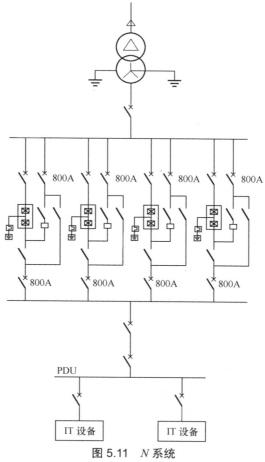

图 5.11 N 系统

3. 2N 或 2（N+1）冗余系统

此系统为两组 UPS 互为备用系统，平时每台 UPS 负载率均小于 50%，当一组 UPS 发生故障或对其维护时，另一组 UPS 可以承担全部负载，系统如图 5.12 所示。

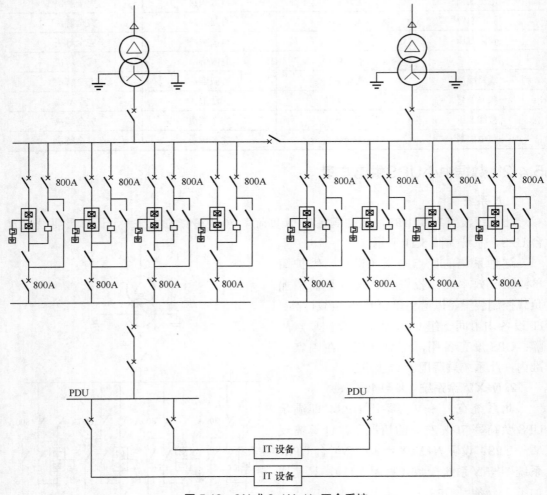

图 5.12　2N 或 2（N+1）冗余系统

这种系统的优点是系统简单、维护简单；可靠性高；无单点故障。缺点是投资高、UPS 均正常时效率较低。在国家标准内，此系统适用于 A 级机房。

在实际设计中，数据中心经常把这种系统与变压器 N(1+1) 系统结合使用，即两组 UPS 放置于不同的两个房间内。当某一个房间有火灾发生时，可以将火灾房间内设备停止供电，而另一个房间内的设备可以继续以小于 100% 负荷率供电。目前，这种形式在数据中心 UPS 配电系统中被广泛应用。

4. DR 动态冗余系统

此系统为 N 组（N > 2）UPS 互为备用系统，平时 UPS 负载率均可以大于 50%，当其中一组 UPS 故障或维护时，另外 N − 1 组 UPS 可以平均将此组 UPS 所带负载承担下

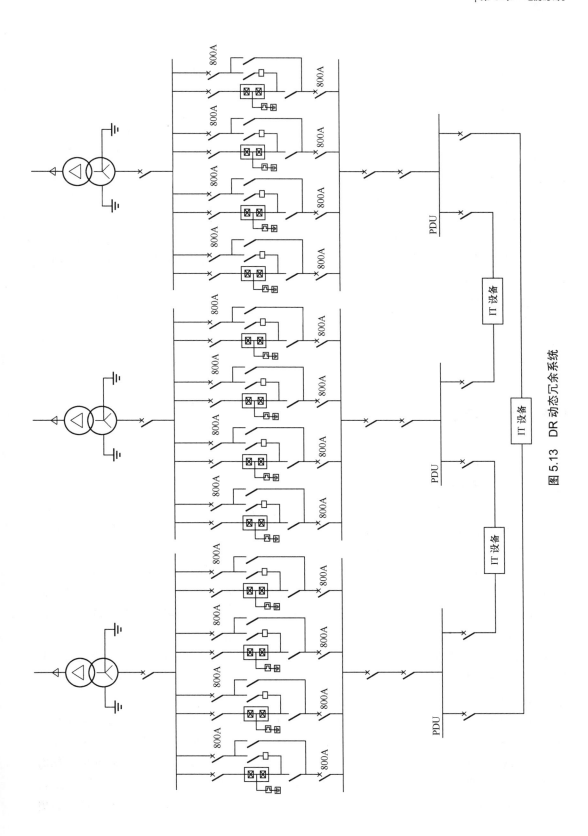

图 5.13　DR 动态冗余系统

来，系统如图 5.13 所示。

这种系统的优点是可靠性高；无单点故障；UPS 均正常时效率较高；投资较 2*N* 系统减少。缺点是系统相对复杂。

本书作者认为在实际设计中，这种系统适用于单层面积较大的数据中心，否则，跃层电缆过多将会造成维护困难；而容量较小的机房没有必要设置多组 UPS。同时，因为现在很多数据中心机房均为分期设置，即土建部分先建造到位，先按预期的电量预留好配电间的面积，但是只先购置一部分用电设备，当业务量逐渐增加时，才会分期购置其余用电设备，这种情况下，就不适合用此系统。

5. RR 后备式冗余系统

此系统为 *N* 组（*N* > 2）UPS 互为备用系统，平时 UPS 负载率均可以按 UPS 最高效率设计，当其中一组 UPS 故障或维护时，即可使用备用一组 UPS 将此组 UPS 所带负载承担下来，系统如图 5.14 所示。

这种系统的优点是可靠性高；无单点故障；UPS 均正常时，效率高。缺点是投资高；系统复杂。

此系统可靠性略低于 2*N* 和 2*N*+1 系统，作者认为此系统设置时过于复杂，不利于后期维护，且在实际使用中，与 DD 系统相同，有部分局限性，在目前设计中此种系统使用较少。

5.5 防雷接地

5.5.1 雷电及其危害

我们所居住的地球是一个带有 5 万库仑负电荷的球体，而距地球数十千米的外层空间，有一强大的带正电的电离层存在。这一正一负的两个电极，在地球大气层中形成了强大的电场，而地球本身又存在南北向的磁场，根据电磁感应原理，当朵朵云团（它们因带有水气，冰晶而成为良导电体）在空中运动、摩擦时，会带有不同的电荷（如正电或负电）。天空中带有不同电荷的云团接近，或云团与地面电荷极性不同时，当其间距足够近时，就会发生击穿放电现象。这种放电能量大，时间短，并具有多次反复。伴随着雷霆万钧的轰鸣和撕裂长空的闪电，一次次大自然的壮观景色——雷电就发生了。

雷击以其电热效应、电磁效应、化学效应及机械力效应的瞬间爆发，造成对人、设备和建筑物等的巨大破坏。据粗略统计，全球每年死于雷害的有 3 000 多人，直接财产损失超过 10 亿美元。全世界每秒钟有 100 多次闪电，任一时刻有 2 000 多个雷暴。由于雷击引发的森林大火、炸药爆炸、火箭自点火腾空而去等灾害更是数不胜数。现代信息技术的发展，电子技术高度集成化，给人类文明带来了无限的前景。但是感应雷由于其发生概率高，高电位侵入构成了对电子设备的巨大危害。例如我国华南广东地区濒临海洋，属热带海洋性气候，全年多雷雨大风天气，空气潮湿，地势低洼，雷暴日达 80 天左右，而每次雷暴都会引起多处感应雷的发生，瞬间高电位达数十千伏以上，雷击脉冲电流更

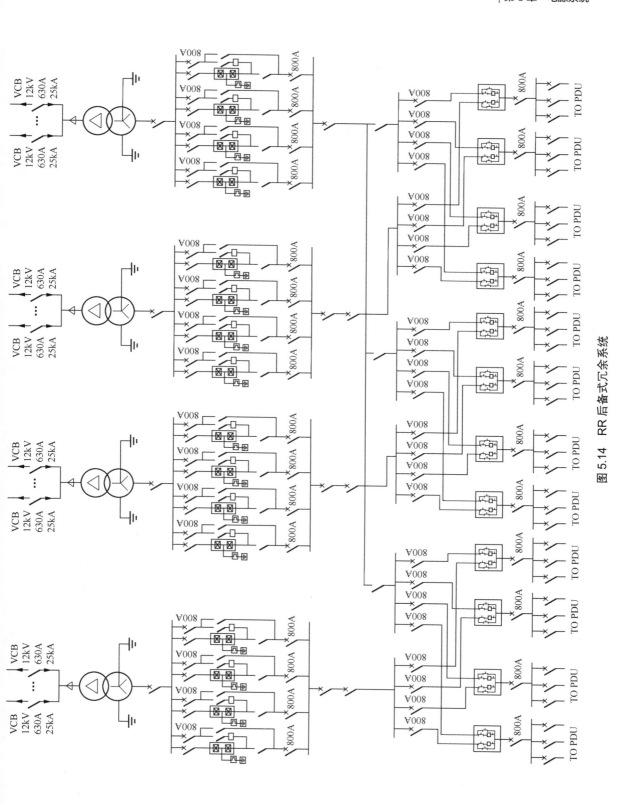

图 5.14　RR 后备式冗余系统

达数百千安，对设备、人员危害极大，这就对防雷技术提出了新的课题。

雷电入侵一般分为直击雷和感应雷两种。

直击雷即带电云团直接击中地面，对该处物体造成放电现象，一般是依据尖端放电的原理。因此直击雷一般危害的是高大的建筑物。直击雷蕴含极大的能量，电压峰值可达 5 000kV，具有极大的破坏力。如果建筑物直接被雷电击中，巨大的雷电流沿引下线入地，会造成以下 3 种影响。

（1）巨大的雷电流在数微秒时间内流入地，使地电位迅速抬高，造成雷电反击事故，危害人身和设备安全。

（2）雷电流产生强大的电磁波，在电源线和信号线上感应极高的脉冲电压。

（3）雷电流流经电气设备产生极高的热量，造成火灾或爆炸事故。

感应雷是云层之间的频繁放电产生强大的电磁波，在电源线和信号线上感应极高的脉冲电压，峰值可达 50kV。雷击电磁脉冲（LEMP）通过电磁场传播和金属电路及金属管路传导，对该处设施造成危害。感应雷一般依据电磁感应和电路原理，可沿空间电磁场，进入建筑物的金属水管、金属气管、金属燃气管及金属构架传播，也可以进入建筑物的供电线路、电话线、视频射频线缆、电脑网络金属线及各种控制信号金属线缆传播，因此其危害范围广、概率高。另外，引下线及作为引下线的建筑物内钢筋网也是感应雷的传播途径。所以，如果没有合理的金属屏蔽网，雷击电磁脉冲几乎是无孔不入的。因感应雷击引起的高电压、高电流称为电涌。

雷电对现代化设备及每个装有家用电器的家庭已构成严重威胁，国外专家早已把雷电灾害称为"电子信息时代的公害"。随着城市现代化建设的迅速发展，高层建筑物和智能大厦不断增多，建筑物内的通信、计算机等抗干扰能力较弱的现代化设备越来越普及，易燃、易爆场所迅速增多，而主观上不少建筑物甚至一些高层建筑物的直击雷防护措施不完善，使建筑物的防雷能力先天不足，留下了无法弥补的缺陷和隐患；在侧击雷防护方面，无论早期还是后期的建筑物，包括大型建筑，有相当一部分存在防雷设计不符合技术规范或有设计无施工的问题，存在施工队不懂防雷知识和技术，施工质量低的问题。

统计证明，过电压是破坏数据和损坏计算机、控制系统等设备的主要原因。根据电磁兼容（EMC）原则，电子设备不得相互干扰，同时，雷电等其他电磁干扰源不得影响电子设备的功能。防护专家发现，在电磁环境威胁中，雷电放电是最重要的干扰源。自 20 世纪 90 年代末，我国开始采用计算机技术改造设备和工作方式以来，过电压、过电流损害不断发生，成为计算机、控制系统硬件损坏进而影响业务、生产的一大祸根。其实，发生在计算机、控制系统的过电压，数量最多的是电源操作过电压和静电放电，但它们能量较小，一般不会对系统造成损害。雷电电磁脉冲虽然发生次数较少，但能量较高，一旦侵入计算机、控制系统，大部分会对系统造成损害。因此，做好计算机、控制系统的雷电电磁脉冲防护工作，就能解决系统过电压的问题。并不是雷电必须击中建筑物本身，才能造成系统雷害，实际上，雷击点周围 1km 左右的敏感电子系统，都有可能受到雷电电磁脉冲或雷电电磁脉冲过电压的伤害。电子电路能够承受的浪涌电压仅仅为 5V ～ 100V，然而，雷电浪涌电压可以高达数千伏，甚至数万伏，因此，雷电浪涌电压侵入电子设备往往使电子设备失效。

应当指出，雷电电磁干扰损坏计算机、自动化控制系统硬件造成的直接经济损失仅仅是全部经济损失的一小部分。计算机、控制系统停用，致使生产、业务中断所造成的间接经济损失一般都比直接经济损失大得多。

雷电对建筑物的危害不仅仅表现在外部的雷击起火，根据 IEC 61312-1 雷电电磁脉冲的防护标准中关于雷击保护等电位系统的分流模式可知，一个完整的雷击电流有 50%泄放入地，另外 50% 通过其他途径泄放，参见图 5.15。

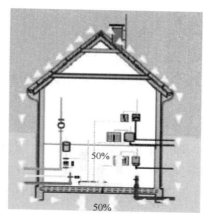

图 5.15　雷电电流泄放途径

雷电电流大约 10% 从水管泄放（金属）、大约 10% 通过煤气管道泄放（金属）、大约 10% 通过输油管泄放（金属）、大约 10% 通过电力线缆泄放，最多大约 5% 或 5kA 的电流通过通信线缆泄放。

我们可以把雷电进入室内的方式简单地分为 3 种：

（1）从电源线入侵；

（2）雷击大地电位上升形成反击；

（3）从信号线入侵。

5.5.2　防雷和接地系统设计依据、设计原则

本书防雷和接地系统设计主要依照按照国家标准《建筑物电子信息系统防雷技术规范》（GB 50343-2004）以及相关国家标准规范，一个建筑物电子信息系统综合防雷系统所包含的内容如图 5.16 所示。

电子信息系统的防雷必须按综合防雷系统的要求设计，坚持预防为主，安全第一的指导方针。为确保防雷设计的科学性，在设计前如有必要，数据中心应对现场电磁环境评估。

在建筑物电子信息系统防雷工程设计时，设计者应认真调查建筑物所在地点的地理、地质以及气象、环境、雷电活动规律，该建筑物外部防雷措施情况，并根据建筑物内各电子信息系统的特点等因素，按系统工程要求，全面规划、综合治理、多重保护，将外部防雷措施和内部防雷措施整体统一考虑，做到安全可靠、技术先进、经济合理、施工

维护方便。

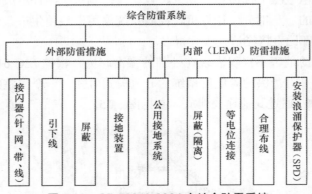

图 5.16　GB 50343-2004 之综合防雷系统

5.5.3　雷电防护措施

防雷安全理应确保万无一失。对于一些非常重要的工程项目、建筑，要不惜花巨资以达到这一要求。但是有些项目就不必如此要求，在经济上不合算，这需要灵活考虑。所以《建筑物防雷设计规范》把建筑物分为 3 类，采取不同的要求，就是如此考虑的。在这里必须运用概率统计。

为了寻找防止雷害的方法，人类的祖先进行了长期的研究和抗争。现代防雷的技术原则更强调全方位防护、综合治理、层层设防，把防雷看作是一个系统工程。

1. 防直击雷

200 年前，美国科学家富兰克林通过长期研究发明了避雷针，它利用尖端放电原理，为人类防护直击雷的危害找到了安全屏障。现代直击雷设施的主要构造是：接闪器、引下线、接地网。

（1）接闪器：避雷针、避雷带、避雷线、避雷网、金属屋面等。

（2）引下线：金属圆条、扁条、钢筋、金属柱等。

（3）接地网：水平地极（金属带条）、垂直地极（角钢、钢管、铜板条）。

（4）自然地极：砼地基。

但是，光有避雷针还是不能杜绝雷害的，屋内的电气设备、电子设备仍遭受击毁。

2. 防感应雷

（1）等电位连接

从物理学上讲，就是把各种金属物用粗的铜导线焊接起来，或把它们直接焊接起来，以保证等电位。

雷电流的峰值非常大，其流过之处都立即升至很高的电位（相对大地而言），因此对于周围尚处于大地电位的金属物会产生旁侧闪络放电，并使后者的电位骤然升高，它还会对其附近的尚处在大地的设备或人产生旁侧闪络。这种放电产生的脉冲电磁场则会对室内的电子仪器设备产生作用。所以等电位连接是防雷措施中极为关键的一项。对于一座楼房讲，要从楼顶上开始，逐层地做起，现代的高楼顶上有各种金属物，包括各种天线、灯架、广告牌、装饰物等，都要与接闪器连接，达到等电位。以下各楼层也得如此，每层楼内处于同一电位，则楼内行走的人就不会有危险了，不论这些金属物电位升得多高，都无触电之忧。

等电位连接也包括物体和结构之间，或者同一个物体的各部分金属外套之间进行导电性的连接。其在任何系统中都是极为重要的。因为结构连接处如果不是良好的电性连通，接触电阻所产生的电位降常可以引起电火花放电，可能损坏连接部位的表层，或导致火灾。完善的等电位连接，也可以消除因地电位骤然升高而产生的"反击"现象，在微波站天线塔遭到雷击后常常遇到。

（2）分流

它的做法是从室外来的导线（包括电力电源线、电话线、信号线或者这类电缆的金属外套等）都要并联一种避雷器至接地线。不仅是在入户处，在每个需要防雷保护的仪器设备的入机壳处都要安装。它的作用是把循导线传入的过电压波在避雷器处经避雷器分流入地，类似于把雷电流的所有入侵通道堵截住，可以多处堵截。

因为"传导"措施的作用只能拦截建筑物上空的闪电。而对于远处落雷产生的过电压波沿各种导线的入侵，"传导"措施是无能为力的，这一防线就全靠"分流"措施了。

（3）接地

从上面 3 个措施来看，都涉及闪电能量的泻放入地，所以"接地"措施虽然是配角，但没有它，这 3 个措施就不可能达到预期的效果，因此它是以上 3 个措施的基础，接地的妥当与否，历来成为防雷技术上特别受重视的项目，各种防雷规范都给出明确的规定。它又是最费工、费钱、费力的防雷措施，是防雷工程的重点和难点，避雷装置安全检验中心的主要工作就是围绕着它。

把所有各种接地连成一体的主要作用是为了防雷安全，因此会牺牲其他接地的作用，特别是防干扰方面。例如对于电子设备防干扰，要求单点接地，否则在地线两处接点上的电位差会反馈到电子线路里，成为干扰信号。而从防雷的要求看，均压才能避免反击，而均压就要求多点接地。所以一栋拥有大量电子设备的楼房，接地系统是很复杂的，接地体是一个庞大的地网，采用种种等电位的连接措施，然后每层楼设置接地母线，每层楼的各电子设备通过特殊的设计来与接地母线相连接，以尽可能减少外来的通过地线的干扰。

（4）屏蔽

就是用金属网、箔、壳、管等导体把需要保护的对象包围起来，从物理上来说，就是把闪电的脉冲电磁场从空间入侵的通道阻隔起来，力求"无隙可钻"。显然，这种屏蔽作用不是绝对的，需要考虑实际情况和依据实际原则来选择，还要估计到直击雷的能量所造成的熔穿破坏的概率，确保屏蔽的厚度，等等。

各种屏蔽都必须妥善接地，所以，以上 4 种措施是一个有机联系的整体防卫体系，只有全面实施才能达到万无一失的效果。

接地和等电位连接方式，可参见图 5.17。

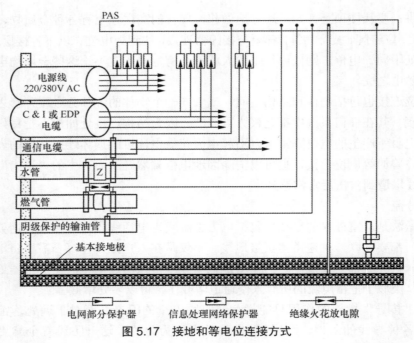

电网部分保护器　　信息处理网络保护器　　绝缘火花放电隙

图 5.17　接地和等电位连接方式

3. 其他防雷方法

躲避：通过时间及空间的调整，避开雷击，例如，地形地貌的合理选择、雷击时间停用设备等。

5.5.4　防雷设计

1. 避雷针部分的设计

避雷针包括 3 部分：接闪器（避雷针的针头）、引下线和接地体。接闪器可用直径为 10mm ～ 12mm 的圆钢，引下线可用直径为 6mm 的圆钢，接地体一般可用互距 5m 的 3 根 2.5m 长的 40mm×40mm×4mm 角钢打入地中再并联后与引下线可靠连接。避雷针是靠它对雷云电场引起的畸变来吸引雷电的。所谓避雷针的保护范围是指对于被保护物在此空间范围内不致遭受雷击而言，它是在实验室中用冲击电压下小模型的放电结果求出的。与国际 IEC 标准接轨，我国《建筑物电子信息系统防雷技术规范》（GB 50343-2004）中避雷针的保护范围采用滚球法确定。滚球法是将一个半径为 h_r 的球体，沿避雷针及其附近的地面和空间滚动，凡球不能占据的那个部位即为避雷针的保护范围。滚球的半径按表 5.8 确定。按滚球法决定的单支避雷针的保护范围如图 5.18 所示，可按下法得出。

表 5.8　滚球的半径表

建筑物防雷类别	滚球半径 h_r（m）
第一类防雷建筑物	30
第二类防雷建筑物	45

（续表）

建筑物防雷类别	滚球半径 h_r（m）
第三类防雷建筑物	60

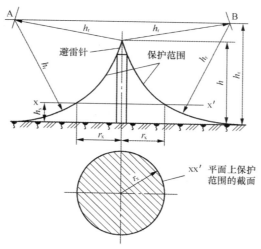

图 5.18　单支避雷针的保护范围

当避雷针的高度 h 小于或等于 h_r 时，可先在距地面 h_r 处作一平行于地面的平行线；然后以针尖为圆心，h_r 为半径作弧线，交平行线于 A、B 两点；再以 A、B 为圆心、h_r 为半径作弧线，该弧线与针尖相交并与地面相切。此弧线就决定了避雷针的保护范围。显而易见，保护范围也是一个旋转圆锥体，其在高度为 h_x 的 xx' 平面上的保护半径以及地面的保护半径 r_x 和 r_0 可分别按下式确定：

$$r_\mathrm{x} = \sqrt{h\left(2h_\mathrm{r} - h\right)} - \sqrt{h_\mathrm{x}\left(2h_\mathrm{r} - h_\mathrm{x}\right)} \tag{12}$$

$$r_0 = \sqrt{h\left(2h_\mathrm{r} - h\right)} \tag{13}$$

根据以上公式可以计算得到所用避雷针的支撑杆的高度。安装于建筑物屋顶或安装于建筑物旁树立旗杆的顶部。

- 避雷针与引下线应可靠焊接连通，引下线材料为 40mm×4mm 镀锌扁钢。引下线在地网上连接点与接地引入线在地网上连接之间的距离宜不小于 10m。
- 房屋顶避雷网，其网格尺寸不大于 3m×3m，且与屋顶避雷带一一焊接连通。机房四角应设雷电流引下线，该引下线可利用机房四角房柱内 2 根以上主钢筋，其上端应与避雷带、下端应与地网焊接连通。机房屋顶上其他金属设施亦应分别就近与避雷带焊接连通。
- 引下线应沿建筑物四周均匀或对称布置，其间距不应大于 25m。

防止雷电流流经引下线和接地装置时产生的高电位对附近金属物或线路的反击，表达式应按下列表达式计算。

当 $l_x < 5R_i$ 时，

$$S_{a3} \geqslant 0.2k_c(R_i+0.1l_x)$$

当 $l_x \geqslant 5R_i$ 时，

$$S_{a3} \geqslant 0.05k_c(R_i+l_x)$$

$$S_{a4} \geqslant 0.05k_cl_x$$

式中，S_{a3}——空气中距离（m）；

$\qquad R_i$——引下线的冲击接地电阻（Ω）；

$\qquad l_x$——引下线计算点到地面的长度（m）。

- 避雷针宜采用圆钢或焊接钢管制成，其直径不应小于下列数值。

针长 1m 以下：圆钢为 12mm；钢管为 20mm。

针长 1 ～ 2m：圆钢为 16mm；钢管为 25mm。

2. 电源防雷器的设计

（1）第一级防雷器

在各大楼的 10kV 总进线的低压配电房处进行第一级避雷保护，采用大通流量的防雷箱，最大通流量为 120kA。该防雷箱应该同时具有以下功能。

- 自动延时声光报警设计（在 24 小时内损坏模块未能得到及时更换，再一次声光告警）。
- FS 遥信触点设计，维护人员可实时对防雷器工作状态远程监视。
- 在线电压显示，显示三相的每相电压，可选自动跳动显示，或固定显示某一相电压。
- 对每一相的防雷模块工作状态实时监视。
- 雷击计数器，记录雷击发生次数。方便对雷击情况分析。
- 防雷器主要元器件采用模块化设计。当发现防雷器不能正常工作时，维护人员只需对已失效的防雷器模块更换，这样可降低维护费用，更换时并不需停电。

（2）第二级防雷器

在每个机房的 UPS 的输入端或各楼层的分层配电处进行第二级避雷保护，最大通流量为 60kA。该防雷器同时采用以下模块。

- AS 声光报警模块。附带声音与灯光报警的功能底座，给该底座供一 220V 单相市电，在正常的情况下灯光显示为绿色，当有模块损坏时，报警灯由绿色变成闪烁的红灯，并伴有"嘀嘀"的报警声，提醒维护人员更换。
- FS 遥信触点模块。附带遥信触点功能底座，可根据实际需要选用端子 1-2（常开触点）或 1-3（常闭触点）连接。而端子接线可使用 $0.14\text{mm}^2 \sim 2.5\text{mm}^2$ 多股线或单芯线。
- AS 声光报警模块、FS 遥信触点模块，可使维护人员实时对防雷器的工作状态监视。当发现防雷器不能正常工作时，维护人员只需对已失效的防雷器模块更换，这样可降低维护费用，更换时并不需停电。

（3）第三级电源防雷器

在机房的各工作站进线的输入端加装第三级避雷保护，最大通流量为 40kA。三级防雷器的设计目的：依据 VDE-0675 标准对 1 000V 以下的低压负荷设备依据标准实行保护。保护电气设备不会因雷电和开关操作所引起的瞬态过压而损坏。

对于重要设备（如服务器等）可加装精细电源防雷器，最大通流量为 7kA。其控制线系统中，采用的通信方式大体有以下 3 种：

- 变送器等一次表的模拟量（4mA ～ 20mA）的控制线系统；
- 雷达等工业总线 Profibus PA 的传输系统；
- 光导液位 ASC Ⅱ 的 17 芯传输系统。

3. 信号防雷部分

- 数据专线、电话线防雷器、DDN 专线、X.25 专线和帧中继、2M 数据线的防护以及 PSTN 网络，通信备份线路的保护。
- 以太网网卡在一些重要的服务器及交换机接口，采用防雷器做保护，以保证网络的安全运行。
- 视频线防雷器，在监控系统中，采用视频防雷器保护，以保证监控系统安全可靠地运行。

注：建筑物根据其重要性、使用性质、发生雷电事故的可能性和后果，按防雷要求分为 3 类。根据建筑物防雷设计规范（GB 50057-2010）第 3 章 建筑物的防雷分类 第 3.0.3 条规定，政府部门计算系统中的所有建筑物均属第二类防雷建筑物，应该按第二类防雷建筑物来安装防雷装置。

5.5.5　接地的基本概念

1. 接地、接零的概念

供电系统用变压器的中性点直接接地，电器设备在正常工作情况下，不带电的金属部分与接地体之间进行良好的金属连接，都称为接地。前者为工作接地，后者为保护接地。配电变压器低压侧的中性点直接接地，则此中性点叫作零点，由中性点引出的线叫作零线。用电设备的金属外壳直接接到零线上，称接零。在接零系统中，如果发生接地故障即形成单相短路，应使保护装置迅速动作，断开故障设备，从而使人体避免触电的危险。

2. 接地的种类和作用

（1）工作接地

在工作或事故情况下，保证电器设备可靠地运行，降低人体接触电压，迅速切除故障设备或线路、降低电器设备和输电线路的绝缘水平。

（2）保护接地

在中性点不接地系统中，如果电器设备没有保护接地，当该设备某处绝缘损坏时，外壳将带电，同时由于线路与大地间存在电容，人体触及此绝缘损坏的电器设备外壳，则电流流入人体形成通路，人将遭受触电的危险。设有接地装置后，接地电流将同时沿着接地体和人体两条通路流过，接地体电阻愈小，流过人体的电流也愈小，接地电阻极

微小时，流经人体的电流可不至于造成危害，人体避免了触电的危险。

（3）重复接地

将零线上的多点与大地多次金属性连接，称重复接地。当中性点直接接地系统中发生碰壳或接地短路时，可以降低对地电压；当零线发生断裂时，可以使故障的危害程度减轻。

（4）静电接地

设备移动或物体在管道中移动，因摩擦产生静电，它聚集在管道、容器和储罐或加工设备上，形成很高的电位，对人身安全及设备和建筑物都有危险。采用静电接地后，静电一旦产生，就导入地中，以消除其聚集的可能。拉储油罐的汽车后尾以及新型轿车后尾拖一根接触地面的导电橡胶，即属于静电接地。

（5）直流工作接地（也称逻辑接地、信号接地）

计算机以及一切微电子设备，大部分采用中、大规模集成电路，工作于较低的直流电压下，为使同一系统的电脑（计算机）、微电子设备的工作电路具有同一"电位"参考点，将所有设备的"零"电位点接于一接地装置，它可以稳定电路的电位，防止外来干扰，称为直流工作接地。

同一系统的设备接于同一接地装置后，无论是模拟量或数字量，在通信或交换时，才有统一的"电位"参考点，从而给接于同一接地装置的计算机或微电子设备提供稳定的工作电位，有效地衰减以至于消除各种电磁干扰，保证数据处理或信号传递的准确无误。

（6）防雷接地

为使雷电浪涌电流泄入大地，使被保护物免遭直击雷或感应雷等浪涌过电压、过电流的危害，所有建筑物、电气设备、线路、网络等不带电金属部分、金属护套、避雷器，以及一切水、气管道等均应与防雷接地装置金属性连接。防雷接地装置包括避雷针、带、线、网、接地引下线、接地引入线、接地汇集线、接地体等。

3. 跨步电压与接触电压

在闪电电流流入地下，闪电电流在地表之下流动时，大地的电阻同样要产生电位差，闪电入地点电位最高（如果雷电流是正的），远处雷电流几乎为 0 的这些地方，电位最低，即工程上所谓的零电位，人的两腿分开站着，两脚之间的电位差（称为跨步电压）也可致人毙命。

跨步电压——地面相距 0.8m 两点间的电压。

接触电压——人的脚站在与它相距 0.8m 处用手触到金属外壳时，人的手与脚之间的电压。

在雷暴当空时，为了保障人身安全，不要接触金属管道（水管、煤气管等）、导线（例如打电话、触摸从室外引进的电视天线馈线、电灯线等），无论是在室内或室外，并拢两脚站立总是比较安全，以上都是防止雷电造成的接触电压和跨步电压伤人的措施。

由于雷电流强度是一个随机数值，要通过准确的计算设计安全的跨步电压是困难的，根据大量实践经验，为降低跨步电压危险性，防直击雷的接地装置要与建筑物和构筑物的出入口行人道的距离不应小于 3m。接地体附近地面电位分布曲线如图 5.19 所示。当小于 3m 时，应采取下列措施之一：

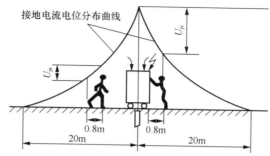

图 5.19 接地体附近地面电位分布曲线

水平接地体局部埋深不应小于 1m；

水平接地体局部包以绝缘物（例如，50mm ～ 80mm 沥青层）；

采用沥青碎石地面或接地装置上面敷设 50mm ～ 80mm 厚的沥青层，其宽度超过接地装置 2m；

采用"帽檐式"（见图 5.20）或其他形式的均压带。

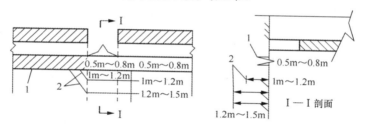

1—水平接地体；2—均压带，单位为m

图 5.20 "帽檐式"均压带的布置示意

关于人能承受雷电造成的跨步电压和接触电压是多少伏，允许流过的电流是多少安，至今还没有得到明确的数据，但是经大量试验可以肯定，由于雷电的时间非常短暂，且具有脉冲、高频的特性，人体对高频、脉冲的电压和电流耐受能力要比工频大得多。根据各国发生的人身冲击触电事故分析，认为相当于雷电流持续时间的危险电流约为 100A，如取人体的冲击电阻值为 300Ω ～ 500Ω，人脚对地的脉冲接触电阻为 600Ω，人体能承受的跨步电压为 90kV ～ 110kV。而大牲畜对雷电流比人更敏感，如牛受到 96kV 的跨步电压，接触电压为 74kV 时，将导致呼吸失常，心脏活动机能损伤，产生不可逆过程，有生命危险。为了保证避雷装置保障人体安全，应使接地装置的接地电阻不大于"规范"规定的数值，这样可使雷电流放电时，接触电压减少，而且还能减少对建筑物内部或上面的金属件受反击的危险；并应将引下线和接地装置尽可能地安装在人们不易接触到的地方。为了防止接触电压危及人畜，设计者尽可能将引下线覆盖上绝缘物或隔离起来。

5.5.6 防雷的等电位连接

等电位连接的目的，在于减小需要防雷的空间内各金属部件和各系统之间的电位差。

穿过各防雷区交界的金属部件和系统，以及在一个防雷区内部的金属部件和系统，都应在防雷区交界处进行等电位连接。应采用等电位连接线和螺栓紧固的线夹在等电位连接带处进行等电位连接，而且当需要时，应采用电涌保护器（SPD）进行等电位连接（见图 5.21，图中的接地线也进行等电位连接）。

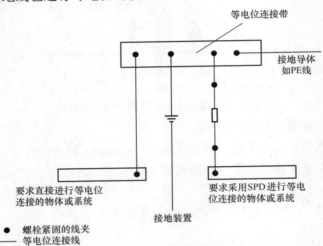

图 5.21　导电物体或电气系统连到等电位连接带的等电位连接

1. 在防雷界面处的等电位连接

（1）在防雷区 $LPZO_A$、$LPZO_B$ 和 LPZ 交界处的等电位连接

当外来导电物和电力线、通信线在不同地点进入该建筑物时，则需要设若干等电位连接带，它们应就近连接到环形接地体上，也应与钢筋和金属立面相连（见图 5.22）。如没有安装环形接地体，这些等电位连接带应连至各自的接地体，并用一内部的环形导体（或用一部分环形导体，见图 5.23）将其相互连接起来。对从地面以上进入的导电物，等电位连接带应连接到设于墙内侧或墙外侧的水平环形导体上，当有引下线和钢筋时该水平环形导体要连到引下线和钢筋上（见图 5.24）。

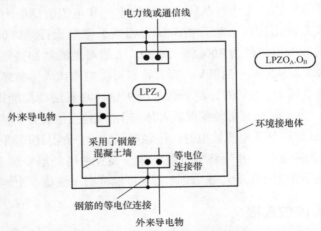

图 5.22　采用环形接地体时外来导电物在地面多点进入的等电位连接

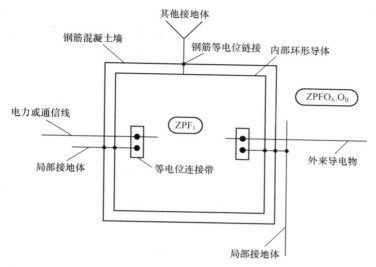

图 5.23　采用内部环形导体时外来导电物在地面多点进入的等电位连接

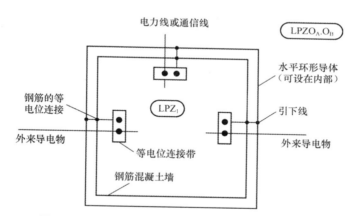

图 5.24　外来导电物在地面上多点进入的等电位连接

　　当外来导电物以及电力线、通信线从地面进入建筑物时，建议在同一位置进行等电位连接（见图 5.25），这对于那些建筑物结构几乎无屏蔽的建筑物特别重要。设在进入建筑物那一点上的等电位连接带，应就近连到接地体，以及当有钢筋时连到钢筋上。环状导体应连到钢筋或其他屏蔽构件上，如金属立面，典型的连接间距为每 5m 一连接，铜或镀锌钢等电位连接带的最小截面应为 $50mm^2$。

　　当建筑物内有信息系统时，在那些对 LEMP 效应要求最小的地方，等电位连接带最好采用金属板，并多次连到钢筋或其他屏蔽构件上。

　　在 $LPZO_B$ 区内的外来导电物，预期仅荷载感应电流和小部分雷电流。

　　对在地面进入建筑物的外来导电物以及电力线和通信线，应估计在等电位连接点上的各分雷电流。其评估方法见下述内容。

　　在不可能个别估算的地方，可假定：全部雷电流 i 的 50% 流入所考虑建筑物的 LPS

接地装置，i 的另 50％分配于进入建筑物的各种设施（外来导电物、电力线和通信线等）。流入每一设施中的电流 i_i 为 i_s/n，此处 n 是上述设施（见图 5.26）的个数。为估算流经无屏蔽电缆芯绒的电流 i_v，电缆电流 i_i 要除以芯线数 m，即 $i_v = i_i/m$。

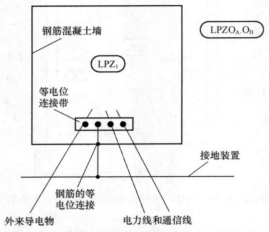

图 5.25　外来导电物体单点进入的等电位连接

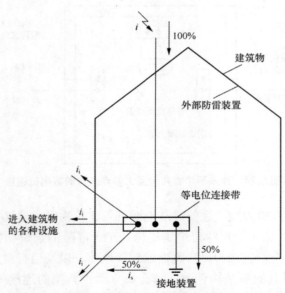

图 5.26　在进入建筑物的各种设施之间的雷电流分配

　　SPD 必须承受部分雷电流并应满足电源最大箱压的附加要求，而且应满足熄灭众电源"跟着来"的电流的能力。建筑物入口处的最大电源电压 U_{max} 应与所属的各系统的承受能力相一致。为实现 U_{max} 足够低的值，各线路应以最短的线与等电位连接带相连（见图 5.27，此处 U_A 和 U_L 二者必须不会同时出现，但它们之和必须低于 U_{max}）。

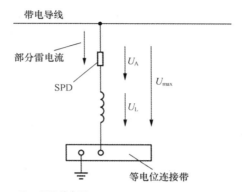

U_A：SPD 的电压
U_L：感应电压
U_{max}：带电导线和等电位连接带之间
的最大电涌电压

图 5.27 带电导体与等电位连接带之间的电涌电压

（2）在各后续防雷区之间交界处的等电位连接

在 $LPZO_A$、$LPZO_B$ 和 LPZ_1 之间交界处的等电位连接的一般原则，也适用于各后续防雷区交界处等电位连接。进入防雷区交界处的所有导电物以及电力线、通信线均应在交界处进行等电位连接。应采用一局部等电位连接带进行等电位连接，各种屏蔽结构或其他局部金属物（如设备外壳）也连到该局部等电位连接带进行等电位连接。对用于等电位连接的线夹和 SPD 应个别估算其电流参数。在各防雷区交界处的最大电源电压应与所属各系统的承受能力相一致。在不同交界处上的各 SPD 还应与其相应的能量承受能力相一致。

2. 需要保护的空间内设备的等电位连接

（1）内部导电物的等电位连接

所有大尺寸的内部导电物，如主机金属外壳、UPS 及电池箱金属外壳、金属地板、金属门框架、设施管路、电缆桥架的等电位连接，应以最短的线路连到最近的等电位连接带或其他已采取了等电位连接的金属物上。各导电物之间的附加多次相互连接是有益处的。在等电位连接各部件中预期仅流过较小部分的雷电流。

（2）信息系统的等电位连接

建筑物的共用接地系统包括外部 LPS，为实现一个低电感和网状接地系统，金属装置的等电位连接也加入共用接地系统。

对信息系统的外露导电物应建立等电位连接网，原则上一个等电位连接网不需要连到大地，但此处所考虑的所有等电位连接网将有通大地的连接。

信息系统的各金属组件（如各种箱体、壳体、机架）与建筑物的共用接地系统的等电位连接，有两种基本方法。

应采用下列等电位连接网的两种基本形式之一（见图 5.28）：

• S 型——星形结构；
• M 型——网形结构。

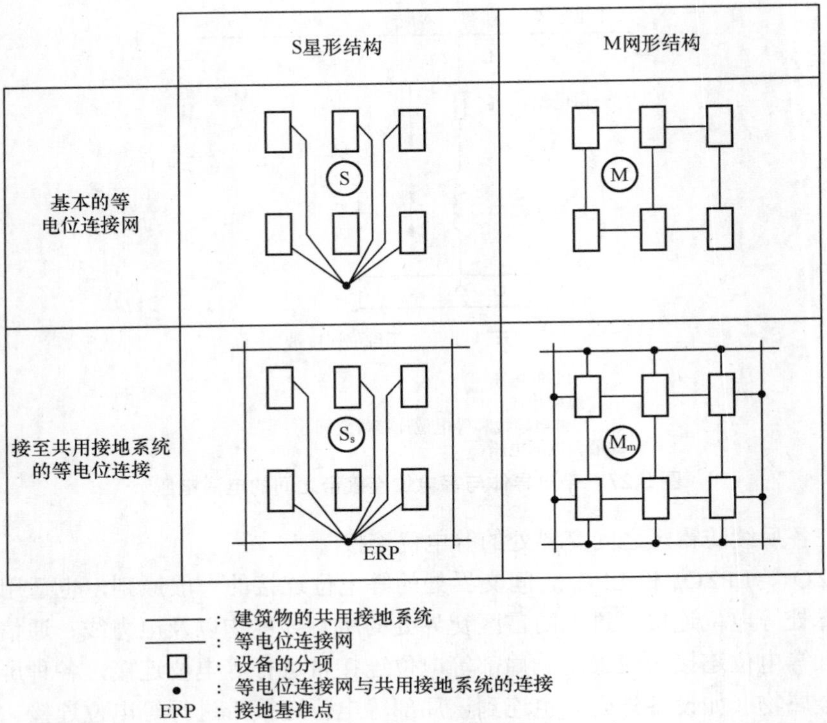

	S星形结构	M网形结构
基本的等 电位连接网	(S)	(M)
接至共用接地系统 的等电位连接	(S_s) ERP	(M_m)

————：建筑物的共用接地系统
————：等电位连接网
□ ：设备的分项
• ：等电位连接网与共用接地系统的连接
ERP ：接地基准点

图 5.28　信息系统等电位连接的基本方法

　　当采用 S 型等电位连接网时，该信息系统的所有金属组件，除等电位连接点外，应保证与共用接地系统的各组件有足够的绝缘。通常 S 型等电位连接网用于相对较小、限定于局部的系统，在那里所有设施和电缆仅在一点进入该信息系统。

　　S 型等电位连接网应仅通过唯一的一点（接地基准点 ERP）组合到共用接地系统中去形成 S_s 型（见图 5.28）。在此情况下，在设备的分项之间的所有线路和电缆应按照星形结构与各等电位连接线平行敷设，以避免产生感应环路。由于采用唯一的一点进行等电位连接，没有与闪电连在一起的低频电流能进入信息系统，而且信息系统内的低频干扰源不能产生大的电流。等电位连接的唯一的点，也是接 SPD，以限制传导来的过电压的理想连接点。

　　如果采用 M 型等电位的连接网，则该系统的各金属组件不应与共用接地系统各组件绝缘。M 型等电位连接网应通过多点组合到共用接地系统中去，并形成 M_m 型。

　　通常，M 型等电位连接网用于延伸较大的和开环系统，而且在设备的各分项之间敷设许多线路和电缆，设施和电缆在几个点进入该信息系统。

　　此处，用于高频也能得到一个低阻抗网络。此外，等电位连接网的多重短路环路对磁场起到衰减环路的作用，从而在信息系统的邻近区内减弱初始磁场。

　　在复杂系统中，两种形式（M 型和 S 型）的优点可组合在一起，其图解见图 5.29。

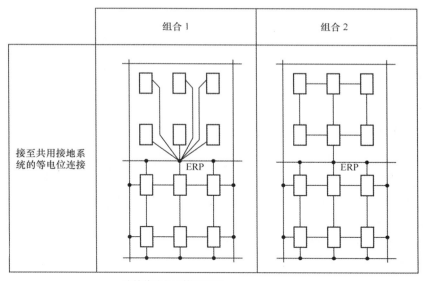

组合 1   组合 2

接至共用接地系统的等电位连接

────── : 建筑物的共用接地系统
━━━━━━ : 等电位连接网
□   : 设备的分项
●   : 等电位连接网与共用接地系统的连接
ERP : 接地基准点

图 5.29　信息系统等电位连接的方法的组合

　　一个 S 型局部等电位连接网可与一个网状结构组合一起，见图 5.29 的组合 1。此处，一个 M 型局部等电位连接网可在一个 ERP 与共用接地系统相连（见图 5.29 的组合 2）。

　　这里局部等电位连接网的所有金属组件和设备的各分项，应与共用接地各组件有足够的绝缘，而且所有设施和电缆在 ERP 进入该信息系统。正常情况下，等电位连接网与共用接地系统的连接，是在防雷区的交界处连接。

3. 共用接地装置的接地电阻值

　　关于共用接地的接地电阻值，有的文献、规范建议：共用的接地电阻 ≤ 1Ω。对这一问题要具体分析，在许多情况下，从原理上无法解释清楚为什么要采用这么低的电阻值，从经济上讲，可能是浪费的。近似地按 1Ω 工频接地电阻等于 1Ω 冲击接地电阻考虑。建筑物内 220/380V 用电设备，其绝缘耐冲击电压按国际电工委员会的规定最大为 6kV。雷电流的幅值按国际公认的统计规律，其值约为 40kA，它与 1Ω 接地电阻的乘积约为 40kV。这是上述耐冲击电压 6kV 的 6.7 倍，在共用接地的条件下，防止用电设备绝缘被击穿的最主要措施是，在用电设备电源进线端与共用接地系统之间装设过电压保护器，这是建筑物防雷标准的等电位联结的措施之一。过电压保护器是用来限制存在于某两物体之间的冲击过电压的一种设备，如放电间隙、避雷器或半导体器具等。如果装设了过电压保护器，共用接地装置接地电阻的大小对本建筑物来说是次要的，因为只要过电压值大于过电压保护器的动作电压，该过电压均能在瞬间使过电压保护器动作而不管过电压值大多少，并使其两侧物体在短时间内短接而得到等电位。从上述可知，采取降低接

地电阻的方法解决不了保护低压设备的绝缘遭受过电压击穿的危险。

在最新《数据中心设计规范》（GB 50174-2017）中关于数据中心的防雷和接地设计要求中提道，数据中心应满足人身安全和电子信息系统正常运行的要求，并符合现行国家标准《建筑防雷设计规范》（GB 50057）和《建筑物电子信息系统防雷技术规范》（GB 50343）的有关规定。

5.5.7 计算机机房对接地系统的要求

计算机机房的接地问题，既是一个复杂的理论问题，在实际施工工作中又是一个要求比较严的具体问题。不同的计算机生产厂家在计算机安装的接地问题上提出了不同的要求。计算机的使用单位在机房建设中是否能满足计算机对地线的要求，是衡量一个机房建设质量的关键性问题之一。

1. 计算机机房接地的目的

在计算机机房的建设中，一定要求有一个良好的接地系统。做好机房接地系统的建设主要有两个目的。

（1）机房建立接地系统是为了设备和人身的安全。由于计算机机房内用电设备较多，特别是在大、中型计算机机房里，不但设备多、价值昂贵、用电量大，而且在机房内工作的人员也较多，这样，安全用电就是一个很重要的问题。要做到安全用电、保护设备和工作人员的安全，做好接地系统建设是必需的。如果机房接地系统做不好，不但会引起设备故障、烧坏元器件，严重的还将危害工作人员的生命安全。特别是做好防雷电的措施，对人和设备的安全尤其重要。

（2）机房建立接地系统是计算机设备稳定、可靠工作的需要。由于计算机设备和通信设备等都有可靠的数字电路。这些电路都要求有可靠的工作参考点，即等电位。另外还有防干扰的屏蔽问题、防静电的问题都需要通过建立良好的接地系统来解决。

因此，在机房建设时，要根据计算机厂家的要求和机房环境的实际情况建立好机房接地系统。计算机机房一般应该有以下几种接地。

（1）交流工作接地：

$$V_{机壳} = V_1 \cdot Z_2 / (Z_1 + Z_2)。$$

（2）安全保护接地。

（3）计算机系统直流接地（有的叫逻辑地）。

（4）防雷保护接地。

（5）防静电接地。

（6）屏蔽接地。

（7）重复接地。

（8）中性点接地。

（9）综合接地。

计算机机房安全保护接地的示意图如图 5.30 所示，安全保护接地的作用示意图见图 5.31。

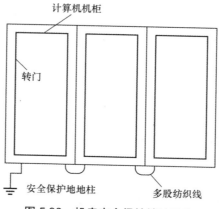

图 5.30 机房安全保护接地示意

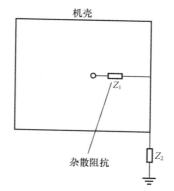

图 5.31 安全保护接地的作用示意

2. 计算机安全保护接地的作用和标准

安全保护接地的作用如图 5.31 所示。Z_1 是介于电位 V_1 和机壳之间的杂散阻抗；Z_2 是介于机壳与大地之间的杂散阻抗，这时机壳上的电位取决于 Z_1 和 Z_2 组成的分压器。

在机壳不接地时，由于 $Z_1 \neq 0$ 则机壳上带有较高的电位，人接触后有触电的危险。

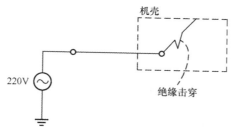

图 5.32 不接地安全保护

在机壳接地时，由于 $Z_2=0$ 则机壳上的电位也等于 0，就没有危险了。从图 5.32 中可以看出，在交流电源经熔断器接至机壳内的电路上，若绝缘被击穿，则交流电与机壳相通。这时，交流电源经机壳将会产生很大的电流（保险装置所允许的电流）。如果机

壳没有接地,人体触及外壳,人体与壳不能达到绝缘状态,将有相当大的电流通过人体,这是十分危险的。如果机壳接地,当绝缘被击穿后,接地短路电流将沿着接地线和人体两条通路流入大地,因为电流大而保险装置将电源断开,可以防止机壳带电的危险。

另外,由于电流经过每一条通路的大小与其通路的电阻值成反比,所以接地电阻值越小,通过人体的电流越小。通常人体电阻值比接地电阻大很多。

3.计算机交流工作接地的作用和标准

在计算机设备中,除直接使用直流电的设备外,大多数是使用交流电的电气设备。如计算机的主机、外部设备、UPS电源、空调机组以及机柜上的风机、电烙铁和示波器等都用交流电,这些设备按规定在工作时要接地。工作接地就是把计算机机房中使用交流电的设备进行二次接地或经特殊设备与大地金属连接。工作接地实质上是中性点接地。

工作接地的作用如下。

(1)确保人身安全。当中性点不接地时,若有一相碰地,而人又触到另一相时,人体所接触的电压将超过相电压,见图5.33。而在中性点接地时,情况就不一样了。因为中性点接地电阻很小,若一相碰地而人体触及另一相时,人体所受到的接触电压接近或等于相电压,见图5.34。

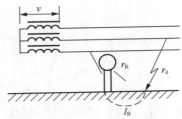

图 5.33　中性点绝缘系统中,一相碰地而人体触及另一相时的情况

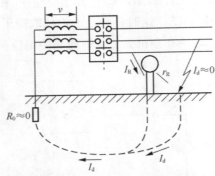

图 5.34　中性点接地系统中,当一相碰地而人体触及另一相时的情况

(2)保障设备安全。若中性点不接地,当一相碰地时,由于接地电流很小,保护装置不能迅速切断电源,因而接地故障将长期持续下去,这样对人体和设备都极为不安全。

若中性点接地,当一相碰地时,接地电流就成为很大的单相短路电流。这时保护装置准确地切断电源,保护人体和设备的安全。

在大中型计算机机房内,交流设备很多,这些交流设备接地的问题是十分重要的问题,一定要引起注意。在大中型计算机机房内,计算机系统中的交流设备如计算机主机,外部设备的磁盘机、磁带机、打印机及机柜里的风机,其中性点可以直接接到配电柜的中性线上,也可以联在一起用其接地母线将其接地。

在计算机机房里,其他设备如 UPS 电源、空调机组、稳压电源、加湿机、除湿机、新风机等的中性点应独立按电气规范要求接地。

4. 计算机机房的防雷接地

计算机机房的防雷保护接地系统是机房建设中不可忽视的问题。按照中华人民共和国国家标准《计算站场地技术条件》(GB 2887-89)文中规定:防雷保护地的接地电阻不应大于 10Ω。

按建筑设计有关规定:一类防雷建筑,防雷接地电阻要求不大于 5Ω;二类防雷建筑,防雷接地电阻要求不大于 10Ω。计算机机房的防雷接地系统应按二类防雷建筑要求设计。在一般情况下,计算机机房的防雷接地系统,由设计单位在建筑设计时一并设计处理。在设计计算机机房其他地线时,机房应与防雷系统的接地保证足够距离,否则将影响到计算机工作。

在雷击的情况下,雷电所释放出的能量是相当大的,雷云的电位可达 100 万伏~100 000万伏。有关部门在华南某区观测雷电流的幅值是:超过 200kA 的占 2%,超过 40kA 的占 50%,所以在建立的防雷接地系统中,防雷接地板上通过的雷击电流是相当大的。

接地极流过冲击电流时的电阻值比在正常状态下大。冲击电流通过接地极时的电位,取决于过渡阻抗特性。此特性随着正常接地电阻值、土壤电阻率、接地等效面积和其接地构成的状态的不同而不同。一般过渡特性的电阻是正常状态下的几倍乃至上百倍。由于雷击电流的通过,接地极及其附近大地将瞬时产生相当高的电位。如果在防雷接地板附近还有其他接地系统,将产生干扰。所以,防雷接地极要与其他计算机机房接地严格分开,并保持一段距离。

防雷接地系统的接地与其他接地的距离应该有多远?这个问题一直是接地专家们争论未决的问题,在国内外都无定论。虽然无定论,但有一个原则:在条件允许的范围内应该尽量把距离拉得大一些,尽量使避雷接地远离计算机机房,远离计算机诸接地极。在气候湿、热、潮和雷暴雨较多的地区特别要注意这个问题,防雷接地应离其他接地系统更远一些。

在高大建筑群密集的地方,想把避雷接地离其他接地距离拉得远一些是不可能的,有的地方楼与楼之间的距离也只有十几米乃至几米远,要设计好计算机机房的各种接地,就显得格外难办,有的单位为了解决好这个问题曾多次组织论证,但是结果还是不理想。比较合理的还是采用"共用接地"的方法。共用接地系统的接地电阻值按诸接地系统最小值决定。

5. 计算机直流接地系统的作用和标准

计算机的直流接地就是计算机系统中数字电路的等电位地,也称为逻辑地,它是计算机系统中所有逻辑电路的共同参考点。

计算机直流接地的作用是：

- 消除各电路电流流经一个公共地线阻抗时所产生的噪声电压；
- 避免受磁场和地电位差的影响，即不使其形成回路，如果接地方式处理不好，就会形成噪声耦合。

直流接地一般没有统一的标准，其情况比较复杂，不同的计算机生产厂家，有不同的标准，不同的机型有不同的要求。一般直流接地有两种类型，直流地悬空和直流接大地。

（1）直流地悬空

就是直流地不接大地，与大地严格绝缘。对地电阻的要求一般因机器而定。一般标准在 1MΩ 以上。

采用直流地悬空理论根据是：

- 数字电路的直流与交流接在一起，有可能引入交流电网的干扰，为了防止这种干扰必须把交流地和直流地严格分开，由于交流地网往往是接大地的（中性线是接地），这样就要求数字电路直流地不能接大地；
- 如果把交流地和直流地一起接大地，在晶体管和集成电路上都发生过烧坏元器件的事故，经检查是由于仪器和电烙铁等设备漏电所造成的。把交流地和直流地分开，交流和直流二者之间不会产生电流回路，即使仪器和电烙铁漏电也不会进入计算机系统。

以上是采用直流悬浮地的理论依据，但由于直流地悬浮往往带来新的问题。在无安全地的计算机系统中，由于直流地悬空有可能使这些设备带有瞬态电压，并通过相互间连线的电容耦合干扰其他设备。万一发生交流火线与机柜相碰的现象，就会使机柜带有很高的交流电压，这对人和设备的安全都造成很大的威胁。另外，由于直流地悬空，机柜无安全地，大量的静电荷无处可去，便淤积在机柜外壳上，静电荷越来越多，不仅影响计算机设备的安全运行，也影响到操作者的安全。在雷雨季节，若避雷设备不完善，也有遭雷击的危险。

（2）直流接大地

就是把计算机中数字电路的等电位点与大地相接，接地电阻值的大小依计算机制造厂家和机型不同而标准不一。通常要求接地电阻不超过 4Ω，有的计算机厂家要求接地电阻要小于 1Ω。

直流接大地克服了直流悬空带来的问题，特别在大中型计算机机房内，直流地与机柜分开，机柜外壳接大地，这样对防止高频干扰和防止静电都有好处。

在直流接大地的地线系统中，绝不是说直流地可以在任意一点接入大地。直流接地与其他几种类型的关系比较复杂，处理不好则直接影响设备的安全运行。不论地与地之间的关系如何处理，但是在直流接大地之前应像直流悬空一样，保持对大地足够的绝缘电阻值。绝缘电阻值一般不应小于 1MΩ 为好。

6. 计算机机房的屏蔽接地

计算机机房要求屏蔽接地的目的和作用有以下几方面的内容。

（1）防止外来杂波的干扰

外来杂波的来源很多，现代科学的发展使得电气设备和各种通信设备都在日新月异的发展和增多。这些设备由于种种原因除保证自己正常运行外，在运行中还向空间发射着各种电波；另外，还有自然界中的各种杂波干扰，如闪电时产生的大气杂波。从太空来的宇宙杂波有 3 种：银河杂波、热杂波、异常太阳杂波；日光灯的辐射波；汽车、飞机点火系统发射的杂波等，都将会影响计算机的正常运行和信号系统的准确性。对各种杂波如何防止，可以采用全部屏蔽机房或者局部屏蔽机房，也可以对设备屏蔽。

（2）屏蔽计算机本身的信号

有些计算机本身的信号在一定程度上有着保密性，除计算机本身的软件可做一些保密处理外，用屏蔽机房的方法防止计算机本身信号的泄漏也是一个重要的手段。

（3）防止静电的产生

静电是自然中一种特殊存在的客观事实。静电是引起计算机故障的重要原因之一。由于静电引起的计算机故障是随机故障，重复性不强。因此一般故障原因是很难找的，不仅硬件难找，有时还会使软件人员误认为是软件的故障，造成工作混乱。特别是在计算机房内，由于各种条件的变化使得设备外壳、机房的门窗以及桌椅都可能带电。工作人员在工作中，有时就产生触电的感觉。虽不能对人身产生什么伤害，但在人的精神上造成了恐惧心理。另外，如果超过静电电压允许的范围，还会产生自然放电，这样对设备和人员就有危害性。

第6章　制冷系统

6.1　制冷系统概述

随着云计算、大数据的迅猛发展,"数据连接一切"成为未来趋势,数据中心作为信息传递的物理载体,在各行各业发挥着越来越重要的核心作用。数据中心布置着大量的服务器、交换机等 IT 设备,为保障 IT 设备的稳定运行,需要一套环境控制系统,提供一个稳定的运行环境,以保证数据中心的温度、湿度、洁净度等保持在较小范围内波动。

1. 数据中心为什么需要制冷

数据中心大量使用服务器等 IT 设备,其核心器件为半导体器件,发热量很大,以主要的计算芯片 CPU 为例,其发展速度遵循著名的摩尔定律,即半导体芯片上的晶体管数(密度)大约每两年就翻一番。除 CPU 外,计算机的其他处理芯片,如总线、内存、I/O 等,均是高发热器件。当前,1U 高(约 44.4mm)的双核服务器的发热量可达 1 000W 左右,放满刀片式服务器的机柜满负荷运转,发热量可达 20kW 以上。以服务器为例,其功率密度在过去的 10 年中增长了 10 倍,这个数据基本意味着单位面积的发热量也增加了 10 倍。IT 设备持续运行发热,需要制冷设备保证环境的稳定。随着数据中心的发展及单位面积功率的提升,数据中心制冷方式也在不断演进与发展。

2. 环境对数据中心 IT 设备的影响

(1)温度过高:有资料表明,环境温度每提高 10 ℃,元器件寿命降低约 30% ~ 50%,对于某些电路来说,可靠性几乎完全取决于热环境。

(2)温度过低:低温同样导致 IT 设备运行、绝缘材料、电池等产生问题。机房温度过低,部分 IT 设备将无法正常运行。

（3）湿度过高：数据中心湿度过高容易造成"导电小路"或者飞弧，会严重降低电路可靠性。

（4）湿度过低：在空气环境湿度过低时，非常容易产生静电，IT 类设备由众多芯片、元器件组成，这些元器件对静电都很敏感，根据 Intel 公司公布的资料，在引起计算机故障的诸多因素中，静电放电是最大的隐患，将近一半的计算机故障都是由静电放电引起的。静电放电对计算机的破坏作用具有隐蔽性、潜在性、随机性、复杂性等特点。

（5）灰尘洁净度：除温湿度外，数据中心小颗粒污染物具有腐蚀电路板、降低绝缘性能、影响散热等危害，灰尘对 IT 类设备是更厉害的"杀手"。

因此，选择合适的制冷系统，是云数据中心项目成功的关键点之一。

6.2 数据中心对制冷系统的要求

人们常把空调制冷系统看得很简单，认为只要为 IT 设备运行创造一个符合要求、符合标准的温度环境就可以了。其实不然，很多问题都可以在数据中心空调制冷系统的规划设计中反映出来。

1. 适应性与扩展性要求

面对不断增加的规模、无法预测的功率密度，行业对于功率密度需求的预测显示出巨大的不确定性。但是，新建的数据中心必须满足 10 年内的要求，同时还需要将每隔 1.5～2.5 年的 IT 设施升级成本考虑在内。这就要求提高空调制冷系统设计的适应性和灵活性，特别是要解决局部的高密度机架冷却的问题。在未来的高密度数据中心中，这种情况是很常见的。

适应性要求是空调制冷系统规划设计中最重要的要求，尤其是解决高密度机架系统冷却所涉及的问题，而高密度机架的数量和位置在建设初期又是不确定的。通常每隔 1.5～2.5 年数据中心或网络机房需要完成的 IT 升级，使适应性这一问题变得更为复杂。客户通常不能预测他们的冷却系统是否会满足未来的复杂情况，甚至在了解了复杂特点的情况下也不能给出预测。

2. 可用性要求

空调制冷系统面临消除冷热空气混合的问题：供气和排气混合会降低机房空调设备的返回空气的温度，同时提高 IT 设备的供气温度。机房空调设备必须设置为提供非常冷的空气以克服这个问题，否则会严重影响系统的冷却性能。解决的办法是，最大限度地减少 IT 设备排气和供气混合的系统。

在满足要求的情况下，数据中心应确保系统的冗余。冗余系统中机房空调设备故障会降低冷却能力，也会影响气流的物理分配，而且冗余性很难规划和验证。在设计上，系统可以在机房空调设备或相关基础设施发生故障时确保所有 IT 设备的气流和供气温度。

3. 生命周期成本要求

空调制冷系统的规划设计要求优化资本投资和可用空间。系统要求很难预测，经常会超大规模设计。解决的办法是：采用可随要求增长的模块化系统，并且加快装配速度，降低服务合同成本，采用标准化设计，使系统性能能够精确预测和量化。

用户对生命周期成本需求的关注不如对适应性和可用性要求的关注大。满足生命周期成本需求的解决方案要求采用预制的、标准化、模块化的解决方案。

4. 可服务性要求

可服务性需求中常提到的一个话题就是，用户相信冷却设备可以在设计上更加易于维修。这就要求缩短平均恢复时间（包括维修时间以及技术人员到达、诊断和部件到货时间），简化系统复杂性。如果系统非常复杂，以致服务技术人员和内部维护人员不得不在运行和维护系统过程中断开负载，那么系统的可服务性将大打折扣。此外，系统设计应该追求更加简单的维修程序，最大程度地减少厂商接口。

5. 可管理性要求

管理系统必须清楚地描述任何问题，提供与问题症状更加相符的数据报告以及出现问题时详细的系统性能状况信息，以便进行故障排除，提供预测性故障分析。许多冷却组件都会出人意料地发生故障或中断，或者在没有通知的情况下降级，而且没有提前警告，这就需要采取防止负载损坏的补救措施，要求系统设计者以一种提前提供组件故障警告的方式为制冷系统配置仪表。对于消耗品或寿命有限的部件，自动通知剩余的预期寿命和更换时间，在必要的情况下，考虑调整系统性能以适应降级的消耗品。

6. 节能要求

许多机房面临资源的过度供应。大多数机房采用强制通风方式盲目散热，造成制冷能量的巨大浪费，资源利用率低下。节能降耗是当代数据中心规划设计中的 3 个重点之一，而空调制冷系统又是降低数据中心基础设施能耗的关键。这就要求制冷系统采用模块化设计，提高制冷设备适应性和扩展能力，提高设备利用率。

资源孤岛现象。机房空调设备完全隔离，不能合理调度，不同设备甚至工作在相反的制冷和加热状态。系统可以通过提高制冷设备的智能化管理水平，协调各空调设备的工作状态。

没有测量的尺度。散热设备不了解机房内 IT 设备发热状况和温度分布，只能盲目送风、移动空气，无法按 IT 设备稳定运行温度要求供应散热资源，造成机房内温度过低，但仍有局部的过热点。这需要设计者改变"房间级制冷"设计理念，采用机架制就近制冷技术。

6.3 空调负荷计算原则

考虑建筑围护结构负荷、照明和人员负荷以及机房专业提供的最终满配置情况下的通信设备的装机容量，计算确定整个机房的空调负荷。

机房空调计算冷负荷 $Q=Q1+Q2$，其中 $Q1$ 为设备散热量，$Q2$ 为围护结构冷负荷。

通信设备装机功率最终转化为热量的转化系数按 0.95 计。

电力区设备负荷按数据设备功耗的 10% 计算。

电池区设备及围护结构负荷，该冷负荷指标按 $250W/m^2$ 计算。

机房外墙等围护结构传热量、外窗太阳辐射、人员及照明等因素引起的冷负荷，根据当地地区的气候条件，该冷负荷指标取 $100W/m^2 \sim 200W/m^2$（结合不同楼层）。

6.4 数据中心气流组织

6.4.1 传统数据中心制冷方式的选择

传统数据中心采用房间级制冷，所谓房间制冷，就是空调机组与整个机房相关联，并行工作来处理机房的总体热负荷，常见的布置如图 6.1 和图 6.2 所示。

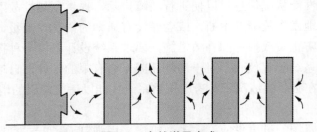

图 6.1 自然送风方式

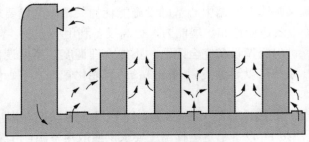

图 6.2 地板下送风方式

传统数据中心机房，设备量较少，功率较低，布置较分散，没有进行任何气流的组织管理和设计，空调直接布置在机房内部，通常机房气流较为紊乱（见图 6.3），容易存在局部热点和局部冷点，但是鉴于传统数据中心的功率密度较低，一般情况下，通过增大空调的配置，机房也能长期稳定运行，但是造成了极大的能源浪费。

此阶段，通常数据中心送回风方式为空调下部送风及地板下送风、上回风的方式。这种送回风方式很多情况下无法充分利用空调的全部制冷容量，当空调机组送风很大一部分冷空气绕过 IT 负载，直接返回空调时，就会发生这一现象，同时自然送风方式没有进行任何的气流组织的规划和设计，冷热气流极易混合，这些绕过空调的气流和混合的气流对负载的冷却没有帮助，实际上降低了总制冷容量，导致空调利用率和制冷效率都比较低。随着数据中心功率密度的提升，传统数据中心送回风方式（见图 6.1）变得不能满足发热设备的散热需求。

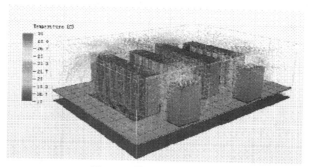

图 6.3　传统机房气流云

在传统的"房间级"制冷方案中，为减少冷热混合及提高空调制冷利用率，经常用到的解决方案为在数据中心机房内铺设静电地板，静电地板高度为 20cm ～ 100cm，有些甚至高达 2m，将机房专用空调的冷风送到静电地板下方，形成一个很大的静压箱体（见图 6.2），静压箱可减少送风系统动压、增加静压、稳定气流、减少气流振动等，再通过通风地板（见图 6.4）将冷空气送到服务器机架上，回风可通过机房内地板上空间或专用回风道回风。

图 6.4　地板下送风

为了避免地板下送风阻塞问题的发生，有两个方法：一是保障合理的地板高度，很多机房已经将地板高度由原来的 300mm 调整到 400mm 甚至 600mm ～ 1 000mm，附之以合理的风量、风压配置，以及合理的地板下走线方式，以保证良好的空调系统效率；二是采用地板下送风与走线架上走线方式。

这种气流组织管理使送风效果及机房整体建设相较于自然送风模式有了进一步改善和提高，但是仍然会存在混风问题，也会限制单机柜的功率密度布置。

6.4.2　数据中心封闭冷通道制冷方式的选择

随着数据中心功率密度的增加，房间级制冷采用冷（热）通道气流遏制对气流组织

进行管理，以防止冷气流不经过服务器而直接返回到空调等问题的发生。热通道与冷通道都能减少数据中心的气流混合，但建议采用冷通道气流遏制，因为实施起来比较简便。

冷通道封闭技术：冷通道封闭技术是在机柜间构建专供机柜设备制冷用的通道，并将冷通道与机房环境热气完全隔离，从而将冷空气限制在机柜中，避免了冷热空气混合，改善了冷空气利用率，提高了机房空调制冷效率和制冷效果，从而实现 PUE 的降低和能源的节约，如图 6.5 和图 6.6 所示。

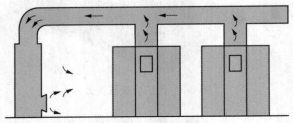

图 6.5　封闭热通道

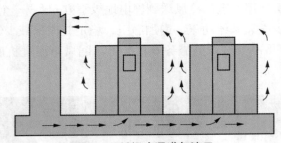

图 6.6　封闭冷通道气流云

封闭冷通道具有如下特点。

（1）封闭冷通道技术将冷空气局限在机柜小环境中，冷空气必须通过机柜才能释放到机房，实现空气循环，这有利于机柜中所有设备的散热，可彻底解决机柜中局部过热问题。

（2）封闭冷通道技术将冷热气体完全隔离，提高了回风温度，解决了机房环境温度过低、机柜设备温度过高等困境，避免了空调无效工作，提高了制冷效率和制冷效果。

（3）封闭冷通道技术可有效降低机房能源消耗率 PUE 数值，提高数据中心效率，增加机柜设备的存放密度，提高数据中心的 IT 设备功率密度。

6.4.3　数据中心行级制冷方式的选择

行级制冷：采用行级制冷配置时，空调机组与机柜行相关联，在设计上，它们被认为是专用于某机柜行。

与传统无气流遏制房间级制冷相比，其气流路径较短，且专用度更加明确。此外，气流的可预测性较高，能够充分利用空调的全部额定制冷容量，并可以实现更高的功率密度。行级制冷气流云如图 6.7 所示。

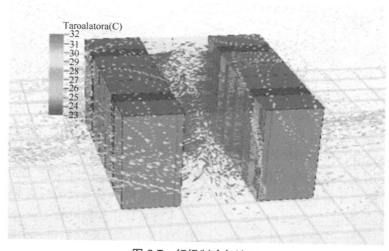

图 6.7　行级制冷气流云

行级制冷具有如下特点。

（1）行级制冷对静电地板无要求，甚至不需要静电地板。

（2）空调接近热源，送风路径最短，冷风压最大，冷风利用率及制冷效率最高。

（3）支持高密度制冷，单机架可布置服务器功率数最高。

在云计算和大数据应用的促进下，数据中心建设迎来了一个新的建设高潮，建造功率密度更大，传统的数据中心部署缓慢、密度低、扩展很难，且牵一发而动全身。到后期，随着业务的发展、应用的增加，使得数据中心系统需要更多的管理软件，系统也愈发冗余，配电、制冷都已经不能满足需求，这时不得不对整体系统进行重新设计及扩展。

这种情况下，运用行级制冷的数据中心整体解决方案（微模块）应运而生，即把整个数据中心分为若干个独立区域，每个区域的规模、功率负载、配置等均按照统一标准进行设计（见图 6.8）。真正意义的微模块数据中心，制冷、供电及管理系统都应实现区域化、微模块，互不干扰，可以独立运行，无共享部分。

图 6.8　微模块

6.4.4 气流组织结论

在以往的空调系统设计中，多采取"房间级"制冷系统，属于集中制冷模式，将空调房间考虑成一个均匀空间，按现场最大需求量来考虑，但是这种模式忽视了空间各部分的需要，缺少考虑制冷效率、制冷成本的意识。随着数据中心数据量的增加，发热功率直线上升，需要更大的制冷量及制冷效率才能满足需求，这个时候各个数据中心厂家推出了气流遏制等解决方案。

目前，随着科学技术的发展以及高密度大型数据中心的建设需求，人们逐渐认识到集中制冷的弊端和按需制冷的必要性，按需制冷就是按机房内各部分热源的即时需要，将冷媒送到最贴近热源的地方，这个阶段典型的制冷解决方案就是行级制冷、水冷空调及冷冻水空调的应用，其最大的特点是制冷方式的定量化和精准化，从"房间级"制冷转变为"行级"制冷，随着数据中心的大发展，最后到"机柜级"以及"芯片级"制冷。

6.5 制冷技术介绍

数据中心是一整套复杂的设施。它不仅包括计算机系统和其他与之配套的设备（如通信和存储系统），还包含配电系统、制冷系统、消防系统、监控系统等多种基础设施系统。其中，制冷系统在数据中心是耗电大户，约占整个数据中心能耗的 30% ～ 45%。降低制冷系统的能耗是提高数据中心能源利用效率的最直接和最有效措施。制冷系统也随着数据中心的需求变化和能效要求而不断发展。本章节简要回顾和分析了数据中心发展各个时期的制冷技术应用，并展望了未来数据中心的发展方向。

6.5.1 风冷直膨式系统及主要送风方式

1994 年 4 月，NCFC（中关村教育与科研示范网络）率先与美国 NSFNET 直接互联，实现了中国与 Internet 全功能网络连接，标志着我国最早的国际互联网络的诞生。1998 ～ 2004 年间中国互联网产业全面起步和推广，此时的数据中心正处于雏形阶段，更多的被称为"计算机房"或"计算机中心"，多数部署在如电信和银行这样需要信息交互的企业。当时的计算机房业务量不大，机架位不多，规模也较小，IT 设备形式多种多样，单机柜功耗一般是 1kW ～ 2kW。受当时技术所限，IT 设备对运行环境的温度、湿度和洁净度要求都非常高，温度精度达到 ±1℃，相对湿度精度达到 ±5%，洁净度达到十万级。依据当时的经济和技术水平，计算机房多采用了风冷直膨式精密空调维持 IT 设备的工作环境，保证 IT 设备正常运行。

风冷直膨式精密空调主要包括压缩机、蒸发器、膨胀阀和冷凝器以及送风风机、加湿器和控制系统等，制冷剂一般为氟利昂，单机制冷量 10kW ～ 120kW。原理如图 6.9 所示。每套空调相对独立地控制和运行，属于分散式系统，易于形成冗余，可靠性较高，具有安装和维护简单等优点，是这个时期数据中心大量采用的空调方案。缺点是设备能效比较低，COP（Coefficient Of Performance）值小于 3.0，空调室内外机受到管道距离的限制。

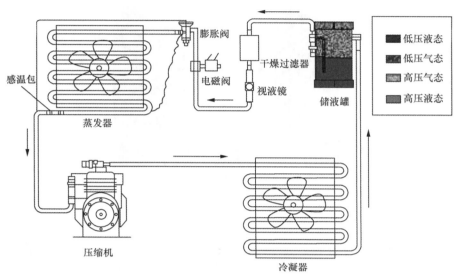

图 6.9 风冷直膨式精密空调原理

风冷直膨式精密空调室内机一般部署在机房一侧或两侧，机房内的气流组织方式一般采用两种：送风管道上送风方式和架空地板下送风方式。

送风管道上送风方式是指在机房上空敷设送风管道，冷空气通过风管下方开设的送风百叶送出，经 IT 设备升温后负压返回空调机，如图 6.10 所示。该方法的优点在于安装快速、建造成本低。缺点是受到各种线缆排布和建筑层高限制，送风管道截面无法做大，导致风速过高，送风量无法灵活调节。这种送风方式在低热密度的机房应用较多。

图 6.10 风管上送风案例

地板下送风是另外一种方式，也是目前大量数据中心项目中仍在使用和新建采用的一种气流组织方式。这种方式利用架空地板下部空间作为送风静压箱，减少了送风系统动压，增加静压并稳定气流。空调机将冷空气送至地板下，通过送风地板通孔送出，由 IT 设备前端进风口吸入，如图 6.11 所示。该方法的优点在于机房内各点送风量可以通过送风地板通孔率调整，同时，通过合理布置数据中心机房线缆和管道，可以少量敷设在地板下，保证美观。缺点是随着使用需求的增长和调整，地板下敷设的电缆不断增加，

导致送风不畅，甚至形成火灾隐患。

图 6.11　地板下送风案例

6.5.2　水冷系统

2005 ～ 2009 年间互联网行业高速发展，数据业务需求猛增，原本规模小、功率密度低的数据中心必须要承担更多的 IT 设备。此时的单机柜功率密度增加至 3kW ～ 5kW，数据中心的规模也逐渐变大，开始出现几百到上千个机柜的中型数据中心。随着规模越来越大，数据中心能耗急剧增加，节能问题开始受到重视。

传统的风冷直膨式系统能效比（COP，Coefficient Of Performance）较低，在北京地区 COP 约为 2.5 ～ 3.0，空调设备耗电惊人，在数据中心整体耗电中占比很高。而且，随着装机需求的扩大，原来建设好的数据中心建筑中预留的风冷冷凝器安装位置严重不足，噪声扰民问题凸显，制约了数据中心的扩容。此时，在办公建筑中大量采用的冷冻水系统开始逐渐应用到数据中心制冷系统中，由于冷水机组的 COP 可以达到 3.0 ～ 6.0，大型离心冷水机组甚至更高，采用冷冻水系统可以大幅降低数据中心运行能耗。

冷冻水系统主要由冷水机组、冷却塔、冷冻水泵、冷却水泵以及通冷冻水型专用空调末端组成，如图 6.12 所示。系统采用集中式冷源，冷水机组制冷效率高，冷却塔放置位置灵活，可有效控制噪声并利于建筑立面美观，达到一定规模后，相对于直接蒸发式系统更有建造成本和维护成本方面的经济优势。

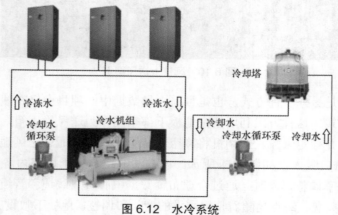

图 6.12　水冷系统

冷冻水系统应用最多的空调末端是通冷冻水型精密空调，其单台制冷量可以达到 150kW 以上。送风方式与之前的风冷直膨式系统变化不大，仅仅是末端内的冷却媒质发生变化，空调设备仍然距离 IT 热源较远，主要依靠空调风扇输送空气维持气流组织。

6.5.3　水侧自然冷却和新型空调末端

从 2010 年开始，随着数据中心制冷技术的发展和人们对数据中心能耗的进一步关注，自然冷却的理念逐渐被应用到数据中心中。

在我国北方地区，冬季室外温度较低，利用水侧自然冷却系统，冬季无须开启机械制冷机组，通过冷却塔与板式换热器"免费"制取冷源，减少数据中心运行能耗。水侧自然冷却系统是在原有冷冻水系统之上，增加了一组板式换热器及相关切换阀组，高温天气时仍采用冷水机组机械制冷，在低温季节将冷却塔制备的低温冷却水与高温冷冻水进行热交换，在过渡季节则将较低温的冷却水与较高温的冷冻水进行预冷却后再进入冷水机组，也可以达到降低冷水机组负荷及运行时间的目的，如图 6.13 所示。

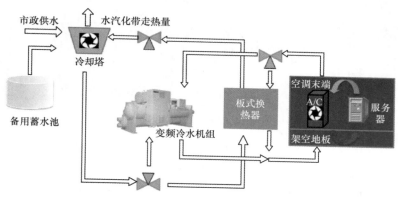

图 6.13　水冷系统自然冷却系统原理

传统数据中心的冷冻水温度一般为 7℃/12℃，以北京地区为例，全年 39% 的时间可以利用自然冷却，如果将冷冻水提高到 10℃/15℃，全年自然冷却时间将延长至 46%。同时由于蒸发温度的提高，冷水机组 COP 可以提升 10%。另一方面，随着服务器耐受温度的提升，冷冻水温度可以进一步提高，全年自然冷却的时间也将进一步延长。目前国内技术领先的数据中心已经将冷冻水温度提高至 15℃/21℃，全年自然冷却时间可以达到 70% 甚至更长。

水侧自然冷却系统虽然相对复杂，但应用在大型数据中心项目中的节能效果显著。水侧自然冷却系统日渐成熟，已经成为我国当前数据中心项目设计中最受认可的空调系统方案。我国目前 PUE 能效管理最佳的数据中心也正是基于水侧自然冷却系统，全年 PUE 已实现 1.32。

在冷源侧系统不断演进发展的同时，新型空调末端的形式也层出不穷。

传统的机房精密空调机组结构形式相对固定，设备宽度一般为 600mm，长度为 2 500mm 左右，风量约 27 000m³/h，其机组内部风速达到 7m/s，空气阻力很大，风机大

量的压力损失在了机组内部，造成了很大的能量浪费。一般配置了 450Pa 风机全压的空调机，机外余压只有大约 200Pa。

图 6.14 所示的 AHU 风机矩阵是一种新型的空调末端，运行时由 AHU 设备的回风口吸入机房热回风，顺序经过机组内部的过滤器、表冷器等功能段。降温后的空气由设置在 AHU 前部的风机矩阵水平送入机房，冷空气送入机房冷区，即机柜正面，冷却 IT 机柜后升温排至热区，即机柜背面封闭的热通道内，向上至回风吊顶，又回到空调回风口，如此周而复始地循环。这种新型的空调末端改变了机房布置和传统精密空调机组的内部结构，大大增加了通风面积，截面风速可以控制在 3m/s 以下，减少了空气在设备内部多次改变方向并大幅减少由部件布置紧凑导致的阻力。末端能耗最多降低约 30%。

图 6.14 AHU 风扇矩阵设备

行级空调系统（Inrow）和顶置冷却单元（OCU）是一种将空调末端部署位置从远离负荷中心的机房两侧移至靠近 IT 机柜列间或机柜顶部的空调末端侧的优化，形成了我们称之为靠近负荷中心的集中式制冷方式。行级空调系统由风机、表冷盘管、水路调节装置、温湿度传感器等组成，设备布置在 IT 机柜列间，如图 6.15 所示。行级空调通过内部风机将封闭通道的热空气输送至表冷盘管，实现冷却降温，IT 设备根据自身需求将低温的冷通道空气引入，通过服务器风扇排至封闭的热通道，实现水平方向的空气循环。行级空调系统（Inrow）因靠近负荷中心，因输送冷空气至负荷中心的距离减小，设备维持制冷循环所需的能耗会比传统方式降低。顶置冷却单元与行级空调系统制冷循环很相似，但顶置冷却单元仅由表冷盘管、水路调节装置、温湿度传感器等组成，设备本身不再配置风机，表冷盘管设置于机柜顶部，如图 6.15 所示。IT 机柜风扇将排出的热空气聚集到封闭的热通道内，通过热压的作用，热空气自然上升，经过机柜顶部的顶置冷却单元表冷盘管降温后，因热压作用开始下降，并再由 IT 机柜风扇吸进 IT 设备降温，实现垂直方向的空气循环。顶置冷却单元（OCU）因其本身就没有配置风扇，热压作用维持了空气的自然流动循环，使得空调末端设备的能耗消耗降低，甚至极致至 0。以华北地区某个应用了行级空调系统（Inrow）和顶置冷却单元（OCU）冷却技术的大型数据中心为例，年均 PUE 可实现 1.3 以下。

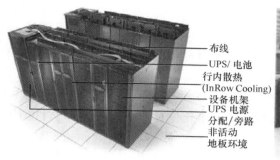

布线
UPS/电池
行内散热
(InRow Cooling)
设备机架
UPS 电源
分配/旁路
非活动
地板环境

图 6.15　行级空调系统（Inrow）和顶置冷却单元（OCU）

从传统精密空调到行级空调系统（Inrow），再到顶置冷却单元（OCU），不难发现，空调末端正越来越向热源靠近，目的就是减少冷却媒质输送的能耗，以输送低温冷冻水替代输送冷空气，提高冷却效率。目前服务器级的浸泡冷却方案已经开始小规模测试，这种方案利用了冷却介质的相变就可以实现服务器的冷却，由于减少了介质转换温差，冷源侧可以减少机械制冷或者不使用机械制冷，这将大大降低制冷系统的能耗。

6.5.4　风侧自然冷却系统

与水侧自然冷却系统相比，风侧自然冷却系统（Free Cooling 或 Air-side economization）减少了能量转换和传递环节，节能效果更加直接和显著。风侧自然冷却系统是指室外空气直接通过滤网或者间接通过换热器将室外空气冷量带入到数据机房内，对 IT 设备进行降温的冷却技术。根据室外空气是否进入机房内部空间，可分为直接风侧自然冷却和间接风侧自然冷却系统。该技术实现冷源与负荷中心的直接接触，该系统不再通过传统空调系统中制冷机组产生低温冷媒对数据中心降温，可显著减少数据中心空调系统能耗。谷歌、脸书等互联网巨头在美国、欧洲等气候条件良好的地区建设的、应用直接风侧自然冷却技术的数据中心，PUE 可接近 1.07。脸书案例照片和系统原理如图 6.16 所示。

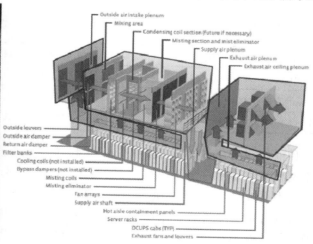

图 6.16　脸书案例照片和系统原理

我国大部分地区全年平均气温在 20℃以下，从温度分布角度计算，非常适合采用风侧自然冷却方案。

但是，风侧自然冷却方案不仅与环境温度和湿度有关，还与室外空气质量有关，它直接决定了风侧自然冷却方案的应用可行性。我国华北地区的空气污染情况非常严重，大气环境中的水分（水分）、污染物（主要有 SO_4^{2-}、NO_3^-、CL^-）和氧气会使得 IT 设备上的金属元器件加速腐蚀、非金属元器件加速老化，对 IT 设备造成永久性损坏。对国内多个地区的空气质量的持续测试也印证了这一点，如图 6.17 所示。在如此恶劣的环境条件下，如果将新风直接引入机房，将直接威胁 IT 设备的安全运行，国内已经有多起由于直接新风的引入而导致 IT 设备故障的失败案例，不仅造成了硬件损坏，而且影响了业务的正常运营。

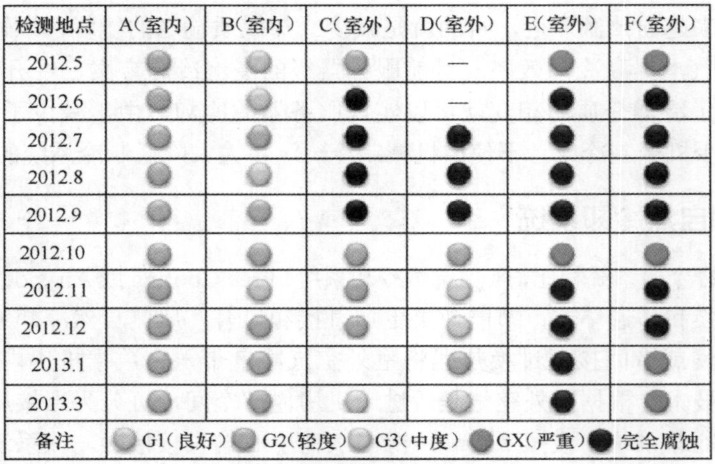

检测地点	A（室内）	B（室内）	C（室外）	D（室外）	E（室外）	F（室外）
2012.5	●	●	●	—	●	●
2012.6	●	●	●	—	●	●
2012.7	●	●	●	●	●	●
2012.8	●	●	●	●	●	●
2012.9	●	●	●	●	●	●
2012.10	●	●	●	●	●	●
2012.11	●	●	●	●	●	●
2012.12	●	●	●	●	●	●
2013.1	●	●	●	●	●	●
2013.3	●	●	●	●	●	●
备注	● G1（良好）	● G2（轻度）	● G3（中度）	● GX（严重）	● 完全腐蚀	

图 6.17 空气质量检测结果

因此，ISA-71.04-1985 中明确了有害气体对 IT 设备的影响，如表 6.1 所示。

表 6.1 ISA-71.04-1985 中气体腐蚀等级及建议

严重等级	铜的反应等级	描述
G1 温和	300C/月	环境得到了良好控制，腐蚀性不是影响设备可靠性的因素
G2 中等	300~1 000C/月	环境中的腐蚀影响可以测量，其可能是影响设备可靠性的一个因素
G3 较严重	1 000~2 000C/月	环境中极有可能出现腐蚀现象
GX 严重	>2 000C/月	只能在该环境中使用经过特殊设计和封装的设备

目前，解决有害气体对数据中心 IT 设备危害的方法主要是采用化学处理法，即针对不同种类和浓度的有害气体，配制对应原料的滤料进行化学反应，使进入到数据中心的空气不再威胁业务的稳定运行。

解决有害气体腐蚀威胁的另一种思路，是应用间接风侧自然冷却空调系统。其原理是通过热管换热器、交叉流换热器或转轮换热器等实现室外新风与室内高温回风的隔绝和间接换热，如图 6.18 所示。

图 6.18　间接风侧自然冷却空调系统

这种方案避免了室外新风侵入机房的风险，同时，与水侧自然冷却系统相比，又可以更大程度地利用室外自然冷源，实现更高的能效。但是由于此类设备体积庞大、与建筑耦合度高，应用场景受到限制，不具备大规模推广的意义。

6.5.5　发展展望

随着电子产业的发展，IT 设备对运行环境的适应性越来越强，这给数据中心制冷技术带来了新的机遇。高温服务器的应用将推动数据中心冷却系统更加节能。目前经过定制的高温服务器已经能在 35℃进风条件下持续稳定地运行，这意味着北京地区 80% 的时间无须机械制冷，制冷系统能耗将进一步降低。随着高温服务器的进一步发展，进风温度 40℃条件下稳定运行的服务器也许不久将成为现实，届时，数据中心制冷系统将彻底取消冷机，实现全年 100% 自然冷却。当高温服务器进风温度支持 40℃时，服务器排风将会超过 50℃，此时，数据中心热回收将更加容易且更有效益，数据中心可以实现能量的多级重复利用。与此同时，高温耐腐蚀服务器的研发也已取得了突破性进展，一旦全面商用，将对数据中心制冷系统带来彻底的变革，直接风侧自然冷却系统将会大规模应用，数据中心全年 PUE<1.1 将成为现实，其经济效益和社会效益将不可估量。

IT 设备与数据中心基础设施制冷系统协同运行也是未来研究的一大方向。现阶段数据中心中，空调系统负责维持数据中心中服务器所需的温湿度环境，空调系统通过对从布置于机房内的温湿度传感器上获取机房环境的反馈信号的分析和处理，调控空调系统适应数据中心服务器业务需求和负载变化，目前数据中心业务负载和空调系统仍然是独立运行，造成服务器不了解空调系统的运行状态，空调系统不了解服务器的需求，造成严重的供需不平衡。若打通业务、服务器、空调系统联通链路，实现完全闭环的数据中心运行状态信息流，使得数据中心根据实时运行状态、IT 业务调度情况以及空调系统运行状态综合分析后，向空调系统发送空调调控请求，这样服务器和空调系统不仅仅考虑当前自身的运行状态，同时综合整个数据中心的运行情况，可实现数据中心智能感知 IT 业务、服务器和空调系统需求，还可实现智能化按需供冷、按需调节。数据中心通过冷暖需求的智能化感知，实现服务器与空调系统智能化的供需平衡，消除过度制冷现象，进而实现节能减排。

6.6　云计算数据中心制冷系统的规划设计案例

　　近年来，随着 IT 技术的高速发展和云计算的兴起，对数据的处理速度和处理能力要求越来越高。大量体积小、处理能力快、功能强的高密度机架服务器和存储服务器应运而生。单个机柜的功率由 1kW、3kW 提高至 5kW 以上，刀片式服务器甚至单机柜功率可达 30kW。随着机柜功率密度的提高，数据中心对制冷的可靠性和可用性的要求也越来越高。传统的低功率密度的数据中心可采用集中制冷的形式对服务器进行冷却，但是当机柜的功率超过 5kW 时，采用传统的集中式制冷会出现很多弊端，例如在实际运行时机柜顶部存在局部热点和地板下送风不足等问题，这些都将导致设备过热保护引发宕机。因此合理设计高密度数据中心的制冷系统尤为重要。本文以北方某新建的数据中心为例，介绍高密度云计算数据中心的制冷空调系统的设计思路及方法。

　　该项目的地址位于北方某省，是将现有办公楼的一部分改造成数据中心。改造前的办公楼总建筑面积约为 12 000m^2，建筑高度 24m，地上五层、地下两层，主要包括高密度数据中心、辅助用房和办公室。其中本文研究的高密度数据中心位于该大楼二层北侧，主机房建筑面积 280m^2，层高 4m。服务器机柜 110 台，网络机柜 6 台，单台服务器机柜功率 8.8kW，机房内设置防静电高架地板。主要工程内容包括数据中心制冷空调系统、新风系统和排风系统的设计。

6.6.1　制冷空调及通风系统设计

1. 设计参数

（1）室外气象参数

　　根据《实用供热空调设计手册》，参照机房所在地区的气象参数选取室外气象参数，结果见表 6.2。

表 6.2　室外气象参数

参数	参数值
冬季大气压/Pa	101 730.0
冬季室外干球温度/℃	−12.0
冬季相对湿度/%	55.0
冬季室外平均风速（m/s）	2.8
夏季大气压/Pa	99 800.0
夏季室外干球温度/℃	33.2
夏季室外湿球温度/℃	26.4
冬季室外平均风速（m/s）	4.0

（2）室内气象参数

《数据处理环境热工指南》列出了数据中心 1 ～ 4 级所对应的环境要求。我国按照使用性质、管理要求及重要数据丢失或网络中断造成的损失或影响程度，将数据机房分为 A、B 和 C 三级。数据中心机房的设计与建设以保证所有 IT 设备的不间断运行为首要任务。同时，针对本项目制冷系统解决方案的设计，需要达到 GB 50174-2008 的 A 级设计标准。因此，本文中的数据中心属于 A 级机房，机房内的温度（23±1）℃，相对湿度 40% ～ 55%，每小时温度变化率小于 5℃/h，且室内不得结露。

（3）通风换气

次数为保证机房内的正压及人员新风量的要求，机房内新风量按照每人 40m³/h 选取，同时要维持机房与相邻房间 5Pa 的正压、与外界房间 10Pa 的正压要求，二者取最大值。该项目中数据中心的通风换气次数参见表 6.3。

表 6.3　换气次数

参数	参数值
新风换气/（次/h）	1.0
洁净度	每升空气中，大于0.5μm的尘粒数小于18 000粒
房间压力	5～10
排风（配合气体灭火系统）/（次/h）	5.0

2. 负荷计算

机房的热负荷主要来自以下两个方面。

① 机房内——计算机设备、照明灯具、辅助设施及工作人员所产生的热量。

② 机房外——外部进入的热量（如，从墙壁、屋顶、隔断和地面传入机房的热；透过玻璃窗射入的太阳辐射热；从窗户及门的缝隙渗入的风而侵入的热；新风机补充新风带进来的热等）。其中机房内的计算机设备的发热量占的比重最大，约占机房总发热量的 70%。总散热中数据中心内各项负荷所占的百分比如图 6.19 所示。

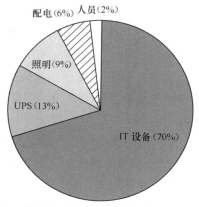

图 6.19　数据中心各项负荷占总热负荷的百分比

为了确定在该机房内主要设备所需恒温、恒湿环境下的机房空调设备的总负荷，本文根据计算机房系统内的设备特点和环境情况，采用精确计算法来确定各区域热容量。经过计算，确定机房总制冷负荷为 1 020kW。数据中心单位面积能耗可由机房总能耗除以机房面积得到。

3. 制冷系统的确定

该数据中心单台机柜功率密度为 8.8kW，属于高密度数据中心，制冷空调通风系统的设计原则为：在满足设备温湿度要求的基础上，采用节能的手段确保数据中心制冷系统的稳定性和连续性，实现不间断制冷。

另外由于风冷和水冷的制冷效率很相近，选择哪种形式主要考虑使用地区的现场条件。该项目在北京地区使用，现场水资源不多，而且北京地区昼夜温差大，适合采用风冷的冷水机组。如果采用水冷冷水机组的话，还需要在设计过程中单独增加一套冷却水的循环系统，包括冷却水泵、冷却塔和电子水处理仪等设备，这样会增加项目初期的设备投资成本，因此基于以上设计原则，确定该数据中心采用风冷冷冻水型机房空调系统。选用风冷冷冻水机组，干冷器（干式冷却器，主要用于乙二醇溶液散热，由换热盘管和风扇组成；乙二醇溶液在管内流动，通过风扇强化乙二醇与外界环境的散热，达到冷却的目的）和一级泵变流量系统。该系统夏季通过冷冻水机组制取 7℃ 的冷冻水，送到室内的冷冻水型精密空调内，从而给房间的 IT 设备制冷；冷冻水回水温度为 12℃，经循环水泵返回冷冻水机组。冬季充分利用室外的低温空气冷却循环冷冻水，可以实现压缩机停机制冷，大大减少了耗电量。过渡季节主要采用自然冷却，冷量不足的部分由压缩机制冷补充。当数据中心的空调系统断电后，由 ATS（转换开关）主电路切换到另一路备用市政供电，冷冻水机组从通电后到正常运行需要 10min，为了保证系统的连续制冷，设计了蓄冷罐，储存的冷水能满足数据中心空调系统断电后至机组重新启动 10min 间隔的制冷需要。

（1）空调系统冷源设计

数据中心是耗能大户，空调系统在能够保证 IT 设备正常运转的条件下，在冷源的选择上尽量选择节能的方式。本项目充分利用北方气候的特点，在冬季使用自然冷却技术，降低系统的电源使用效率（PUE，Power Usage Effectiveness）值。PUE 目前已经成为国际上比较通行的数据中心电力使用效率的衡量指标，是数据中心消耗的所有能源与 IT 负载使用的能源之比。PUE 值越小，说明数据中心用于通信设备以外的能耗越小、系统越节能。全球数据中心的平均 PUE 是 2.0，发达国家数据中心的 PUE 约为 1.8，日本部分数据中心的 PUE 为 1.5，谷歌的数据中心 PUE 低至 1.2。

为了实现数据中心的节能运行，获得更少的 PUE（PUE= 数据中心的总能耗 /IT 设备能耗），因此数据中心应该充分利用免费的自然冷源。在春秋季节的晚上或者在冬季，数据中心应充分利用室外的低温空气来对系统中的冷媒水进行自然冷却，这样可以大大减少压缩机的功耗，从而降低系统的 PUE 值。

根据数据中心所在地区全年室外气温的分布可以计算出，全年可实现全部自然冷却的时间占全年总运行时间的 24%，部分自然冷却的时间约占全年运行总时间的 27%，全部机械制冷的时间约占全年总运行时间的 49%。计算依据是北京市全年的室外气象温度。对配有自然冷却的机组，当室外温度低于 10℃ 时，可以启动部分自然冷却；当室外温度低于 5℃ 时，可以启动全部自然冷却。百分比根据室外温度所保持的时间占全年的运行时间之比计算所得。

因此，该系统采用 3 台风冷螺杆式冷冻水机组（2 用 1 备），每台冷水机组制冷量为 520kW；两台制冷量为 500kW 的干冷器，冷冻水进口、出口温度 7℃ ～ 12℃。冷水机组和干冷器布置在 1 层室外平台。每台螺杆式冷冻水机组可以根据负荷实现 25% ～ 100% 的调节。空调制冷系统的原理参见第 6.5 节。

为了实现节能和充分利用冬季的自然冷却，采用干冷器与冷冻水机组串联的形式，这样可以实现以下 3 种工作模式。

① 夏季，风冷冷冻水机组开启，高温的乙二醇溶液经过冷冻水机组的蒸发器释放热量。

② 冬季，充分利用室外低温的空气冷却干冷器中的乙二醇溶液，冷冻水机组停机，实现无压缩机运行制冷的自然冷却模式。

③ 过渡季节，当外界环境温度比冷冻水的回水温度低 3℃ 时，数据中心可以开启干冷器进行自然冷却，不足的冷量通过风冷冷水机组补充；当外界环境温度比冷冻水回水温度低 10℃ 时，可以完全实现自然冷却，冷冻水机组停机。

（2）冷冻水系统设计

空调系统采用 7℃ 的冷冻水供水，12℃ 冷冻水回水的冷冻水循环系统。系统中采用 1 次泵变流量设计，可以满足随着数据中心中 IT 负载的变化而自动调节流量。每个空调的支管上设置平衡阀，方便调试时调节系统管路上的水压平衡。

为了实现数据中心的安全和连续制冷，在数据中心中，IT 设备都有不间断电源（UPS）来保证供电，UPS 将在市政用电断电后为 IT 设备供电直到发电机启动。但是空调系统的部件往往都不接 UPS，甚至不接备用发电机。而高密度机房设备发热量巨大，当断电时，机房温度会在 30s ～ 120s 内迅速上升至使数据设备停机的温度，导致数据设备停机或损坏。

为了保证系统的稳定性，避免系统电源故障停电后至冷冻水机组启动前的过热现象，系统中必须设有安全装置。结合本项目，水系统的水泵连接了 UPS，可以保证冷媒水持续循环，当市政用电断电后，冷水机组通电重启需要 10min，因此系统设计了能提供 10min 时间内数据中心所需冷量的蓄冷罐。蓄冷罐的容积为 32m³，蓄冷罐与整个水系统串联连接。蓄冷罐在系统正常运行时将 7℃ 的水储存在罐体中，当系统断电，冷水机组停止运行时，蓄冷罐的进水阀关闭，旁通阀门打开，将原存储的低温冷水注入行级空调中，保证制冷温度。

（3）室内精密空调的设计

目前室内的冷冻水型精密空调主要有两种形式，一种是传统的地板下送风的房间级空调，另外一种是水平送风的行级制冷空调。空调对温度和湿度的测量和控制比较精密。空调器在正常使用条件下，通过空调控制逻辑检测回风温度，调节冷冻水调节阀，控制

送风温度。温度波动超限将发出远程报警信号。当温度设定在 15℃ ~ 30℃ 范围时，机组温度控制精度为 ±1℃；温度变化率应小于 5℃/h。湿度的控制有两种形式，当湿度低于设定值时，启动机组自带的电极式加湿罐加湿；当湿度达到设定值时，加湿罐停止工作。如果检测湿度大于设定值，则采用制冷除湿，或者电加热补偿除湿。

房间级空调具有市场占有率高、公众认知度高等优点。但是房间级空调地板下送风的风量受到限制，一台 1kW 的 IT 负载机柜所需的送风量计算如下：

$$Q = \rho \times c_{\mathrm{p}} \times G \times (t_2 - t_1) \tag{1}$$

式中，

Q——制冷量，单位 kW；

ρ——空气密度，1.2kg/m³；

c_{p}——1.01kJ/（kg·K）；

G——风量，单位 m³/h；

t_2——服务器出口温度，单位℃；

t_1——服务器进口温度，单位℃。

经过计算，当服务器的进出口温差为 11℃，制冷量为 1kW 时，需要向服务器送 270m³/h 的风。由于该机房服务器功率密度为 8.8kW，因此每台机柜需要的冷风量为 2 376m³/h；开孔地板通常开孔率为 25%，在合理的送风风速下，每块开孔地板的送风量为 511m³/h，这就意味着 8.8kW 的机柜需要安排 5 块通风地板。如果仍然采用传统的下送风精密空调搭配高架地板的方式，则每个机柜需要安排 5 块通风地板，这将导致机房中通道的宽度大大增加，显然不适宜。因此，确定该高密度机房的空调形式采用水平送风的精密空调，冷空气从空调的送风口水平吹出并送达就近的几台机柜；服务器的出风口将热风送回到精密空调的回风口。机柜采用面对面、背对背排列，形成冷热通道布置。

根据上文中的机房热负荷计算结果，该机房的热负荷为 1 020kW，可以采用 20 台制冷量为 52kW 的水平送风空调和 11 台制冷量为 19kW 的水平送风空调。这 11 台制冷量为 19kW 的水平送风空调是冗余备份。每一条冷通道为 4 台空调，其中 3 台保证制冷量，另外一台用于冗余备份。整个数据中心有 7.5 个冷风通道，每个通道都有备份，因此制冷量较多。例如，在第一个冷风通道，用了 3 台 52kW 保证制冷，另有一台 52kW 用于冗余备份。同样有的通道用了 3 台 11kW 保证制冷，另有一台 11kW 用于冗余备份。

由于机柜的排列按照冷热通道排列，每个冷通道作为一组，每组通道空调的布置采用 N+1（N 表示实际需要的空调台数，1 表示备用空调台数）冗余形式；这样可以保证在一个冷风通道内任何一台空调发生故障时都有备用空调替代，同时也可以合理分配每台空调的运行时间。精密空调的冷冻水采用地板下接管，冷凝水就近排入下层卫生间的地漏。

（4）新风与排风系统

数据中心空调系统必须提供适量的室外新风，以保持数据通信机房的正压值和保证室内人员的卫生要求。为了维持机房区正压，满足工作人员新风的需求，数据中心可采用 1 次/小时的换气次数，在数据中心北侧布置一台风量为 1120m³/h 轴流风机，使得机房内与机房外保持 10Pa 的压差。排风按 5 次换气次数计算，选用 1 台风量为 5 600m³/h 轴流风机，用于气体灭火后的灾后排风。

（5）气流组织的 CFD 模拟分析

对于高密度数据中心，合理的气流组织至关重要。通过有效的 CFD 气流模拟，能在设计时及时发现机房的热点，从而采取措施来消除热点。本项目中对数据中心部分机柜进行了 CFD 模拟，如图 6.20 所示。CFD 计算的模型分为建筑物的物理模拟模型和 IT 设备的物理模型。计算工况是按照数据中心所在北方地区的空调设计温湿度工况，机房内的温度为（23±1）℃，相对湿度为 40% ～ 55% 来分析。边界条件是以室内外温度、湿度、地板开孔率、功率密度和风量等设定来计算的。CFD 模拟的结果为，当空调正常运行时，冷风通道的温度为 18℃，热通道约为 30℃；气流分配均匀，满足设计要求。

图 6.20 部分机柜 CFD 气流模拟

（6）可靠性及控制方案

由于本空调系统设计工况为全年 365 天，每天 24h 运行。在可靠性方面，数据中心应有以下几点考虑：

① 设备主机即冷水机组应考虑冗余备用（2 主 1 备），可保证一台损坏或维护时其他两台保证系统正常制冷；

② 空调末端设计冗余，在每排通道内采用 N+1 的末端制冷设备冗余，保证制冷的可靠性；

③ 系统内设计了蓄冷罐，可保证系统停电到发电机重新启动的时间间隔内，提供 7℃ 的冷冻水；

④ 机房内的多台精密空调自成独立的群控系统，可实现备份自动切换功能、定时切换备份机组以及根据机房内热负荷的变化自动控制机组中的空调机的运行数量，从而提高空调系统的可靠性，达到节能的目的。

控制方案和逻辑为：空调系统采用 PLC 控制，根据机组末端的回水温度，调节系统冷冻水出水温度；末端水平送风的机组通过电动阀调节水量，从而使系统稳定地运行，持续不断地提供冷冻水。

6.6.2 方案小结

数据中心空调系统具有单位面积热负荷高、全年制冷运行，在满足系统总冷量情况

下还需确保不间断运行以保障数据安全的特点。本方案对北京某高密度数据中心空调系统的设计思路进行了介绍，从系统设计、设备选型、节能方案和系统安全的角度进行了论述。对于高密度数据中心，建议采用紧靠热源的水平送风制冷形式，辅助冷热通道布置；对 IT 负载实现按需制冷，在空调台数设置商考虑 $N+X$ 的冗余备份。

为了数据中心全年 8 760h 实现不间断制冷，数据中心采用了一些必要措施，例如水泵接 UPS、设置蓄冷罐等来保障制冷空调系统断电后和冷冻水机组重启期间维持设备正常连续运行，从而保证系统的制冷安全。另外，采用自然冷技术可大大降低系统的能耗。以本案例所在地区为例，全年可实现全部自然冷冷却的时间约占全年总运行时间的 24%，部分自然冷却的时间约占全年运行总时间的 27%，这样系统的能耗将减少 1/3。

第7章　网络系统

传统的网络模型在很长一段时间内，支撑着各种类型的数据中心，但随着互联网的发展以及企业 IT 信息化水平的提高，新的应用类型及数量急剧增长。随着数据中心规模的不断膨胀，以及虚拟化、云计算等新技术的不断发展，仅仅使用传统的网络技术越来越无法适应业务发展的需要。本章将通过某政务云数据中心规划设计方案介绍网络系统以及第 8 章的云计算系统。

7.1　网络设计原则

1. 安全性原则

针对各种网络的访问需求，构建安全的网络架构，设置统一的安全策略，确保网络承载的业务的运行安全性。设计通过设备异构、安全区划分、规范设备安全配置、部署多种安全防护技术组合等措施，保证网络系统的安全性。

2. 高可用性原则

根据应用系统的安全生产运维要求，合理规划生产服务器的网络区域，减少网络架构中存在的全局故障点分布数量，降低信息系统整体运维风险。通过多层次的冗余连接，以及设备自身的冗余支持，使得整个架构在任意部分都能够满足业务系统不间断的连接需求，加强网络可用性。

3. 可扩展性原则

遵循模块化和层次化设计思路，使网络架构在功能、容量、覆盖能力、性能等各方面具有易扩展能力，以适应快速的业务发展对基础架构的要求。

4. 灵活性原则

网络规划遵循业界公认的标准，需要制定一个高兼容性网络架构，确保设备、技术的互通和互操作性，方便快速灵活地部署新的产品和技术，以适应云计算平台快速、灵活的业务发展对基础架构的要求。

5. 易管理性原则

网络的规划需要充分考虑目前网络运维管理工作中的各种需求，同时也需要满足未来多数据中心统一运营管理的需求。设计层次化、模块化的网络架构，建立独立的运维管理网络，考虑各类运维管理要求，方便未来网络的管理、故障隔离和日常运维。

7.2 网络整体设计思路

为了构建云计算的网络基础设施，更好地满足新业务的快速部署及高效支撑需求，在云数据中心设计中，我们对以下需求给予特别的考虑。

7.2.1 快速部署

网络基础设施对于快速部署的支撑体现在以下 3 个方面。

第一，网络基础设施尽可能不成为业务系统部署的障碍。在设计中，数据中心可选择的技术包括：大二层技术以支持服务器的任意机房模块部署；接入层灵活支持 1GE/10GE 的光口/电口的 4 种组合方式接入，以支持服务器的任意电口类型部署；网络带宽可根据业务需求灵活扩展以适应业务快速增长的需求。

第二，网络基础设施自身也应当能够实现快速部署。在设计中，数据中心可选择的技术包括：网络基础设施能够提供 API，以支持云管理调度平台对于网络基础设施的自动化配置与监控；网络基础设施能够支持开机自动部署，以支持网络设备的快速上线。

第三，简化运维也能够对快速部署提供有效的支撑。在设计中，数据中心可选择的技术包括：简化并优化 QoS 的业务匹配 ACL，简化并优化 PBR 的业务匹配 ACL。

7.2.2 网络虚拟化

网络基础设施对于虚拟化的支撑体现在以下 6 个方面。

第一，数据中心交换机支持一分多的能力，以灵活快速的部署新的交换机。

第二，数据中心交换机支持跨设备链路聚合能力，以实现跨交换机的端口捆绑，提高网络可用性。

第三，数据中心交换机支持端口配置虚拟化功能，以实现端口配置的快速改变与优化。

第四，数据中心交换机支持多合一的能力，以简化网络的运维管理。

第五，数据中心交换机支持虚拟机感知能力，以支持虚拟机的灵活漂移。

第六，数据中心交换机支持端口虚拟化，以支持以太网及 FC 端口的灵活改变。

7.2.3　全网冗余可靠

网络冗余可靠设计包括设备级冗余、板卡级冗余、链路级冗余、电源级冗余等，设计思想如下所述。

1. 设备级冗余

网络设备设计支持"多虚一"的虚拟化技术或者支持类似 VRRP、GSLP 等双机热备协议，从而保障在一台硬件设备故障停机的情况下，另一台或者多台设备可继续正常工作，保障数据流的正常转发。

2. 板卡级冗余

网络设备设计支持管理引擎卡冗余，在网络设备运行过程中，如果主管理板卡出现异常，不能正常工作，网络将自动切换到从管理板工作，同时不丢失用户的相应配置，从而保证网络能够正常运行，实现冗余功能。

3. 链路级冗余

网络设备设计支持生成树协议（STP）和链路捆绑协议（LACP），从而保障多物理链路的冗余可靠。

4. 电源冗余

网络设备设计支持内置两个电源插槽，通过插入不同模块，可以实现两路 AC 电源或者两路 DC 电源的接入，实现设备电源的 1＋1 备份。电源模块的冗余备份实施后，在主电源供电中断时，备用电源将继续为设备供电，不会造成业务的中断。

7.2.4　多网络平面

业务网络、存储网络和管理网络分离，既保障不同流量的物理隔离、降低业务之间的相互影响，又保障流量带宽的充足，减少性能瓶颈，提高网络性能。

7.2.5　内外网隔离

设计"政务云"内网和外网两套物理隔离网络平台，内网设计为通过"政务网"连接各厅局专用云，并作为"大数据支撑平台""政务信息综合资源库""一体化数据管理平台"和"政务信息共享服务平台"的承载网络；外网设计为对互联网公众提供信息查询和惠民类应用服务的承载网络。

7.3　总体网络架构

7.3.1　网络总体规划

政务云大数据中心基础网络层建设包括全省政务网和核心数据中心网络两部分，如图 7.1 所示。政务云基础网络层的建设过程中，将通过政务网对现有省直厅级单位进行

横向对接，同时纵向实现省、市、县、乡四级政务网接入全覆盖，实现政务云"纵向到底、横向到边"的网络全覆盖，为数据整合和应用提供基础支撑。

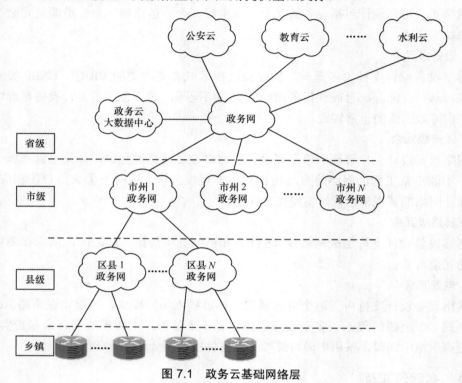

图 7.1　政务云基础网络层

根据总体规模，本次政务云大数据中心的核心网络部分采用"二级交换＋二类业务＋二套网络"的总体设计思路，如图 7.2 所示。

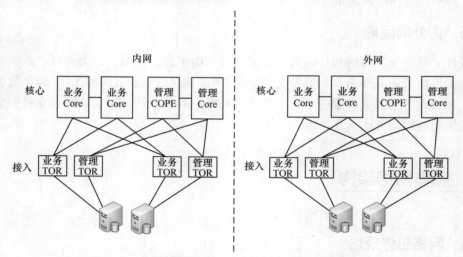

图 7.2　"二级交换＋二类业务＋二套网络"设计思路

数据中心内部局域网采用"核心＋TOR 接入"二级交换结构，在网络设备的部署时按照"业务、管理"二类业务进行隔离，同时建设"内网"和"外网"两套物理隔离网络平台。一方面扁平化的二级网络简化了设备层级和网络结构，另一方面业务隔离降低了业务之间的相互影响，减少了性能瓶颈，提高了网络性能，同时还满足了"政务云"核心系统和数据库与互联网物理隔离的安全保障需求。

数据中心内部局域网采用"核心 +TOR 接入"二级交换结构，在网络设备部署时按照"业务、管理"二类业务进行隔离，同时建设"内网"和"外网"两套物理隔离网络平台。一方面扁平化的二级网络简化了设备层级和网络结构，另一方面业务隔离降低了业务之间的相互影响，减少了性能瓶颈，提高了网络性能，同时满足了"政务云"核心系统和数据库与互联网物理隔离的安全保障需求。

7.3.2　总体逻辑架构

"政务云"大数据中心，按照"有统有分，统分结合"的思路，利用大数据、云计算等现代科技手段，构建"政务云"大数据中心体系，需要具备先进性、灵活性、可靠性、合理性，保障业务连续运行。在网络总体逻辑架构的设计上，依据应用系统的要求，数据中心网络逻辑区域划分考虑如下原则：

① 不同安全等级的网络区域划属不同的逻辑区域；
② 不同功能的网络区域划属不同的逻辑区域；
③ 承载不同应用架构的网络区域划属不同的逻辑区域；
④ 区域总量不宜过多，各区域之间松耦合；
⑤ 参照《公安信息通信网边界接入平台安全规范》，设计安全接入平台。

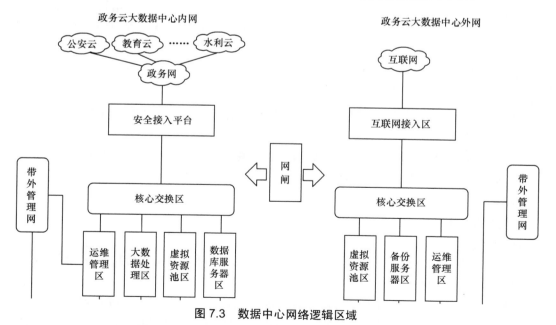

图 7.3　数据中心网络逻辑区域

根据以上原则，网络的逻辑区域的划分如图 7.3 所示。

1. "政务云"大数据中心内网

（1）安全接入平台区

通过在"政务云"大数据中心内网网络边界建立一套完整的安全接入平台，加强信息共享和综合应用，建成一套运行可靠、管理严密、控制有效、信息全面、监管有力、便于维护、高效安全的安全接入和数据交换平台系统。

该平台可满足政务云系统现有以及将来的业务应用需求，同时保证政务云信息网自身的高度安全；系统将政务云信息网边界各业务系统涉及的终端/用户、网络通信/安全设备、业务应用进行无缝管理，提高业务管理水平和效率。

（2）核心交换区

该区域主要是作为"政务云"大数据中心内网业务流量的高速转发交换的集中核心区域，同时，该区也作为数据中心各区域的网络汇聚互联区域。

（3）大数据处理区

该区域部署大数据计算系统，提供海量非结构化数据的分布式计算、处理和存储。

（4）虚拟资源池区

该区域包括共享平台所部署的各类应用服务，分别为综合查询应用、邮件系统、即时通信系统、测试系统、备份软件系统、防病毒系统、数据交换系统、共享平台软件管理系统，主要负责承载应用系统的业务逻辑层计算。

（5）数据库服务器区

该区域部署核心数据库系统，包括应用系统数据库和大数据处理系统数据库。

（6）运维管理区

该区域提供数据中心内网整体的管理功能，包括云平台管理、运维管理、安全管理三大部分，提供云服务支持、日常运维、运营保障的功能，以及漏洞扫描、安全审计等安全部署。

2. "政务云"大数据中心外网

（1）互联网接入区

该区域部署各种网络和安全设备，提供互联网链路接入和安全控制设备等。

（2）核心交换区

该区域主要是作为"政务云"大数据中心外网业务流量的高速转发交换的集中核心区域，同时，该区也作为数据中心各区域的网络汇聚互联区域。

（3）备份服务器区

该区域主要部署备份服务器等。

（4）虚拟资源池区

该区域包括共享平台所部署的各类应用服务，包括网站系统和公共服务系统等。

（5）运维管理区

该区域提供数据中心外网整体的管理功能，包括云平台管理、运维管理、安全管理三大部分，提供云服务支持、日常运维、运营保障的功能，以及漏洞扫描、安全审计等安全部署。

7.3.3　总体物理拓扑设计

根据网络整体设计思路和逻辑架构，"政务云"大数据中心整体物理拓扑设计如图 7.4 所示。

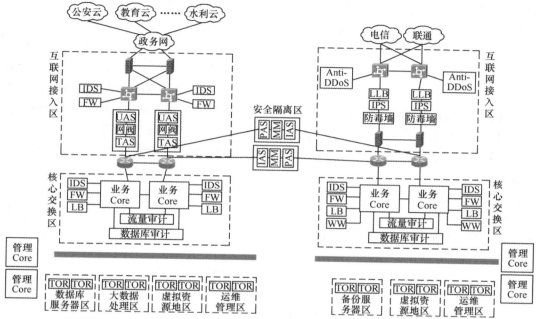

图 7.4　整体物理拓扑

数据中心作为信息系统的承载基础，需要具备先进性、灵活性、可靠性、合理性来保障业务连续性的能力。在网络总体物理架构的设计上，遵循以下特点。

（1）设备、线路冗余的高可用性原则。

（2）多核心独立架构、ECMP 互联、无阻塞完全交换架构。

（3）网络层次化、业务模块化的可扩展性原则。

（4）使用业界成熟的网络产品、遵循兼容性和可管理性原则。网络产品具备充足的性能、带宽，并对未来有预留。

（5）支持大二层和云计算对网络的要求。

7.4　详细网络设计

7.4.1　网络功能分区设计

1. 内网安全接入平台区

（1）两台防火墙采取"双机热备"架构，上联通过政务网分别与省直厅局单位联通，

下联两台三层交换机。防火墙作为安全接入平台的安全访问控制设备，针对政务网侧其他厅局单位服务器或者终端用户与政务云大数据中心内部服务器之间的互访采取安全策略控制。

（2）两台三层交换机各旁挂一台 IDS 设备和可信网关设备，并下联两台网闸设备。IDS 设备主要针对三层交换机的上联口进行入侵检测，可信网关设备主要提供基于数字证书的高强度身份认证服务以及高强度数据链路加密服务。

（3）两台网闸上联两台三层交换机，下联政务云大数据中心内网接入路由器。网闸（GAP）全称为安全隔离网闸。安全隔离网闸是一种由带有多种控制功能专用硬件在电路上切断网络之间的链路层连接，并能够在网络间进行安全适度的应用数据交换的网络安全设备。网闸设备保证了政务云大数据中心内网与其他厅局网络在链路层的安全隔离。

（4）配置单向导入/导出系统、单向光隔离传输系统、导出数据追溯系统用于提供安全单向隔离传输、数据单向导入导出、进出数据的内容审查、数据格式过滤、导出数据的追溯等功能。

2. 内网核心交换区

"政务云"大数据中心内网核心交换区网络按照高速率零延迟数据转发、双冗余设备和双冗余链路的原则进行规划，如图 7.5 所示。

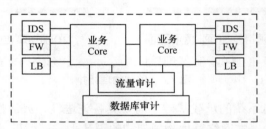

图 7.5　内网核心交换区网络拓扑

两台高性能机框式交换机以"二虚一"方式组成数据中心内网核心交换区，旁挂 IDS（入侵检测系统）、防火墙、流量审计、数据库审计以及应用负载均衡设备，提供高数据转发和交换。

3. 内网数据库服务器区

"政务云"大数据中心内网数据库服务器区网络按照高速率零延迟数据转发、双冗余设备和双冗余链路的原则进行规划，如图 7.6 所示。

设计两台业务（备份）接入交换机和两台管理接入交换机，以"二虚一"方式承载服务器业务网卡、备份网卡和管理网卡的接入。服务器通过业务（备份）接入交换机接入业务（备份）网，通过接管理接入交换机接入管理网。

4. 内网大数据处理区

"政务云"大数据中心内网大数据处理区网络按照高速率零延迟数据转发、双冗余设备和双冗余链路的原则进行规划，如图 7.7 所示。

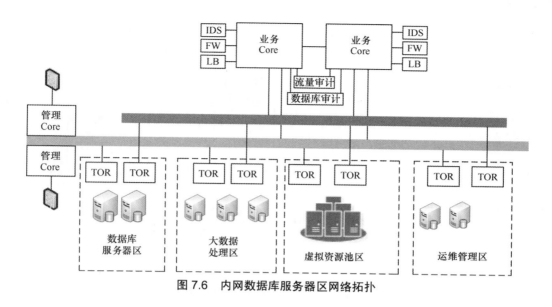

图 7.6　内网数据库服务器区网络拓扑

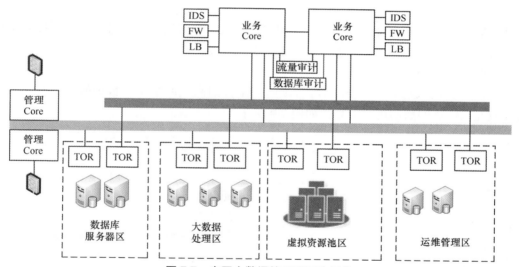

图 7.7　内网大数据处理区网络拓扑

　　设计 6 台业务（备份）接入交换机和 4 台管理接入交换机，分别以"二虚一"方式承载服务器业务（备份）网卡和管理网卡的接入。服务器通过业务（备份）接入交换机接入业务（备份）网，通过接管理接入交换机接入管理网。

5. 内网虚拟资源池区

　　"政务云"大数据中心内网虚拟资源池区网络按照高速率零延迟数据转发、双冗余设备和双冗余链路的原则进行规划，如图 7.8 所示。

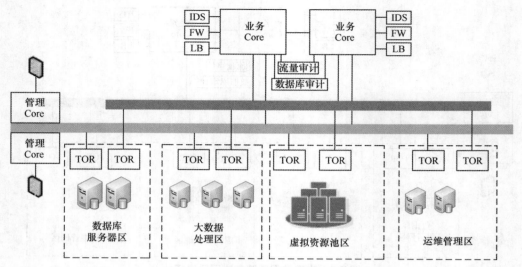

图 7.8　内网虚拟资源池区网络拓扑

设计 12 台业务（备份）接入交换机和 8 台管理接入交换机，分别以"二虚一"方式承载服务器业务（备份）网卡和管理网卡的接入。服务器通过业务（备份）接入交换机接入业务（备份）网，通过连接管理接入交换机接入管理网。

6. 内网运维管理区

"政务云"大数据中心内网运维管理区网络按照高速率零延迟数据转发、双冗余设备和双冗余链路的原则进行规划，如图 7.9 所示。

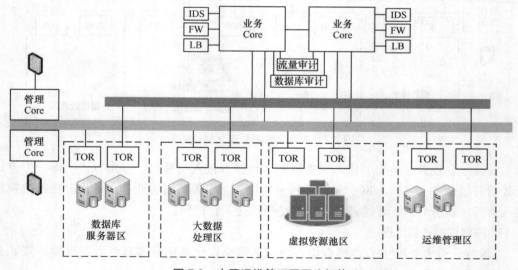

图 7.9　内网运维管理区网络拓扑

设计 4 台业务（备份）接入交换机和 4 台管理接入交换机，分别以"二虚一"方式承载服务器业务（备份）网卡和管理网卡的接入。服务器通过业务（备份）接入交换机接入业务（备份）网，通过接管理接入交换机接入管理网。

7. 外网互联网接入区

"政务云"大数据中心外网互联网接入区网络的详细物理拓扑主要是参照《等保三级技术要求》进行设计，并按照双运营商接入、双冗余设备和双冗余链路的原则进行规划，如图7.10所示。

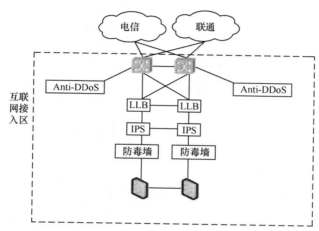

图7.10　外网互联网接入区网络拓扑

两台三层交换机作为互联网链路的接入设备，上联双运营商互联网出口链路，旁挂抗 DDoS 设备，下联两台链路负载均衡设备。

两台链路负载均衡下联两台 IPS 入侵防御系统设备；

两台 IPS 设备下联两台防毒墙设备。

两台防毒墙设备下联两台防火墙设备。

以上多台数据交换设备和安全设备组成了互联网接入区，不仅提供了双运营商互联网出口接入，还提供了高度安全防护保障。

8. 外网核心交换区

"政务云"大数据中心外网核心交换区网络按照高速率零延迟数据转发、双冗余设备和双冗余链路的原则进行规划，如图7.11所示。

两台高性能机框式交换机以"二虚一"方式组成数据中心内网核心交换区，旁挂 IDS（入侵检测系统）、防火墙、流量审计、数据库审计以及应用负载均衡设备，提供高数据转发和交换。

9. 外网虚拟资源池区

"政务云"大数据中心外网虚拟资源池区网络按照高速率零延迟数据转发、双冗余设备和双冗余链路的原则进行规划，如图7.12所示。

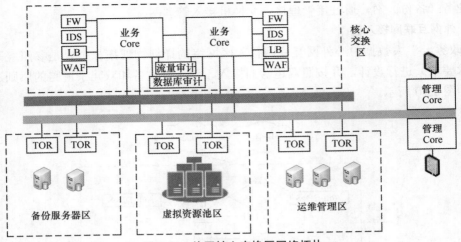

图 7.11　外网核心交换区网络拓扑

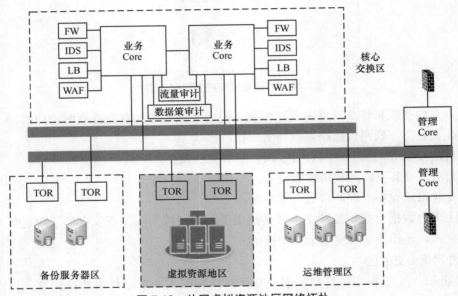

图 7.12　外网虚拟资源池区网络拓扑

　　设计两台业务（备份）接入交换机和两台管理接入交换机，分别以"二虚一"方式承载服务器业务（备份）网卡和管理网卡的接入。服务器通过业务（备份）接入交换机接入业务（备份）网，通过接管理接入交换机接入管理网。

10. 备份物理服务器区

　　"政务云"大数据中心外网备份服务器区网络按照高速率零延迟数据转发、双冗余设备和双冗余链路的原则进行规划，如图 7.13 所示。

　　设计两台业务（备份）接入交换机和两台管理接入交换机（可与运维管理区共享），分别以"二虚一"方式承载服务器业务（备份）网卡和管理网卡的接入。服务器通过业务（备份）接入交换机接入业务（备份）网，通过接管理接入交换机接入管理网。

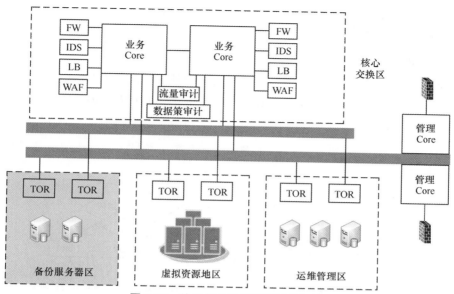

图 7.13 外网备份服务器区网络拓扑

11. 外网运维管理区

"政务云"大数据中心外网运行管理区网络按照高速率零延迟数据转发、双冗余设备和双冗余链路的原则进行规划,如图 7.14 所示。

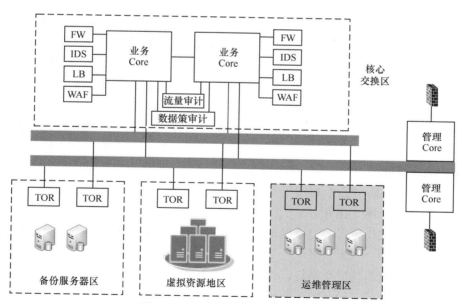

图 7.14 外网运行管理区网络拓扑

设计两台业务(备份)接入交换机和两台管理接入交换机,分别以"二虚一"方式承载服务器业务(备份)网卡和管理网卡的接入。服务器通过业务(备份)接入交换机接入业务(备份)网,通过接管理接入交换机接入管理网。

云计算 数据中心规划与设计

7.4.2 网络平面设计

1. 业务网平面设计

"政务云"大数据中心业务网平面（包括内网和外网）采用 SDN 网络集中控制架构与 VXLAN Overlay 网络虚拟化技术相结合的方式部署，如图 7.15 所示。

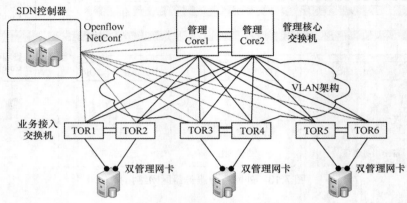

图 7.15 网络业务平面拓扑

业务 TOR 交换机与业务 Core 交换机被设计成支持 VXLAN 协议，并可通过 Openflow 协议与 SDN 控制器通信。

业务 TOR 与业务 Core 之间全网状互联，并以动态路由协议全互通，形成 Underlay 网络；在此基础上利用 VXLAN 协议，组建虚拟化的 Overlay 网络，从而形成全网大二层架构，实现虚拟机的灵活部署和漂移，也为后期的"多租户"云环境提供了网络基础。

SDN 控制器在与全网网络设备 IP 互通的基础上，可通过 Openflow 协议实现全网网络设备的配置自动下发、策略灵活调整、流量按需转发等功能。

SDN 控制器还可以与云平台对接，从而实现云平台对计算、网络、存储资源的统一管理。

2. 管理网平面设计

"政务云"大数据中心管理网平面（包括内网和外网）采用传统的二层架构部署，核心层与接入层，如图 7.16 所示。

管理接入交换机均为二层交换机，根据业务需求配置不同 VLAN 进行不同区域服务器的逻辑隔离。

管理核心交换机为三层交换机，作为 VLAN 网关，提供必要的 VLAN 之间的互通。

管理网主要提供所有设备的安全监控、运维管理的承载网络平台。

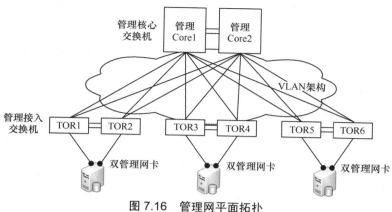

图 7.16　管理网平面拓扑

7.5　网络架构技术特点

7.5.1　SDN网络集中控制架构

　　SDN 网络控制器组件作为网络部署自动化功能的核心，实现将用户业务语言到网络具体配置的自动翻译与下发，同时协同计算虚拟化平台，实现从物理网络到虚拟网络的协同管理。本方案采用基于用户和应用的网络资源自动化控制系统的商业版网络敏捷控制器，基于 ODL（Open Day Light）开放架构设计，并且出于提高用户运维及可用性的目的，在 ODL 的架构基础上进行功能增强，SDN 控制器架构如图 7.17 所示。

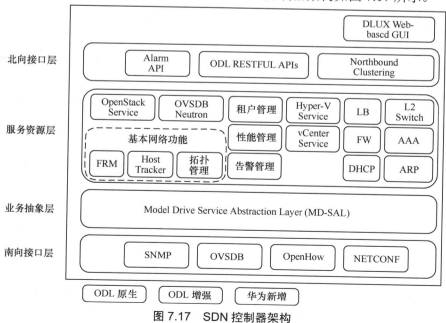

图 7.17　SDN 控制器架构

1. 架构说明

（1）DLUX：SDN 控制器提供独立的 ODL 图形化的 Web Portal 界面。

（2）北向接口层：提供丰富 RESTFUL API，包含 Neutron、MD-SAL 等标准 API，同时包含告警、设备管理等扩展 API。

（3）服务资源层：包含各层次的网络功能、基本管理功能（租户、资源、性能、离线设备等）、OAM 等。

（4）MD-SAL 层：基于模型的业务抽象层，ODL 平台的关键特性，开发者通过模型驱动自动生成 API、Java 代码，实现对应的服务内容，同时屏蔽南向差异。

（5）南向接口层：支持 OpenFlow、NetConf、SNMP、OVSDB 等协议，南向管理不同的网络节点。通过 ODL 南向 PlugIn，可以方便地进行南向协议的动态扩展。

2. 功能说明

作为数据中心的智慧大脑，SDN 控制器对于数据中心网络用户提供了如下功能。

（1）管理功能：网络运维、监控、管理功能。

① 具备 VLAN 网络、硬件集中式 VXLAN 网络、硬件分布式 VXLAN 网络、软件 VXLAN 网络、混合 VXLAN 网络等多种 Fabric 管理能力。

② 具备"物理 + 虚拟"统一拓扑呈现，网络拓扑及变化自动感知的能力。

③ 实现全网资源可视、可管、可控。

④ 提供日志、告警、License 等多种管理手段。

（2）策略功能：网络服务的业务编排、配合和策略的下发。

① 支持与 VMware/ 微软的计算平台协同实现计算与网络协同发放方案。

② 提供 Network/Subnet/Router/FW ACL/SNAT/IPSec VPN 等网络服务和业务。

（3）控制功能：网络控制协议的处理。

① 支持控制面的灵活部署。

② 控制面下沉方案：SDN 控制器负责业务网络的配置下发。

③ 控制面上收方案：SDN 控制器负责配置和流表的下发与整网表项的集中学习和下发。

④ 支持对接云平台获取计算资源表项，对接设备服务器接入虚拟感知，并完成 ARP 代答、头端复制表管理。

3. SDN 网络架构的价值

SDN 控制器定位为数据中心的大脑，在 SDN 集中化控制思想的指导下根据用户业务需求动态调配数据中心的网络资源，提高网络资源利用率，让网络更敏捷地为业务服务。它的价值主要体现在以下 4 个方面。

（1）高效：SDN 控制器基于业务抽象模型，一键式自动下发网络资源；基于逻辑模型的点选或拖曳，实现端到端网络业务自动打通；五类 Fabric 统一控制，按需下发；自动下发网络资源，大大加速云业务上线周期。

（2）简单：解决了传统运维无法协同管控物理网络和虚拟网络的问题，实现物理和虚拟资源的统一管理，并且实现网络拓扑及变化的自动感知，网络策略自动适应高速迁移，以及控制器、VM、网络资源与质量的可视化管理，真正实现云网络的可视可控。

（3）开放：基于 ODL 开源架构，支持 ODL 架构的第三方应用和 plugIn，充分利用开源社区资源，提供开放的产业生态圈，兼容基于标准 OpenStack 的主流云平台，协同多种主流计算管理平台，支持通过定制化开发对接第三方 SDN 控制器，适配大部分客户现网环境。

（4）弹性：拥有业界最大规模分布式集群能力，支持集群成员的弹性扩展，对现网业务无影响；集群根据成员的添加退出，自动调整负载分担。

7.5.2　VXLAN大二层网络设计

VXLAN 的网络设计，为完美解决传统网络遇到的问题提供了以下解决方案。

1. 针对虚拟机迁移范围受到网络架构限制的解决方式

VXLAN 网络把二层报文封装在 IP 报文之上，因此，只要网络支持 IP 路由可达就可以部署 VXLAN 网络，而 IP 路由网络本身已经非常成熟，且在网络结构上没有特殊要求。而且路由网络本身具备良好的扩展能力，很强的故障自愈能力和负载均衡能力。采用 VXLAN 技术后，企业不用改变现有网络架构即可用于支撑新的云计算业务，极方便于用户部署。

2. 针对虚拟机规模受网络规格限制的解决方式

虚拟机数据封装在 IP 数据包中后，对网络只表现为封装后的网络参数，即隧道端点的地址，因此，对于承载网络（特别是接入交换机），MAC 地址规模需求极大降低，最低数量也就是几十个（每个端口对应一台物理服务器的隧道端点 MAC）。当然，对于核心/网关处的设备表项（MAC/ARP）要求依然极高，当前的解决方案仍然是采用分散方式，通过多个核心/网关设备来分散表项的处理压力。

3. 针对网络隔离/分离能力限制的解决方式

针对 VLAN 只能支持数量 4K 以内的限制，在 Overlay 技术中扩展隔离标识的位数，可以支持高达 16M 的用户，极大地扩展隔离数量。

7.5.3　vSwitch虚拟交换机接入架构

本次政务云数据中心中，同一台物理服务器上部署了多台虚拟机，需要通过部署 vSwitch 实现不同虚拟机的网络接入功能。vSwitch 工作在二层数据网络，通过软件方式实现物理交换机的二层网络功能。

与传统物理交换机相比，虚拟交换机具备配置灵活、扩展性强、成本低、性能高的优点。一台普通的服务器可以配置几十台甚至上百台虚拟交换机，且端口数目可以灵活选择，通过虚拟交换往往可以获得昂贵的物理交换机才能达到的性能。

通过运行在虚拟化平台上的虚拟交换机，为本台物理机上的虚拟机提供二层网络接入功能。部署时，每个 VM 跟物理主机一样有自己的虚拟网卡（virtual NIC），每个虚拟网卡有自己的 MAC 地址和 IP 地址。虚拟交换机连接虚拟网卡和物理网卡，将虚拟机上的数据报文从物理网卡转发出去，并从物理网卡上接收报文转发给对应的虚拟网卡。部署方式如图 7.18 所示。

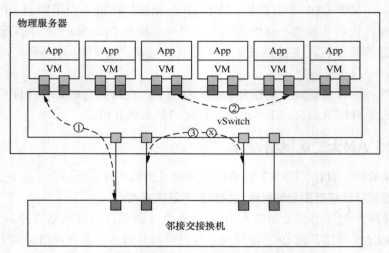

图 7.18　vSwitch 部署架构

第 8 章　云计算系统的规划设计

8.1　云管理系统设计

8.1.1　云计算系统总体架构

目前主流云平台有 OpenStack 和 CloudStack 等，云计算平台可以大幅提高效率，节省大量成本；可扩展基础设施，实现高性能与安全数据存储。其中，OpenStack 作为开源平台，目前发展迅速，以其以下特性获得各方支持。

兼容性：OpenStack 对主流软硬件有很好的兼容性，方便将数据和应用迁移到云平台中。

控制性：OpenStack 开源平台意味着不会被某个特定的厂商绑定和限制，而且模块化的设计能对第三方的技术进行集成，从而满足自身业务需要。

可扩展性：目前主流的 Linux 操作系统，包括 Fedora、SUSE 等都将支持 OpenStack。OpenStack 在大规模部署云平台时，在可扩展性上有优势。

灵活性：灵活性是 OpenStack 最大的优点之一，用户可以根据自己的需要建立基础设施，也可以轻松地为自己的集群增加规模。主要用 Python 编写的 OpenStack 代码质量相当高，很容易参照，用户可以使用 JSON 或者 XML 消息格式的不同组件的代码。

行业标准：来自全球十多个国家的 60 多家领军企业，包括 HP、Cisco、Dell、Intel 以及微软都参与到了 OpenStack 的项目中，并且在全球使用 OpenStack 技术的云平台在不断地上线。

OpenStack 云平台具备的架构及相关功能如图 8.1 所示。

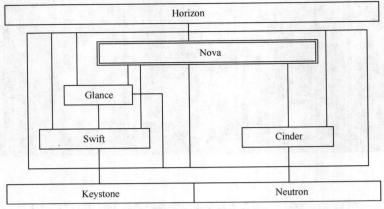

图 8.1　OpenStack 标准架构

如图 8.1 所示，OpenStack 云平台中有三个组件会与系统中的所有组件进行交互。Horizon 是图形用户界面，管理员可以很容易地使用它来管理所有项目。Keystone 处理授权用户的管理，Neutron 定义提供组件之间连接的网络。

Nova 是云平台的核心，负责处理工作负载的流程。它的计算实例通常需要进行某种形式的持久存储，它可以是基于块的（Cinder）或基于对象的（Swift）。Nova 还需要一个镜像来启动一个实例。Glance 将会处理这个请求，它可以有选择地使用 Swift 作为其存储后端。

此架构下的每个项目尽可能地独立，这使得用户可以选择只部署一个功能子集，并将它与提供类似或互补功能的其他系统和技术相集成。

云平台主要组成模块情况如图 8.2 所示。

图 8.2　OpenStack 模块组成

模块说明如下。

KEYSTONE：认证模块，提供集中的用户路径映射到允许访问的平台服务资源中。此模块可以作为普通的云平台授权系统运行，也可以和现有的 LDAP 服务进行集成；可以支持多种形式的授权验证，用户名密码、令牌系统以及 AWS 形式的登录验证。

GLANCE：镜像服务模块，为虚拟机（VM）镜像（尤其是为启动 VM 实例中所使用的系统磁盘）提供了支持。除了发现、注册和激活服务之外，它还有快照和备份功能。Glance 镜像可以充当模板，快速并且一致地部署新的服务器。用户可采用多种格式为服务提供私有和公共镜像，这些格式包括 VHD（Microsoft（® Hyper-V®）、VDI（VirtualBox）、VMDK（VMware）、qcow2（Qemu/ 基于内核的虚拟机）。其他一些功能包括注册新的虚拟磁盘镜像、查询已公开可用的磁盘镜像的信息，以及流式传输虚拟磁盘镜像等。

SWIFT：对象存储服务模块，主要用于静态数据，比如 VM 镜像、备份和存档。该软件将文件和其他对象写入可能分布在一个或多个数据中心内的多个服务器上的一组磁盘驱动器，在整个集群内确保数据复制和完整性。

CINDER：块存储服务模块，管理计算实例所使用的块级存储。块存储非常适用于有严格性能约束的场景，比如数据库和文件系统。

NOVA：计算服务模块，创建一个抽象层，让 CPU、内存、网络适配器和硬盘驱动器等实现虚拟化，并具有提高利用率和自动化的功能。

NEUTRON：网络服务模块，具有管理局域网的能力，以及适用于虚拟局域网（VLAN）、动态主机配置协议和 IP 的一些功能。用户可以定义网络、子网和路由器，以配置其内部拓扑，然后向这些网络分配 IP 地址和 VLAN。浮动 IP 允许用户向 VM 分配和再分配固定的外部 IP 地址。

云管理平台对政务云云计算平台层提供统一的管理，包括对政务云计算平台层的计算资源、存储资源、网络资源等进行管理，利用管理视图直观地展现政务云各类服务资源信息，基于可视化的流程，满足灵活多样的用户服务请求和配置策略，自动化完成资源配置、资源发布、资源变更、资源回收等管理，实现云计算平台层的统一运维和监控管理。具体架构如图 8.3 所示。

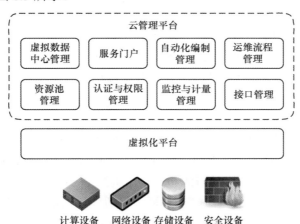

图 8.3 云管理平台逻辑架构

云管理平台包括虚拟数据中心管理、资源池管理、服务门户、认证与权限管理、自动化编制管理、监控与计量管理、运维流程管理和接口管理。

8.1.2 物理资源管理

1. 配置管理

提供管理界面，实现对云计算平台下的物理服务器、网络设备、存储设备日常系统的配置操作。

2. 性能与状态监控

对云计算平台的物理服务器、网络设备、存储设备的运行状况监控，从性能数据中

提取运行状况、风险和能效指标识别潜在的性能问题，进行性能管理。

3. 日志与告警管理

对云计算平台下的物理服务器、网络设备、存储设备通过数据流的处理路径及关联，进行统一监控日志采集与告警管理，保障云计算平台的日常运维状况良好。

8.1.3　虚拟资源管理

虚拟资源池采用虚拟化、抽象化和自动化的技术，使云计算平台层的应用与底层硬件完全分离。虚拟资源管理是对云计算平台层的计算资源、存储资源、网络资源的服务能力进行管理。

1. 虚拟服务器资源池

虚拟服务器资源池按照计算能力的单位（如每秒处理器运算次数、内存容量、处理器核个数等）构建政务云平台虚拟服务器资源池，并在使用协议中提供各种计算能力的可用组合方式。

虚拟服务器资源池对云实例生命期所需的各种动作进行处理和支撑，使用 API 与云服务器（虚拟机）的宿主机进行交互并对外提供处理接口，以提供调配和管理虚拟化平台所创建的云服务器的虚拟计算资源的能力，为政务云的政务应用系统提供计算资源服务。要完成上述调配和管理功能，需要使用包含在虚拟化平台结构内的代理，通过与代理直接交互来调配和管理云平台创建的云服务器。

虚拟服务器资源池管理可以进行策略管理，限制资源分配，包括云服务器 CPU 约束设置 CPU 的性能、云服务器硬盘 IOPS 约束设置硬盘的读写速度、云服务器网络带宽约束设置网络带宽等。

2. 虚拟存储资源池

虚拟存储资源池按照存储能力的单位（如静态存储的字节数、存储的 I/O 次数、数据流量等）构建政务云平台虚拟存储资源池，并在使用协议中提供各种存储能力的可用组合方式。

虚拟存储资源池包括对象存储资源和块存储资源。

对象存储资源，主要用于存储静态数据，包括虚拟机镜像、备份和应用数据存储。将文件和其他对象写入分布在多个服务器上的一组磁盘驱动器，在整个集群内确保数据复制和完整性。对象存储组件内建冗余和失效备份管理机制，能够高效地处理大数据（千兆字节）和大容量（多对象数量）的各类数据。

块存储资源为后端不同的存储结构提供统一的接口，不同的存储设备通过驱动与云平台整合，以此来管理计算实例所使用的块级存储。该组件提供了用于创建块设备、附加块设备到服务器和从服务器分离块设备的接口，云用户通过仪表板统一管理他们的存储需求。

3. 虚拟网络资源池

虚拟网络资源池按照网络及安全能力的单位（如网络地址个数、网络带宽等）构建政务云平台虚拟网络资源池。

虚拟网络资源池通过可扩展、即插即用、API 来管理网络架构的系统组件，确保在部署政务云的虚拟网络资源池服务时，网络服务可快速交付。虚拟网络资源池管理组件支持标准接口，兼容众多厂商的网络技术，通过灵活定义网络、子网和路由器，以配置其内部拓扑，然后向这些网络分配 IP 地址和 VLAN。同时，其可在此基础上运用软件定义网络技术来打造大规模、多租户的网络环境，包括虚拟路由器和虚拟交换机等。

传统的物理网络体系结构不够灵活，给通过云计算实现架构的全面敏捷化带来了很多问题，增加了运维管理的复杂性。通过用软件定义网络的方式，将物理网络同逻辑网络进行有效的隔离，通过在虚拟层创建逻辑网络来满足虚拟化应用和数据对敏捷性、灵活性和可扩展性的需求，可大幅简化操作、实现资源的高效利用和提高敏捷性，从而根据政务云上政务应用的部署需要进行扩展。

虚拟资源管理也通过可扩展、即插即用、API 来管理的网络安全架构的系统组件，确保安全服务可快速交付。在此基础上，其运用软件定义技术来打造大规模多租户的网络安全环境，包括虚拟防火墙、虚拟 VPN、虚拟负载均衡等。

8.1.4 服务门户

服务门户作为政务云服务的统一用户入口，为用户提供基于 Web 的图形化界面。用户可以通过浏览器使用 Web 图形化界面，访问、控制和分配计算、存储网络资源。

对政务云用户访问进行集中认证管理，集成用户身份验证、策略管理和目录服务的功能。通过建立中央身份验证机制，管理用户目录以及用户可以访问的服务目录，进行认证及授权。

基于角色的访问控制限制用户访问系统和资源。用户、角色和资源的有机结合有效地规定了用户以什么角色访问云资源。基于不同的工作职能建立角色，每个角色分配权限执行某些操作。

8.1.5 多租户管理

虚拟化数据中心管理是使用云计算平台面向客户服务的高级管理层面，管理政务云需要隔离计算资源、网络资源、存储资源。虚拟化数据中心具有完全独立的私有 IP 地址空间设置，与其他不在该私有云中的虚拟机完全的网络隔离。将专有网络的私有 IP 地址空间分割成一个或多个虚拟交换机，根据需要将应用程序和其他服务部署在对应的虚拟交换机下，根据业务需求配置虚拟路由器的路由规则，管理专有网络流量的转发路径。对于政务云上的客户来说，虚拟化数据中心通过虚拟化技术实现了网络和计算资源的隔离，使用隔离技术保证了虚拟数据中心资源的独享。

8.1.6 多级资源审批

通过构建的自动化功能，可快速申请、调整或扩展现有的云资源池。利用管理工具与流程配合工作，对服务请求的定义、分派、审批与实现的管理，确保云计算平台通过服务渠道快速处理政府用户的服务请求。

对政务云平台的服务支持、日常运维、运营保障的管理，采用统一的运维管理平台，针对资源进行周期性管理。基于 ITIL 管理的理念，对云基础架构、监控、运维等进行

统一整合管理，通过数据流的处理路径及关联，统一展示和管理云平台的运行状况，保障云平台的日常运维状况良好。

运维管理以控制成本、改善服务和管理风险为出发点，管理控制资源访问、使用情况和成本，能够高效地管理和保护政务云的资产及流程方面的投资。跟踪 IT 基础架构中的 IT 资产、关系、配置和变更。通过数据、工作流和策略的整合、自动化和优化，根据业务优先级来调整对 IT 基础架构的现行管理，同时消除管理虚拟基础架构的复杂性。根据政务应用种类、政务使用方和其他标准来跟踪、分配和清点实际的资源使用情况，帮助改善共享计算资源的 IT 成本管理，同时帮助管理在云环境中运行的应用的成本和许可遵从性。

提供 API 接口供第三方在云平台上进行业务应用的开发部署，提供的接口涵盖 IaaS/PaaS/SaaS 各个层面，同时提供兼容 Openstack 的 API。

8.1.7 服务目录

在服务门户上提供服务目录功能，定义云服务器、云存储、云负载均衡、云 VPN、云防火墙、弹性 IP、虚拟数据中心、云 DDoS、云备份、云灾备等服务产品，便于政府云用户进行服务选择。

服务目录提供已经定义好的模板库，包括完整的应用组模板（应用服务器、Web 服务器和数据库服务器等）和介质（操作系统、应用软件和数据库等），并定义模板的服务内容和服务水平，在用户服务门户中提供目录服务，为政务云的用户提供快速云资源部署服务。模板库包括虚拟机模板、网络和存储配置、查询与检索、快照和备份功能。

根据模板文件定义一个包含多种资源的集合，资源可以包括实例（虚拟机）、网络、子网、路由、端口、路由端口和安全组（Security Group）等，创建出的虚拟集群具有自动弹性伸缩、生命周期管理等功能。

8.1.8 监控与报表

对云计算平台层下的计算资源、网络资源、存储资源的运行状况进行监控，从性能数据中提取运行状况、风险和能效指标识别潜在的性能问题，进行性能管理。

展现控制面板可直观显示云平台的主要性能指标，集成式容量管理和成本报告计量功能可跟踪所消费的计算资源、网络资源、存储资源的使用情况。策略定义针对关键应用、负载或政府部门的警报类型和通知的优先级。

针对政务云不同的云服务类型，用户可通过云平台管理界面查看各个虚拟机的量化运行情况和状态轨迹，对 CPU、内存、存储等云资源进行计量，作为计费依据。

8.2 虚拟化平台详细设计

虚拟化使用软件定义的方法划分 IT 资源，对 IT 资源进行资源抽象，可以实现 IT 资源的动态分配、灵活调度、跨域共享，提高 IT 资源的利用率。

虚拟化技术可以弹性扩大硬件的容量，简化软件的重新配置过程。CPU 的虚拟化技术可以单 CPU 模拟多 CPU 并行，允许一个平台同时运行多个操作系统，并且应用程序都可以在相互独立的空间内运行而互不影响，从而显著提高计算机的工作效率。

政务云通过在物理服务器上部署虚拟化软件，通过虚拟化技术将物理服务器硬件资源整合池化，从而使一台物理服务器可以承担多台服务器的工作，提高物理服务器的资源利用率。

8.2.1　虚拟化管理中心设计

虚拟化管理中心部署在政务云上，通过虚拟化架构逻辑视图对服务器架构统一管理，统一对虚拟化架构中的集群、底层物理服务器、虚拟资源池、虚拟机（云服务器）、虚拟交换机和虚拟存储进行集中管理。

1. 资源管理

政务云采用虚拟化管理软件，将计算资源划分为多个虚拟机资源，为政务云上的政务应用系统提供高性能、可运营、可管理的虚拟机。通过对运行在物理服务器上的虚拟机的处理器、内存、存储和网络资源进行管理，包括分配、供给、修改，为 CPU、内存、磁盘和网络带宽确定最小、最大和按比例的资源共享，在虚拟机运行的同时修改分配，使应用程序能够动态获得更多资源以适应性能需要，支持虚拟机资源的按需分配，支持多操作系统，满足政务云服务需求。

虚拟资源池统一管理中心对任意动态规模的虚拟化环境提供最高级别的安全性和可靠性。为了集中管理和监控虚拟架构、自动化以及简化资源调配，虚拟资源池统一管理中心对物理资源、虚拟资源和虚拟机上部署的应用，避免了传统的大工作量管理工作，提供了集中化管理、操作自动化、资源优化和高可用性。基于虚拟化的分布式服务提供更好的响应能力、可维护性、管理效率和可靠性。

2. 可用性管理

利用虚拟化技术中的 HA 和在线迁移来避免计划外和计划内的停机；利用动态资源调配实现多集群计算资源聚合，并基于业务优先级将资源动态地分配给虚拟机；利用自动化降低管理复杂性，实现资源动态平衡使用，防止某个节点的资源瓶颈进而造成系统中断，以实现经济高效、独立于硬件和操作系统的应用程序可用性，无须独占的备用服务器及其集群软件的成本。

使用服务器虚拟化在线迁移技术对运行中的虚拟机执行无中断的 IT 环境维护，可以实现虚拟机的动态迁移，而服务不中断，有计划地开展服务器维护和升级迁移工作。

3. 权限管理

管理中心可根据不同的角色提供权限管理功能，授权用户可对系统容量的资源进行管理。

系统管理员权限：对虚拟机生命周期管理（创建、删除、重启、关机），资源手动调度，服务器管理。

应用管理员权限：虚拟机热迁移，虚拟机限制性操作（重启、关机）。

查询权限：虚拟机状态查询，应用状态信息查询。

4. 部署管理

灵活的模板机制，快速的应用部署；支持用户自定义模板，提升政务应用部署上线的效率；支持业界主流的操作系统，兼容主流 IT 资源；资源快速发放，缩短业务上线时间。

8.2.2　虚拟化架构设计

虚拟化架构是政务云的核心组成部分，通过虚拟化技术将计算、存储、网络有机地结合到一起。虚拟化架构相比传统的物理硬件架构，可提升政务云资源的可用性、利用率、安全性，同时可降低建设成本和运维管理复杂度。

在虚拟化架构中创建服务器集群，高效地将虚拟化底层物理服务器资源聚合到集群下的虚拟资源池中，虚拟资源池可分配给政务云的政务应用系统使用。底层物理服务器上运行的虚拟化操作系统对服务器硬件资源进行抽象，并能够让多个虚拟机共享这些资源，通过 CPU、内存、I/O 管理和高级调度功能可以实现最高的整合率和最佳的应用程序性能，在很多情况下甚至优于物理服务器。

虚拟机利用虚拟对称式多重处理（SMP）技术，通过使单个虚拟机能够同时使用多个物理处理器，增强了虚拟机性能，支持虚拟化需要多处理器和密集资源的政务应用程序。虚拟机部署设计原则：

对资源占用较大的政务应用平均分配在每一台底层物理服务器上；

关联应用不在同一底层物理服务器上；

应用集群内虚拟机不在同一台底层物理服务器上；

按照应用占用内存和 CPU 用量进行分布；

每台底层物理服务器上的应用占用 CPU 用量和内存建议不超过物理容量。

采用虚拟化架构，相比于传统单台服务器应用方式的好处明显，虚拟化架构可以充分满足不同应用对系统资源的不同要求，如有的应用只需要一个 3.0GHz CPU 及 4GB 的内存就可以很好地运行，而有的高访问率、高吞吐量的应用则需要两个甚至 4 个双核的 CPU 及 8GB 的内存才能保证稳定的运行，在传统方式下，往往不可能针对每一种应用来采购服务器，而是用一种或几种标准配置的服务器来统一采购，这样，势必会造成某些应用资源富裕，而另一些应用面临资源紧张的情况，且应用之间不能互相调配资源。采用虚拟化架构后，由于每个虚拟机所需使用的系统资源都是由虚拟架构软件统一调配，这种调配可以在虚拟机运行过程中实时发挥作用，使得任何一个应用都有充足的资源来稳定运行，同时，该应用的资源可释放给其他的应用，最大限度地提高整体系统的资源利用率。

8.2.3　虚拟机资源调度设计

虚拟机资源调度可以保证在政务云上运行政务应用系统的性能，智能平衡各政务应用内部资源的分配，将处理器和内存资源分配给运行在相同物理服务器上的多个虚拟机。

虚拟机资源调度为虚拟机的 CPU、内存、磁盘和网络带宽确定最小、最大和按比例的资源阈值，帮助政务应用能够动态获得所需的资源以适应性能的需要。

虚拟机资源调度不间断地监控利用率，并根据反映的业务需要和不断变化的优先事务的预定义规则，形成一个具有内置负载平衡能力的自我管理、高度优化且高效的资源控制机制，在承载政务应用的虚拟机之间智能地分配可用资源。

8.2.4 虚拟机热迁移设计

政务云虚拟化平台采用虚拟机热迁移设计，在使用同一共享存储的主机之间，将处于运行态的虚拟机由当前所在的物理服务器迁移到另一台物理服务器上，在迁移的过程中不影响虚拟机上的政务应用系统的正常运行，可避免政务应用系统发生计划内停机的风险，节省系统的管理、维护和升级的费用。

虚拟机热迁移在政务云服务和运维管理中的应用场景如下。

1. 物理服务器的维护和升级

政务云运维人员在对物理服务器进行维护操作前，可以将该物理服务器上的虚拟机平滑地迁移到其他物理服务器后，再进行维护，以降低因物理服务器维护造成的业务中断。

2. 资源负载均衡

政务云运维人员利用虚拟机热迁移，将资源繁忙的物理服务器上的虚拟机迁移到资源空闲的主机上，可以提升资源的使用效率。

3. 节约能耗

政务云运维人员利用虚拟机热迁移，在业务空闲的时候，将虚拟机集中迁移到一部分物理服务器上，然后将没有负载的物理服务器关闭，可以降低物理服务器的电能消耗。

8.2.5 虚拟机高可用设计

政务云虚拟化平台采用虚拟机的 HA（High Available）机制，提高虚拟机的可用性。系统周期性检测虚拟机状态，当物理服务器宕机、系统软件故障等引起虚拟机故障时，能够重新在资源池中选择合适的物理服务器自动启动虚拟机，保证虚拟机能够快速恢复。

8.3 计算资源部署

8.3.1 主机总体设计

1. 架构设计

服务器是政务云数据中心使用的计算节点，服务器关键特性包括了性能、可靠性、可用性、可服务性、可管理性，服务器的这些特性是政务云可靠稳定运行的保障。

常用的服务器包括 x86 服务器和 Unix 服务器（小型机），x86 服务器一般又分为塔式服务器、机架式服务器以及刀片式服务器等。

（1）x86 服务器和 Unix 服务器的选择

随着计算机技术的不断发展，尤其得益于处理器技术的快速发展，使得基于 x86 架构处理器的 PC 服务器可以突破性能扩展上的局限，并且在 RAS 特性上得到大大的增强，目前 x86 服务器无论在性能还是可靠性上都能与 Unix 服务器相媲美，并且 x86 服务器在硬件、软件、后期维护、升级等方面的支持都要比小型机低得多，具有较高的性价比。同时，作为一种工业标准化产品，x86 服务器占有服务器市场 95% 以上，有着良好的生态链和广泛的软硬件兼容性。而 Unix 服务器基于 RISC 架构，从操作系统到 CPU 都是封闭的架构，价格昂贵，运维成本高。

因此，基于标准、开放的 x86 服务器已经逐渐取代 Unix 服务器，成为企业计算节点的主流架构。

（2）机架式服务器和刀片式服务器的选择

从服务器外观形态上划分，服务器可以分为 3 种，分别是塔式服务器、机架式服务器和刀片式服务器。塔式服务器因散热、空间占用等方面的问题不太适合用于云数据中心。

机架式服务器产品众多，有着广泛的选择范围。从计算能力上，机架服务器覆盖范围包括从普通的一路服务器到高性能的八路服务器。

刀片式服务器作为一种新兴的服务器结构，通过统一机框，集成了服务器周边网络、管理、供电、散热等基础部件及设施于一体，实现多台服务器的一体化部署。相对于机架式服务器，刀片式服务器提高了计算密度，节省了服务器部署的时间和空间，缓解了布线的复杂度。另外，刀片式服务器在带来诸多优势的同时，也由于多台服务器一体化部署，带来了扩展的不便，刀片式服务器在硬盘扩展、网卡扩展等方面往往不如机架式服务器，而且由于一体化部署，系统故障时导致影响范围增大，刀片式服务器的利旧因共享同一机框而变得不太灵活，无法实现同一机框中部分刀片式服务器的搬迁利旧。

（3）选型建议

政务云计算资源池主要分为物理服务器资源区、虚拟化服务器资源区、大数据分布式计算资源区。根据云数据中心的最佳实践，建议配置两路和 4 路机架式服务器。对于其中 I/O 密集型业务，建议机架式服务器配置 SSD 硬盘进行加速。同时，基于服务器可靠性、维护便利性及绿色节能考虑，服务器应支持 IPMI 协议、常用部件免开箱维护、LED 诊断面板以及硬盘错峰上电和功率封顶等功能。

2. 分区设计

数据中心计算资源架构如图 8.4 所示。

计算资源服务器系统分为 5 种类型，即数据库服务器资源区、虚拟化服务器资源区、运维管理区、备份区和大数据分布式计算资源区。

（1）数据库服务器区

数据库是数据中心的核心应用，对服务器计算性能、计算纵向扩展能力及响应延迟时间有较高的要求，建议采用服务器双机热备的方式部署，实现关键业务的连续性与可用性。本次数据库服务区共部署 12 台，每个应用系统单独部署两台高端性能的 8 路物理服务器。

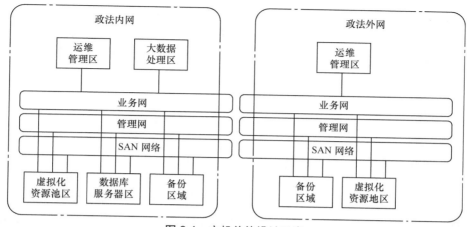

图 8.4 主机总体设计示意

（2）虚拟化服务器资源区

虚拟化服务器资源区包括共享平台所部署的各类应用服务，分别为综合查询应用、邮件系统、即时通信系统、测试系统、防病毒系统、数据交换系统、共享平台软件管理系统，主要负责承载应用系统的业务逻辑层计算。该类应用的特征是单个应用对计算资源、数据 I/O 读写、网络带宽的要求比较均衡，部分应用对计算能力有横向扩展的要求。采用虚拟化服务器资源池的方式部署应用，可有效提高服务器资源利用率。对于不同业务处理能力的业务系统，将分配不同规格的虚拟化服务器资源，以满足计算量要求。本次虚拟化服务器资源区服务器共部署 136 台，其中政务云内网部署 120 台，外网部署 16 台。

（3）运维管理区

运维管理区服务器包括云计算与虚拟化管理平台管理节点、整合监控管理等节点，是整个数据中心的 IT 基础设施资源核心管理系统，本次共部署 30 台管理节点，其中内网部署 20 台，外网区域部署 10 台，此类服务器对物理服务器性能的要求适中，全部采用两路高性价比服务器部署即可。

（4）备份区

备份区服务器主要包括备份管理节点服务器和备份介质服务器，管理服务器管理着数据备份、归档和恢复的所有操作。它同样负责维护备份软件系统配置和存储数据信息，并掌控所有任务、策略、用户安全和模块许可证。介质服务器主要用于接收从生产服务器发送过来的备份数据，并将之写入备份存储介质当中。当备份任务完成后，返回完成信息给管理服务器，完成备份。本次共部署管理服务器两台，内外网各一台；介质服务器 3 台，其中内网两台，外网一台。

（5）大数据处理区

全文检索服务采用分布式大数据系统，大数据计算提供海量非结构化数据的分布式计算、处理和存储。结合平台应用，利用并行编程模型，可实现对非结构化数据的分布并行计算和业务处理，提高数据的处理效率。大数据计算节点采用分布式集群计算模式，

计算节点集计算能力与存储能力于一身，集群采用多副本的数据冗余保护机制，有效地避免了单节点故障带来的数据丢失问题。大数据平台处理区服务器主要由大数据平台数据节点和大数据平台管理节点构成，本次全部采用二路服务器部署，其中数据节点 60 台，管理节点 5 台。

8.3.2　主机资源设计

1. 物理服务器资源设计

数据库服务器选择的总体思想体现在 CPU 的缓存大、系统内存高、并发任务能力强、机器内部的 I/O 和总线带宽大，因此建议数据库服务器采用独立的物理机。

考虑后续业务对数据库服务器的需求，本期数据中心数据库服务器分别选用两台高性能数据库服务器，单台服务器配置 8×CPU，16G×64 内存，服务器之间通过数据库本身提供的集群软件实现数据库的高可用性。

2. 虚拟化资源设计

数据中心应用系统属于典型的联机事务处理型应用，系统对服务器的需求主要参考 TPC-C 值。

（1）应用服务器 *TPC-C* 计算

假设平均并发用户数为 $U1$，平均每个用户每分钟发出业务请求数为 $N1$，平均每次更新业务产生事务数为 $T1$，平均每次查询业务产生事务数 $T2$，平均每次统计业务产生事务数为 $T3$，冗余系数为 P，忙时系数为 B，则该应用服务器的 *TPC-C* 值如下：

$TPC\text{-}C=[U1×N1×（T1+T2+T3）/3×M×（1+B）/P]$。

（2）数据库服务器 *TPC-C* 计算

假设平均并发用户数为 $U1$，每交易数据库操作数为 C，每分钟交易次数为 N，冗余系数为 P，忙时系数为 B，则该数据库系统的 *TPC-C* 值如下：

$TPC\text{-}C=[U1×C×N×（1+B）/P]$。

按照上述公式，根据政务云系统平台的实际需求，同时考虑系统资源的一定冗余，本期数据中心所需服务器为 120 台 4 路虚拟化服务器，12 台 8 路数据库服务器。

3. 大数据服务器资源设计

"政务云"大数据中心，整合多种数据源，提供分级的数据处理能力，是大数据基础设备资源池。实现海量政务结构化数据和非结构化数据的存储，能够支持原有业务应用发展需求，并为新的基于大数据开发应用提供基础平台。

全文检索服务采用分布式大数据系统，实现对非结构化数据的全文检索、集群调度和内容管理功能。全文检索服务采用分布式大数据系统，将复杂的计算分散到不同的普通性能、高 I/O 型性能的服务器上，同时文档检索服务包含两部分数据，一部分是原始数据，这部分数据用来读取，采用企业级机械硬盘可以满足要求；另外一部分是检索数据，对 I/O 时延要求高，采用高性能固态硬盘。

具有较高的可靠性，因为它假设计算元素和存储会失败，因此它维护多个工作数据副本，确保能够针对失败的节点重新分布处理。同时具有高效性，因为它以并行的方式工作,通过并行处理加快处理速度。

管理模块服务器:采用性能强、可靠性高、稳定性高的 x86 两路服务器,能提供强大的、安全可靠的计算处理能力。管理模块需快速完成计算并提取索引、地址等数据,内存需求较大。

计算模块服务器:采用性能较强、可靠性高的 x86 两路存储服务器,性价比高,提供强大的存储空间、计算能力和安全可靠的运行环境,计算模块需要较大内存和较大容量的硬盘。

8.3.3 虚拟机规格设计

根据服务器功能分类和业务应用的性能需求,经过评估业务应用并虚拟化后,就可以分别选择不同的虚拟机规格类型。

虚拟机规格需要根据各种系统对于 CPU、内存、网络和存储的 I/O 需求不同来进行分类,然后根据操作系统的不同,选择不同的虚拟机镜像,然后将这些虚拟机分布在不同的 x86 物理机上。

由于虚拟机选择不涉及存储选型,因此可以根据 CPU 和内存的配比,将虚拟机分为不同规格,分配给不同应用,表 8.1 显示了通常情况下的一些典型应用的配置规格。

表 8.1 配置规格

系统类型	型号	VCPU	内存	系统盘	网卡
标准系列(搜索平台、小型数据库)	小型	2	4G	40GB	1~8
	中型	4	8G	40GB	1~8
	大型	8	16G	50GB	1~8
大数据量访问系列(视频、大型开发平台)	中型	4	16G	40GB	1~8
	大型	8	24G	50GB	1~8
大访问量系列(高并发互联网应用)	中型	12	16G	40GB	1~8
	大型	16	32G	50GB	1~8

上面给出了典型应用的规格选择,对于大部分的应用来说,如果需要给出比较匹配的资源需求,需要根据用户的业务场景,收集需要的服务器种类和性能要求,并且测出业务在高峰时期对服务器的 CPU、内存、I/O 信息的需求,为后期的数据分析提供原始依据。

一般来说,有 3 种收集业务对服务器性能需求的方法。

(1)对于部门现有的业务服务器,且数据量可预计的情况下,可以使用各种服务器性能采集工具,通过采集一段时间的服务器关键性能数据(如 1 个月),收集到对该业务关键的物理服务器的 CPU、内存、存储、网络、磁盘 I/O 等关键数据。采集关键是要收集到对于该服务器有重要意义的、至少覆盖一个典型业务周期的数据,以便准确充分地对性能需求进行评估。

（2）如果部门新上某一业务应用，对于该业务的总业务压力、峰值业务压力、需要的服务器资源、业务增长率等有比较准确的估计，则可以根据这些数据，结合业务类型，依据业界通行的性能估算方法（如 TPC-C、TPC-W、SPEC 2000、SPEC 2005 等），计算出该业务对物理服务器的性能需求。

（3）如果部门新上某一业务应用，但没有对该业务的压力和资源需求的数据，但其他政务部门已有大致相同规模的同类应用，则可以参考业界对该类业务应用服务器的性能需求，或采用对该业务进行开发的 ISV 的推荐硬件需求，将其作为该服务器的性能需求。

数据采集的目的是根据采集到的物理机的信息，分析折算为相当于同等规模的虚拟机的规格，根据能提供的物理机的类型，计算得到该物理机上能支撑的虚拟机的数量，再加上管理平台的限制和消耗，得到最终的物理机的配置。

8.3.4 应用场景设计

服务器是数据中心使用的计算系统，服务器的关键特性包括性能、可靠性、可用性、可服务性、可管理性，服务器的这些特性是业务系统可靠稳定运行的保障。x86 服务器性价比高、应用广泛，可用于部署各种类型业务系统，如 Web、OA、Email、数据库、图像视频、运维管理等业务系统，按照业务类型和负载的不同，选择相应配置的服务器。表 8.2 是根据 IT 最佳实践，按照应用的类型，应用资源需求及业务场景分析，给出的服务器需求建议。

表 8.2　服务器需求

应用类型	需求特点	CPU需求	内存需求	常见业务场景	服务器需求
通用管理应用系统	通用类型	低	低	一般基础管理系统（Web、DNS、DHCP、AD、FTP、文件服务器）	一路或二路服务器
工具类应用系统	工具类型	低	低	基本的工具类应用系统（如网页抓取、报表、流媒体）	二路服务器
大访问量应用系统	浏览密集型	高	高	门户网站、检索查询系统、Web中间件服务器等	二路或4路服务器
大数据量应用系统	计算密集型	高	高	数据库应用服务器	二路或4路服务器
				GIS地理信息系统等	
				图像分析	
	访问写密集型	高	高	流媒体	二路或4路服务器
				数据库	
				数据仓库	
关键业务系统	计算访问密集型	高	高	数据库	4路或8路服务器
				中间件	

政务云采用虚拟化技术将物理服务器虚拟成虚拟机，再提供给各业务系统使用，为

满足各类业务系统的计算要求，项目选择高性能、高可靠、可扩展、易管理的服务器来构建统一的计算资源池。

① 服务器对可恢复性错误自动纠正，保证系统正常运行；BIOS 优先处理内存的可纠正错误，并准确定位到物理内存单元。

② 服务器提供芯片级的高级容错特性（CPU、芯片、链路硬件错误的自动修复和恢复功能），最大程度地规避硬件错误造成的系统宕机。

③ 服务器内存支持 SDDC（内存单颗粒错误纠正）及 DDDC（内存双颗粒错误纠正），修复内存软错误和保证系统正常运行。

④ 服务器提供内存镜像和内存模组备用功能，避免不可纠正的内存硬故障导致的系统停机。

⑤ 服务器支持内存离线故障指示。

⑥ 关键部件（电源、风扇、硬盘）全冗余和免开箱热插拔设计，可在系统正常运行的情况下快速更换故障部件，保证系统的高可靠性。

⑦ 支持 I/O 故障切断功能，当检测到 I/O 设备致命错误时，自动断开系统和 I/O 设备之间的链路，防止错误扩散到其他设备。

⑧ 服务器提供热插拔驱动器，以便通过 RAID 冗余来提供数据保护支持并且延长系统的正常运行时间。

⑨ 优良的散热系统，支持环温 40℃ 长期稳定运行。

⑩ 高级容错、故障恢复、关键部件冗余等。

⑪ 虚拟化计算资源池可根据业务需要弹性扩展 CPU、内存、网络设备资源。

⑫ 云管理平台能对异构虚拟机计算资源池统一监控管理，对虚拟资源池的使用情况以及当前状态集中全面监控，并支持将历史监控数据导出来。

8.4 存储资源部署

8.4.1 存储总体设计

如图 8.5 所示，政务云平台从网络结构上分为政务内网和政务外网两部分，从安全性的角度考虑，要求政务内、外网完全隔离，基于此原因，本次物理存储资源，也分为政务内网存储和政务外网存储。为保证存储的高可靠性，提供业务连续性保障，内、外网存储均采用双活架构；同时，分别提供两套备份存储，用于实现对本地数据的备份。

1. 存储架构设计

对于云计算数据中心来说，首要的是保障数据的使用性能要求和安全要求，其次是考虑高性价比，因此首先需要分析数据中心存储系统需要支持的业务类型，了解对存储的要求是需要大量顺序文件（音视频文件）读写的存储性能要求还是大量随机读写（联

机数据库类型）的高随机并发 I/O 要求。然后根据业务发展规划考虑存储设备的扩容能力。最后要考虑虚拟化带来的随机 I/O 数量大量增加的需求，这需要适当提高存储系统的性能。

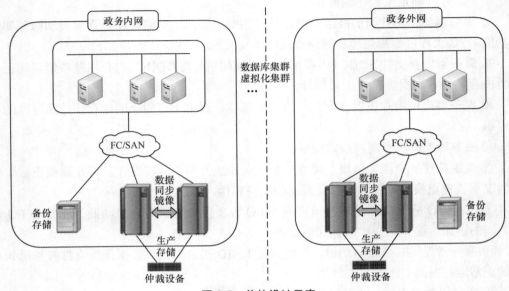

图 8.5　总体设计示意

（1）SAN 架构场景分析

大文件持续传输型的应用需要充足的带宽性能，而小文件随机读写的应用则要求足够的 I/O 能力。一般而言，超过 1MB 大小的文件就可以算作"大文件"了。如果应用系统处理的资料中，最小的文件也有 4MB ～ 5MB 甚至几十 MB，就需要重点考察存储系统的带宽性能了。如果应用是数据库类型，或是电子邮件系统，系统中有大量 KB 级大小的文件，那么就需要重点关心 IOPS 了。

本项目中，政务云数据中心需要支撑数据库应用以及其他虚拟化应用系统，数据访问量大，且要求数据有较高的可靠性，对存储的性能和接口带宽有很高的要求。

（2）分布式架构场景分析

对于一般存储要求，由于 IP SAN 的高性价比优势，通常情况下将 IP SAN 作为首选的存储解决方案，以配置 SAS 硬盘这种高性价比硬盘作为首要考虑。由于目前主流的存储都支持各种不同类型的硬盘在一个存储设备内，由此可以考虑 NL SAS 硬盘或 SATA 硬盘作为补充，甚至考虑 SSD 硬盘作为提升系统性能的手段。

分布式存储，在实际的业务应用中，分布式存储构建于分布式应用平台，不仅具有良好的高性价比优势，而且具有良好的线性扩展性。通过在通用的 x86 服务器上进行分布式存储软件部署，可以将所有本地服务器的硬盘组织成一个虚拟存储资源池，提供块存储功能。

对存储速度和稳定性要求特别高的场景，可以使用 FC SAN 作为该特定业务的主存储，配置 SAS 硬盘和 SSD 硬盘的组合，提供极其强大的 I/O 性能。该种存储及硬盘组合对于关键数据库的集群场景比较常见。在此情况下，数据中心可能还需要双存储并进行同步热备，使用存储本地双活技术实现数据的零丢失。

对于数据量不是很大，但是对数据有不同分级的情况，可以在一个存储设备上，根据数据 I/O 要求等级，分别配置 SSD、SAS、NL SAS 硬盘，采用存储智能自动分层技术，在满足业务需求的情况下实现高性价比。

对于巨量数据存储，以及云计算超多客户端接入，并且可预见到长期的线性容量扩容场景，可以使用分布式存储作为该业务的存储。配置 SAS 硬盘和 SSD 硬盘的组合，提供极其强大的 I/O 性能。

对于数据集中后的备份需求，推荐由专业的备份存储设备，结合专业备份软件进行在线备份，从性能、可靠性和管理方面考虑，建议使用磁盘阵列作为备份介质进行备份。

（3）存储架构选择

存储系统是由主机（服务器）、存储网络、存储设备组成的，提升系统性能的时候需要考虑配套设备是否会成为瓶颈，应该同步考虑。当硬盘的 I/O 处理速度变快之后，其他设备也必须提升规格才行，例如网络若还是 1Gbit/s，那么网络的 I/O 处理速度可能就不及硬盘，反而会成为性能的瓶颈，因而必须以 10Gbit/s 搭配，才可以提升系统的总体性能。

基于以上原则，本项目存储架构建议采用 SAN 架构，并选用高性能、高可靠和高密度的高端存储，配置 SAS、NL SAS 磁盘及部分 SSD，采用 FC 交换机组成 FC SAN。

针对大数据应用及海量数据分析，并且访问节点极多的业务场景，建议采用分布式存储架构，提供分布式存储服务。

2. 存储组网设计

（1）主流组网方式

目前主流的存储架构包括 DAS、NAS、SAN，如图 8.6 所示，下面针对 3 种主流应用系统进行架构分析。

直连方式存储（DAS，Direct Attached Storage）：顾名思义，在这种方式中，存储设备是通过电缆（通常是 SCSI 接口电缆）直接连到服务器。I/O 请求直接发送到存储设备。

存储区域网络（SAN，Storage Area Network）：存储设备组成单独的网络，大多利用光纤连接，服务器和存储设备间可以任意连接。I/O 请求也是直接发送到存储设备。如果 SAN 是基于 TCP/IP 的网络，则通过 iSCSI 技术，实现 IP-SAN 网络。

网络连接存储（NAS，Network Attached Storage）：NAS 设备通常是集成了处理器和磁盘/磁盘柜，连接到 TCP/IP 网络上（可以通过 LAN 或 WAN），通过文件存取协议（如 NFS、CIFS 等）存取数据。NAS 将文件存取请求转换为内部 I/O 请求。

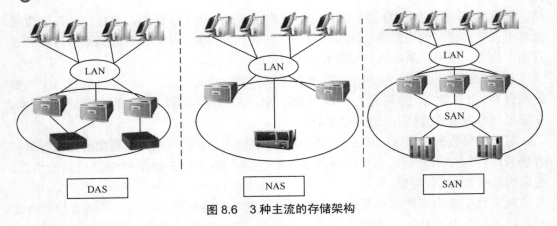

图 8.6　3 种主流的存储架构

（2）组网选择

上述几种存储方式的优劣势分析如表 8.3 所示。

表 8.3　优劣势分析

组网方式	优点	不足
DAS	费用低；适合于单独的服务器连接	主机的扩展性受到限制，主机和存储的连接距离受到限制，只能实现网络备份，对业务网络的压力较大
SAN	高性能，高扩展性；光纤连接距离远；可连接多个磁盘阵列或磁带库组成存储池，易于管理；通过备份软件，可以做到 Server-Free 和 LAN-Free 备份，减轻服务器和网络负担	成本较高
NAS	安装过程简单；易于管理；利用现有的网络实现文件共享；高扩展性	不支持数据库应用

通过以上对比可以看出 SAN 具有如下优点。

关键任务数据库应用，其中可预计的响应时间、可用性和可扩展性是基本要素；SAN 具有出色的可扩展性；SAN 克服了传统上与 SCSI 相连的线缆限制，极大地拓展了服务器和存储之间的距离，从而增加了更多连接的可能性；改进的扩展性还简化了服务器的部署和升级，保护了原有硬件设备的投资。

集中的存储备份，其中性能、数据一致性和可靠性可以确保关键数据的安全；高可用性和故障切换环境可以确保更低的成本、更高的应用水平；可扩展的存储虚拟化，可使存储设备与主机相分离，并确保动态存储分区；改进的灾难容错特性，在主机服务器及其连接设备之间提供光纤通道的高性能和扩展的距离。

目前 SAN 的实现方式主要有 FC-SAN 和 IP-SAN 两种，其中 FC-SAN 采用光纤交换机构建存储区域网，其传输速率可达 16Gbit/s 和 8Gbit/s，而 IP-SAN 采用传统的以太网交换机作为连接设备，其传输速率最高为 10Gbit/s。

考虑到政务云数据中心的具体应用，本次推荐使用 FC-SAN 存储架构，选择 16Gbit/s 端口的高端存储设备作为生产存储。

8.4.2　本地双活方案设计

1. 技术路线选择

随着 IT 信息化技术的飞速发展，信息系统在各种行业的关键业务中扮演着越来越重要的角色。系统业务中断会导致巨大的经济损失、影响品牌形象并可能导致重要数据的丢失，因此保证业务连续性已成为当今云数据中心建设必须考虑的问题。

目前基于存储层实现本地双活的方式主要有 3 种：基于专用存储虚拟化网关卷镜像功能、基于存储自身异构虚拟化功能和卷镜像功能，以及基于阵列双活功能。3 种实现方式优缺点如表 8.4 所示。

表 8.4　实现方式优缺点

方案类型	适合场景	方案优点	方案缺点
存储虚拟化网关	上层应用类型多；数据敏感，不与应用绑定；对业务连续性要求很高；可以是异构存储搭配	上层应用比较灵活；阵列数据零丢失；读性能有近一倍提升；兼容异构阵列；主机故障切换由上层集群软件决定，部署灵活	上层应用数据是否丢失由集群软件和应用保证，存储网关不保证
阵列	上层应用类型多；数据敏感，不与应用绑定；对业务连续性要求很高；可以是异构存储搭配	上层应用比较灵活；阵列数据零丢失；读性能有近一倍提升；兼容异构阵列；不需要额外的存储网关设备；实施和管理简单	上层应用数据是否丢失由集群软件和应用保证；接管异构的阵列故障，需要手工恢复业务
数据库或应用镜像（RAC）	应用需要支持存储管理和镜像；只要求保护该应用，如 Oracle；要求数据零丢失；对业务连续性要求很高；可以是异构存储搭配	Oracle ASM 构建镜像；RAC 集群完成故障自动切换；数据零丢失；复制数据量很少；应用数据的一致性由 Oracle 保证；支持异构阵列部署	只要求保护该应用，如 Oracle；消耗主机 I/O 资源，数据库性能略有下降（约10%）；要求应用管理员管理
SF	上层应用类型多；数据敏感，不喜欢与应用绑定；主机独立安装磁盘管理软件	主机集群软件和应用很灵活；阵列层数据零丢失；兼容异构存储；部署灵活	故障切换时，集群应用会有短暂停顿；上层应用数据是否丢失由集群软件和应用保证；单阵列+主节点同时故障，集群无法启动；主机层要单独安装软件和管理磁盘；消耗主机I/O资源

(续表)

方案类型	适合场景	方案优点	方案缺点
LVM	使用Linux，AIX环境； 通过主机磁盘管理软件管理磁盘； 可以是异构存储搭配	阵列层数据零丢失； 兼容异构存储； AIX平台性价比很高	故障切换时，集群应用会有短暂停顿； 上层应用数据是否丢失由集群软件和应用保证，LVM不保证； 消耗主机I/O资源，主机层额外管理磁盘
MirrorHA	上层应用类型多； 能承受短暂的业务中断； 对数据一致性要求高； 可以是异构存储搭配	上层应用很灵活； 主机层数据零丢失； 兼容异构存储； 部署灵活	暂时只支持Linux平台同步镜像，Windows平台是异步镜像； 不能与其他集群软件同时使用； 消耗主机I/O资源，主机层额外管理磁盘

本项目推荐采用阵列双活方案，组网架构如图8.7所示。

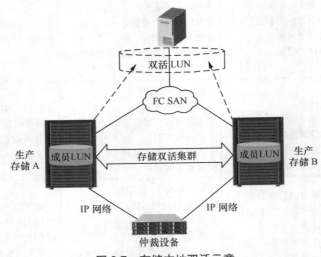

图8.7　存储本地双活示意

2. 技术方案设计

存储本地高可用（存储双活）方案技术原理如下。

卷镜像的主要用途是为本地LUN或外部LUN提供多个可用的镜像副本。如果其中一个镜像副本故障不可用，主机仍然可以正常访问LUN，主机侧业务无任何影响；同时，待故障镜像副本从故障中恢复后，镜像副本会自动同步镜像LUN的数据，最终达到镜像副本与镜像LUN的数据完全一致。

镜像LUN的创建过程如图8.8所示。

① 对一个普通LUN（本地LUN或外部LUN）执行创建镜像LUN操作，此时镜像LUN完全继承普通LUN的存储空间；同时继承普通LUN的基本属性和业务，主机侧不中断业务。

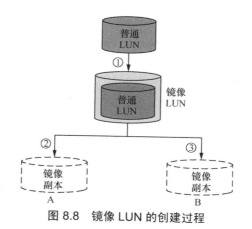

图 8.8　镜像 LUN 的创建过程

② 创建镜像 LUN 过程中会在本地自动生成一个镜像副本 A，普通 LUN 变为镜像 LUN，并将数据存储空间交换到镜像副本 A，镜像 LUN 从镜像副本 A 中同步数据。

③ 此后需再给镜像 LUN 添加一个镜像副本 B，创建之初从镜像副本 A 同步数据。此时普通 LUN 具有空间镜像功能，同时拥有镜像副本 A 和镜像副本 B 两份镜像数据。

④ 镜像 LUN 创建完成后，主机下发 I/O 的情况：

当主机对镜像 LUN 下发读请求时，存储系统会以轮询方式在镜像 LUN 和镜像副本之间进行读操作，当镜像 LUN 或者某个镜像副本故障时，主机侧业务不受影响；

当主机对镜像 LUN 下发写请求时，存储系统会以双写方式对镜像 LUN 和镜像副本进行写操作。

（1）并行访问

存储双活特性基于两套存储阵列实现 AA（Active-Active）双活，两端阵列的双活 LUN 数据实时同步，且双端能够同时处理应用服务器的 I/O 读写请求，面向应用服务器提供无差异的 AA 并行访问能力。当任何一台磁盘阵列故障时，业务自动无缝切换到对端存储访问，业务访问不中断。

（2）无网关架构

存储双活架构无须额外部署虚拟化网关设备，直接使用两套存储阵列组成集群系统。架构精简、与存储增值特性良好兼容，对客户的价值如下。

① 减少网关故障点，提高方案可靠性。

② I/O 响应速度更快，无须经过存储网关转发，减少网关转发 I/O 时延。

③ 双活可以兼容存储阵列已有特性，可为客户提供多种数据保护和灾备解决方案。

④ 显著降低双活组网复杂度，便于维护。

（3）I/O 访问路径

双活存储在应用主机侧，通过 UltraPath 主机多路径软件，将两台存储阵列上的双活成员 LUN 聚合为一个双活 LUN，以多路径 vdisk 方式对应用程序提供 I/O 读写能力。应用程序访问 vdisk 时，Ultrapath 根据选路模式，选择最佳的访问路径，将 I/O 请求下发到存储阵列。

存储阵列的 LUN 空间上接收到 I/O 请求后，对于读 I/O 请求，直接读本地 Cache 空间，将数据返回应用程序；对于写 I/O 请求，首先会进行并行访问互斥，获取写权限后，将 I/O 请求数据同时写入本地双活成员 LUN Cache 以及对端的双活成员 LUN Cache，双端写成功后返回应用程序，写完成，如图 8.9 所示。

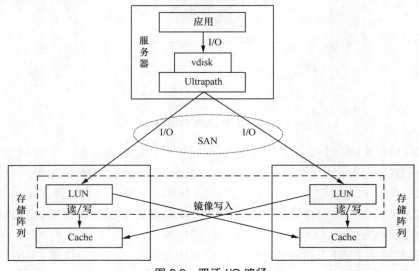

图 8.9 双活 I/O 路径

（4）高可靠性

双活存储在继承 OceanStor 存储系统高可靠设计的基础上，全新设计了一些解决方案级高可靠技术，最大限度提高了存储双活方案的可靠性。

本章节将从以下几个方面介绍双活存储的高可靠技术：

- 跨阵列集群；
- 数据实时镜像；
- 跨阵列坏块修复；
- 仲裁防脑裂。

① 跨阵列集群技术

两套独立的存储阵列组建成本地高可用集群，提供双活存储架构，向应用服务器提供无差异的并行访问，处理应用服务器的 I/O 请求，如图 8.10 所示。

阵列集群配置过程极为简单，只需要将两套存储阵列配置成双活域，即可完成集群配置。

集群系统使用阵列间 FC 或 IP 链路作为通信链路，完成全局节点视图建立和状态监控。在全局节点视图基础上，集群系统提供分布式互斥等能力，支持 AA 双活架构。

集群节点具有并发访问能力。当出现单个控制器故障时，其承接的业务将被切换到本阵列的其他工作控制器；当阵列的工作控制器全故障时，则切换至另一个阵列。

在跨阵列集群的基础上，双活存储以双活 Pair 或双活一致性组为单位提供服务和进行状态管理。

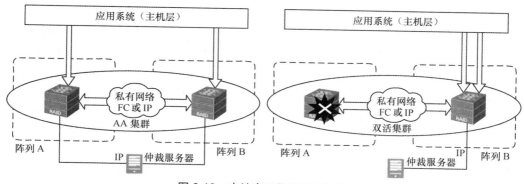

图 8.10　本地高可用访问与切换

　　两套存储阵列上的双活成员 LUN 组成一个虚拟双活 LUN，通过实时镜像技术保持两个数据中心的双活成员 LUN 的数据实时一致。

　　一致性组是多个双活 Pair 的集合，可以确保单个存储系统内，主机在跨多个 LUN 进行写操作时数据的一致性。

　　一致性组进行分裂、同步等操作时，一致性组的所有双活 Pair 保持步调一致。当遇到链路故障时，一致性组的所有成员会一起进入异常断开状态。当故障排除后，所有成员同时进行数据的同步，从而保证从站点灾备阵列数据的可用性。

　　② 数据实时镜像

　　双活存储通过实时镜像功能，保证两个存储阵列之间数据的实时同步。主机写操作通过实时镜像技术同时写入两个阵列的双活成员 LUN，保持数据实时一致。具体的写 I/O 流程如图 8.11 所示。

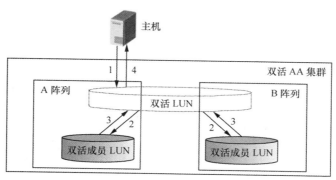

图 8.11　镜像流程

　　假如阵列 A 收到写 I/O，镜像处理流程如下。

　　申请写权限和记录写日志：阵列 A 收到主机写请求，先申请双活 Pair 的写权限，获得写权限后，双活 Pair 将该请求写入日志。日志中只记录地址信息，不记录具体的写数据内容。该日志采用具有掉电保护能力的内存空间记录以获得良好的性能。

　　执行双写：将该请求拷贝两份分别写入本地 LUN 和远端 LUN 的 Cache。

　　双写结果处理：等待两端 LUN 的写处理结果都返回。

响应主机：双活 Pair 返回写 I/O 操作完成。

双活存储支持断点续传功能。当某些故障场景（如单套存储故障）导致双活 Pair 关系异常断开时，双活存储通过记录日志的方式，记录主机新产生的写 I/O。当故障恢复时，双活存储将自动恢复双活 Pair 关系，并且将所记录的增量数据自动同步到远端，无须全量同步所有数据，整个过程对主机"透明"，不会影响主机业务。

双活 Pair 运行状态和主机访问状态关系见表 8.5。

表 8.5　双活主机访问状态

双活Pair运行状态	主机访问状态		状态描述
	主LUN	从LUN	
暂停	读写	不可读写	用户暂停双活镜像关系
待同步	读写	不可读写	阵列间链路故障或I/O错误导致双活镜像关系断开
同步中	读写	不可读写	恢复双活镜像关系时全量/增量同步双端差异数据
正常	读写	读写	两端LUN都进入双活AA实时镜像关系
强制启动	读写	不可读写	用户完成了强制将双活从LUN升级为主LUN的操作

双活 Pair 运行状态和镜像状态关系见表 8.6。

表 8.6　双活镜像状态

双活Pair运行状态	镜像状态	
	主LUN	从LUN
暂停/待同步/强制启动	不镜像，记录差异日志	不涉及
同步中	镜像写，后台复制差异	不涉及
正常	镜像写	镜像写

③ 跨阵列坏块修复

硬盘在使用过程中可能因为掉电等异常情况出现坏块，如果是可修复错误但是本端已经无法修复时，双活存储将自动从远端阵列获取数据，修复本地数据盘的坏块，进一步提高系统的可靠性（见图 8.12）。

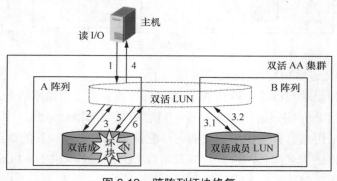

图 8.12　跨阵列坏块修复

阵列 A 出现坏块时，从该阵列读 I/O 处理流程如下。

- 主机下发读 I/O。
- 读本地 LUN。
- 读取到坏块后，如果为可修复错误，执行步骤 4，否则执行步骤 1、2 后流程结束。
- 重定向远端读。
- 远端读返回。
- 将读数据返回主机，确保主机响应的快速返回。
- 根据远端的读数据，进行本地写入修复。
- 写修复结果返回。

④ 仲裁设计

当提供双活 LUN 的两套阵列之间的链路故障时，阵列已经无法实时镜像同步，此时只能由其中一套阵列继续提供服务。为了保证数据的一致性，双活存储将通过仲裁机制决定由哪套存储继续提供服务。

双活存储支持按双活 Pair 或双活一致性组为单位进行仲裁。当多个双活 Pair 提供的业务相互依赖时，用户需要把这些双活 Pair 配置为一个双活一致性组。仲裁完成后，一个双活一致性组只会在其中一套存储阵列上继续提供服务。例如，Oracle 数据库的数据文件、日志文件可能分别存放在不同的 LUN 上，访问 Oracle 数据库的应用系统存放在另一些 LUN 上，相互之间存在依赖关系。配置双活时，建议将数据 LUN、日志 LUN 和应用 LUN 分别配置双活 Pair，并且加入同一个一致性组。

双活存储提供了两种仲裁模式：

- 静态优先级模式；
- 仲裁服务器模式。

配置双活 Pair 前，需要配置双活域，双活域为逻辑概念，包括需要创建双活关系的两套存储阵列和仲裁服务器。每个双活 Pair 创建时均要选择双活域，每个双活域只能同时应用一种仲裁模式。

仲裁服务器模式比静态优级模式具备更高的可靠性，可保证在各种单点故障场景下，业务连续运行。因此，本双活方案推荐采用仲裁服务器模式。

（a）步骤 1 静态优先级模式

静态优先级模式主要应用在无第三方仲裁服务器的场景。用户可以按双活 Pair 或一致性组为单位，设置其中一端阵列为优先阵列，另一端为非优先阵列。如图 8.13 所示，不需要额外部署仲裁服务器。

该模式下，阵列间心跳中断时，优先阵列仲裁胜利。

当发生阵列间链路故障，或者非优先阵列故障时，优先阵列上的 LUN 继续提供服务，非优先阵列的 LUN 停止提供服务。

当优先阵列故障时，非优先阵列不能自动接管双活业务，双活业务停止，需要人工强制启动非优先阵列服务。

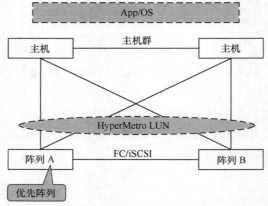

图 8.13　静态优先级部署

该模式的缺点是：两阵列之间的心跳丢失时，可能是站点间链路丢失或其中一个阵列故障，系统无法区分这两种情况。表 8.7 所示为静态优先级模式下的仲裁策略。

表 8.7　静态优先级模式仲裁示意

编号	示意图	仲裁结果
1	H1 ◄──✕──► H2	故障类型：链路故障 仲裁结果：H1继续运行业务，H2停止业务
2	H1 ◄──► ✕H2✕	故障类型：非优先故障 仲裁结果：H1继续运行业务，H2失效
3	✕H1✕ ◄──► H2	故障类型：优先故障 仲裁结果：H1失效；H2停止业务，需要人工启动

（b）步骤 2 仲裁服务器模式

使用独立的物理服务器或者虚拟机作为仲裁设备，如图 8.14 所示。

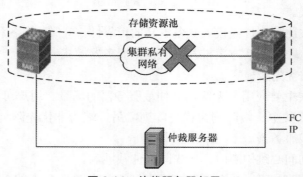

图 8.14　仲裁服务器部署

仲裁服务器模式下，当存储阵列间心跳中断时，两端阵列向仲裁服务器发起仲裁请求，由仲裁服务器综合判断哪端获胜。仲裁获胜的一方继续提供服务，另一方停止服务。

仲裁服务器模式下，如果有优先获得仲裁的要求，也可以配置优先级。优先阵列端具有仲裁获胜的优先权，心跳中断但其他正常时，优先阵列将获得仲裁胜利。

仲裁过程如图 8.15 所示。

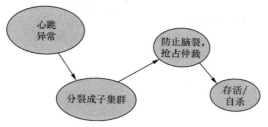

图 8.15　仲裁机制

两台存储阵列之间的链路断开时，集群分裂为两个小集群。

小集群分别抢占仲裁，优先阵列将优先抢占仲裁，抢占成功的小集群"获胜"，将继续对外提供服务，为应用提供存储访问空间；抢占失败的小集群则停止对外服务。

中间链路恢复时，两个子集群检测到中间链路恢复正常，经过握手通信将两个小集群自动组成一个集群，双活关系恢复，以 Active-Active 模式提供服务。

表 8.8 列出了仲裁服务器模式下，各种故障场景下双活业务的表现。

表 8.8　各故障场景仲裁示意

编号	示意	仲裁结果
1		故障类型：仲裁失效 仲裁结果：H1、H2继续运行业务
2		故障类型：一套阵列与仲裁之间链路故障 仲裁结果：H1、H2继续运行业务
3		故障类型：一套阵列失效 仲裁结果：H1失效，H2继续运行业务
4		故障类型：阵列间链路中断 仲裁结果：H2失效，H1继续运行业务
5		故障类型：一套阵列与仲裁同时失效 仲裁结果：H1失效，H2停止业务

（续表）

编号	示意	仲裁结果
6		故障类型：一套阵列与对端、仲裁的链路同时中断 仲裁结果：H1停止业务，H2继续运行场务
7		故障类型：一套阵列失效，且对端与仲裁链路中断 仲裁结果：H1失效，H2停止业务
8		故障类型：仲裁失效，且阵列间链路中断 仲裁结果：H1与H2均停止业务
9		故障类型：仲裁失效，且其与一套阵列链路中断 仲裁结果：H1与H2继续运行业务

说明：H1 和 H2 表示组成双活存储 LUN 的两个阵列，C 表示对应的仲裁服务器。

（c）步骤 3 强制启动

某些特定的多重故障情况下，仲裁机制优先保证数据的一致性，可能会将存活的双活成员 LUN 都停止主机访问。例如静态优先级模式下优先阵列故障等场景，存活的双活成员 LUN 会停止主机访问，用户或售后工程师可根据故障情况选择人工强制启动业务，快速恢复业务。

强制启动后，被强制启动端会升级为双活数据同步源端，强制启动端的双活成员 LUN 具有最新的数据。链路恢复后，系统主动停止对端双活成员 LUN 主机访问。发起数据同步时，将以强制启动端的双活成员 LUN 数据覆盖对端。该过程中只会同步增量差异数据。（注意：执行强制启动前，需要充分考虑双主风险，应在执行前确认两个数据中心的 LUN 状态和业务状态，确保对端存储已经停止工作。）

分布式锁技术：分布式互斥能力是实现 AA 双活的关键能力之一，双活分布式锁模块利用 Paxos 和 CHT（Consistent Hash Table）一致性算法，提供了分布式对象锁和分布式范围锁，从而满足 AA 双活的分布式互斥诉求。通过锁预取技术，可有效减少跨站点的数据传输量和通信交互次数，从而提升 I/O 读写性能。

在 AP 双活架构中，由于主机无法通过从端直接访问双活 LUN，从端主机写数据时，必须将完整的写数据发送到主控端，再通过镜像链路把 I/O 从主控端同步到备控设备上，这样数据存在多次跨数据中心传输，严重影响写性能，如图 8.16 所示。

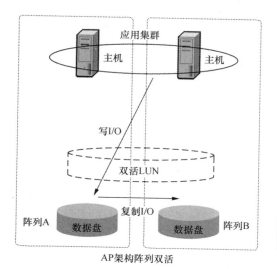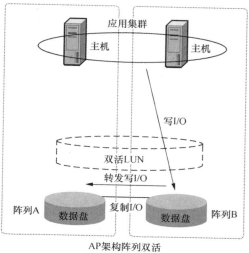

图 8.16 AP 双活的数据访问

双活存储以主机 I/O 粒度，对主机 I/O 访问的 LBA 区间加分布式范围锁，并利用并发互斥，从而达到双向实时同步的目的，该方案可省去不必要的阵列间数据传输带宽，并有效地减少数据传输次数。双活存储双活数据访问如图 8.17 所示。

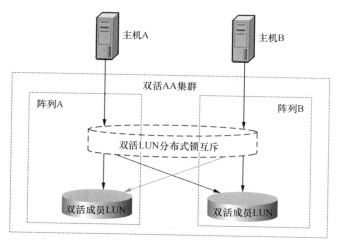

图 8.17 应用分布式锁的双活数据访问

双活存储分布式锁技术使用了智能的锁预取和缓存策略，在写权限本地无缓存的情况下，会通过较小的控制报文，向锁权限缓存节点申请写权限，并多预取部分区间的写权限缓存到本地。后续的连续写 I/O 可快速地在本地命中写权限，不需要再跨阵列申请写权限。分布式锁的实现原理如图 8.18 所示。

（5）高性能

为了保证两个数据中心存储的数据实时一致，写操作都需要等待两端存储写成功之后再返回主机"写成功"。双活 I/O 性能因为实时双写导致一定的时延增加，双活存储

设计了一系列 I/O 性能优化方案，减小对写时延的影响，整体提升本地高可用的业务性能。

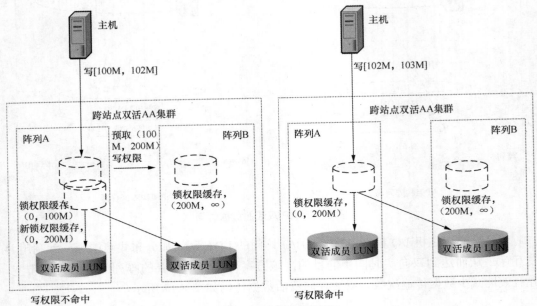

图 8.18　分布式锁预取

① 数据零拷贝

在双活镜像数据的初始同步或者恢复过程中的增量同步过程中，差异数据块通常有大量的零数据块，无须逐块复制，该功能称为数据零拷贝。例如，虚拟化场景下，新建虚拟机时会产生大量的零数据块，一个数十 GB 的操作系统盘，实际非零数据块仅有 2GB ~ 3GB。数据零拷贝原理图如图 8.19 所示。

图 8.19　数据零拷贝

双活存储零页面识别技术的实现方法如下。

通过硬件芯片，对数据拷贝源端快速识别，找出零数据，在拷贝过程中，对全零数据特殊标识，只传输一个较小的特殊页面到对端，不再全量传输。

该技术可有效减少同步数据量，减少带宽消耗，缩短同步时间。

② 优化访问

双活特性通过与 UltraPath 多路径配合，根据两台阵列的部署距离，提供了负载均衡模式和优选阵列模式两种 I/O 访问策略供用户选择。

本地高可用场景建议采用负载均衡模式提升性能。该模式下实现了 I/O 的跨阵列负载均衡，即 I/O 以分片的方式在两个阵列上下发。分片大小可配，例如分片大小为 128M，即起始地址为 0M ～ 128M 的 I/O 在 A 阵列下发，128M ～ 256M 在 B 阵列下发，以此类推。

负载均衡模式主要应用于双活业务部署在同一数据中心的场景。在该场景下，主机业务访问两套双活存储设备的性能几乎相同，为最大化利用两套存储设备的资源，将主机 I/O 按分片方式下发到两套阵列上，如图 8.20 所示。

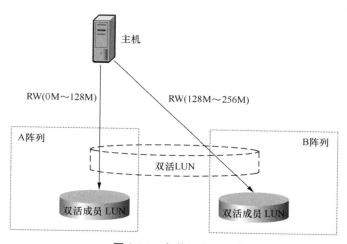

图 8.20　负载均衡访问

③ FastWrite 设计

在存储层双活或同步复制情况下，根据 SCSI 协议标准，主机写 I/O 在两台存储设备间传输要经历"Write Command"和"Data Transfer"两次交互过程，双活存储通过对 SCSI 协议优化，将"写命令"和"写数据"合并为一次发送，跨站点写 I/O 交互次数减少一半，减少传输时延，有效提高存储双活性能。

（6）方案特点

① 最小化宕机风险

提供适用于不同应用场景的解决方案，本方案将存储与上层主机集群技术完美结合，提供全冗余系统架构，提供 7×24 的高可用性服务；消除系统单点故障风险，在任何系统单点故障情况下，数据零丢失，上层业务不中断。

② 广泛兼容性

服务器和应用类型无关，可以广泛应用于各类操作系统和应用，本地高可用方案提

供网关形态和非网关形态的多种选择，可以广泛兼容友商阵列，如 EMC、IBM、HDS、HP 和 SUN 等厂商常见的存储设备，充分利用设备的剩余资源，保护现有投资。

③ 扩展灵活

本地高可用方案结合容灾、复制等增值特性，可以平滑扩展到更高级别的容灾保护方案，如主备容灾、两地三中心容灾等。

④ 维护管理简单

无须应用配置，不需要服务器层安装额外的磁盘管理软件，实施和管理简单方便，单设备故障不影响 I/O 访问。

8.4.3 复制方案设计

1. 方案概述

远程复制是指利用存储底层数据复制技术将主端设备中的数据复制到从端，由于采用的是存储底层数据，故从端站点可以直接使用存储系统中的数据而不需要重装文件系统等操作。根据远程复制中数据复制的方式不同，远程复制分为同步远程复制和异步远程复制。

同步远程复制：初始同步远程后实时地同步数据，最大限度地保证数据的一致性，以减少灾难发生时的数据丢失量。

异步远程复制：初始同步后周期性地同步数据，最大限度地减少由于数据远程传输的时延而造成的业务性能下降。

（1）同步远程复制介绍

同步远程复制需要将主端存储系统上的数据实时地同步到从端存储系统上，如图 8.21 所示。其特点是：

① 主端存储系统接收到主机的写 I/O 请求后，同时发送写 I/O 请求至从 LUN 和主 LUN；

② 当主 LUN 和从 LUN 都执行完写操作时，才向主机返回写 I/O 结果。写 I/O 结果取决于是否成功写入主 LUN，和从 LUN 无关。但如果任意一端写失败，则此端会远程复制管理模块返回写 I/O 失败，同时远程复制管理模块将更改双写为单写，远程复制进入异常状态。

（2）异步远程复制介绍

异步远程复制是指将主端存储系统上的数据周期性地拷贝到从端存储系统上。其特点是：

① 异步远程复制依赖于快照技术。快照指源数据在某个时间点的一致性数据副本；

② 主机对主资源进行写操作，只要主资源返回写请求成功，即向主机返回写请求成功；

③ 通过用户手动触发或系统定时触发同步，保证主资源和从资源数据一致。

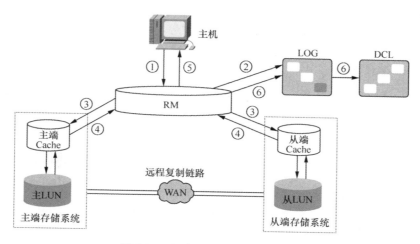

图 8.21　同步远程复制写 I/O 原理

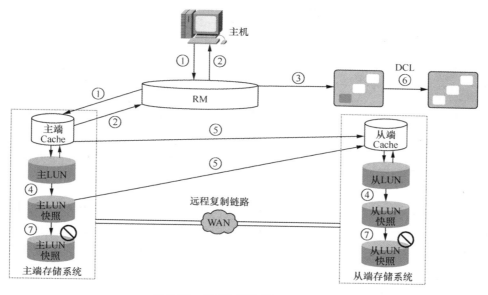

图 8.22　异步远程复制写 I/O 原理

从图 8.22 和图 8.23 可以看出，文件系统远程复制和 LUN 的异步远程复制的主要区别在于 LUN 的异步远程复制要经过 RM（远程复制管理模块）。主要是由于文件系统远程复制只支持异步方式，系统不需要经过 RM 来判断。

（3）方案选择

综上所述，同步复制和异步复制功能特点对比如表 8.9 所示。

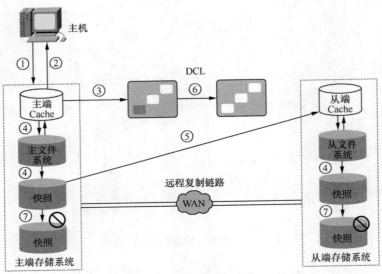

图 8.23　文件系统远程复制写 I/O 原理

表 8.9　复制功能特点对比

特点	同步远程复制	异步远程复制
数据同步周期	实时	定时
每次同步数据量	较小	较大（取决于同步周期内主LUN的数据改变量）
对主LUN性能影响	较大	较小
RPO（数据丢失率）	0	取决于同步周期内主LUN的数据改变量
适用范围	同城	异地

为保证政务云生产中心数据业务的连续性，确保发生灾难时数据可恢复，同时保证生产端业务的性能，在灾备端配置高性价比的磁盘阵列，与数据中心副本阵列建立异步远程复制关系，保障在线存储访问不受灾备端影响。利用异地存储到本地存储的复制技术，实现集约建设灾备系统的目标。

2. 方案关键点考虑

（1）复制速率

异步远程复制在创建过程中会指定远程复制速率，在不考虑链路速率瓶颈的情况下，复制速率如下。

①低：复制速率为低，花费时间较长，适合在系统业务繁忙的时候使用。速率通常为 0MB/s ～ 5MB/s。

②中：复制速率为中，花费时间较短，适合在系统业务较繁忙的时候使用。速率通常为 10MB/s ～ 20MB/s。

③高：复制速率为高，花费时间短，适合在系统业务较空闲的时候使用。速率通常为 50MB/s ～ 70MB/s。

④ 最快：复制速率为最快，花费时间最短，适合在系统业务空闲的时候使用。速率通常为 100MB/s 以上。

远程复制中需要考虑链路的传输速率，根据远程复制模式的不同，链路传输速率应采用如下原则。

同步远程复制：要求链路传输速率必须大于主机到存储的某一时刻最大传输速率。

异步远程复制：要求同步周期内链路传输的数据量必须大于同步间隔时间内主机下发给存储的数据量。

（2）预留空间

预留空间是存放异步远程复制过程中快照的空间。其主要作用如下：

① 远程复制过程中，主机新写入的 I/O 进行写前复制，占用主端存储池空间；从端数据同步的 I/O 进行写前复制，占用从端存储池空间；

② 当存储池空间不够时，系统会出现主机 I/O 或从端数据同步的 I/O 进行写前复制时由于申请不到空间导致写前复制失败，此时远程复制会进入分裂状态。

配置异步远程复制时，需要考虑主从端存储池预留空间，要保证在远程复制期间，主机新的 I/O 和从端数据同步的 I/O 都能够有足够的空间进行写前复制。

8.4.4　存储容量设计

按政务云的服务要求，根据已有的调研数据，本次政务云外网和内网分别独立部署高性能存储设备，本次内网区生产存储共部署两台双活存储，每台生产存储可用容量为150TB；外网区生产存储共部署两台双活存储，每台生产存储可用容量 20TB。同时考虑到存储的性能需求，本次生产存储采用 SSD 和 SAS 磁盘两种介质，容量配置比例按照 2∶8 配备。

8.5　备份系统设计

8.5.1　备份总体设计

在传统各政府部门自建数据中心、自行运维的模式下，公安、检查院、法院、司法等各部门的数据保护通过在每台物理服务器上部署备份客户端进行备份。这种模式下，每个备份客户端需配置实现备份指定文件夹、备份文件类型、备份策略等，由于单独部门的业务数量不是特别庞大，所以方案能够满足需求，如图 8.24 所示。

但在集约化建设的政务云模式下，全省统一建立一个大的、统一的政务云，承载了全省公安、检察院、法院、司法、国安等各部门的业务应用，应用的数量庞大，所需的虚拟机数量也非常庞大，这种情况下原有的备份模式已经无法满足业务备份需求，主要体现在以下 3 个方面：第一，在每台虚拟机上单独安装备份客户端，并逐台对各项配置进行设置，需要耗费巨大的工作量，而且由于需要每个系统独立设置备份窗口，在系统数量众多的情况下，备份窗口容易配置混乱、冲突，进而导致出现无法按时完成备份的

风险；第二，由于传统方式的备份是通过安装在服务器上的备份客户端实现的，客户端读取数据后写入备份服务器，客户端在读写数据的过程中，会消耗所在的服务器资源，进而对业务的性能造成影响；第三，传统备份方式一般需要定期全量备份，在全量备份过程中，由于数据量巨大，会对备份网络的带宽要求很高。

　　本次政务云平台支撑公安、检察院、法院、司法、国安等多个部门应用系统的可靠运行，需要设计针对业务系统的保护，本章节提供两种灾备方案对不同场景下的应用进行保护。

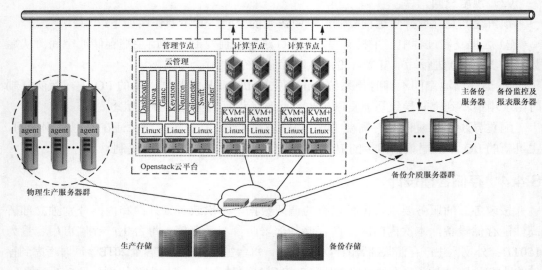

图 8.24　备份架构

　　虚拟机备份方案：适用于虚拟机数据安全性要求较高的场景。

　　数据本地备份方案：用于物理机以及有需求的虚拟机的数据备份，向各个部门的各应用系统提供统一的数据备份服务。

8.5.2　备份场景设计

1. 虚拟机备份

（1）方案概述

　　政务云数据保护方案，是使用备份服务器，配合 OpenStack 云平台的 Cinder 节点及虚拟机快照功能实现的虚拟机数据备份方案。通过与云平台的配合，批量实现对指定虚拟机或虚拟机内指定卷对象按指定策略完成的备份。当虚拟机数据丢失或故障时，可通过备份的数据实现恢复。数据备份的目的端为备份服务器所在虚拟机挂载的虚拟磁盘或外接的 NFS/CIFS 共享文件系统存储设备。该备份方式适合针对客户的关键业务虚拟机完成集中备份，保证用户的虚拟机用于进行完整保护。虚拟机备份架构如图 8.25 所示。

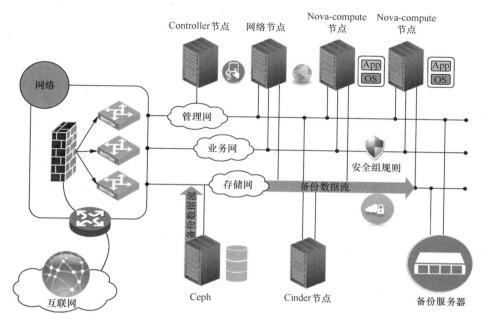

图 8.25　虚拟机备份架构

政务云数据保护系统主要包括备份管理服务器、备份客户端、备份存储等组件，部署在一个独立的物理机内，各组件功能如下。

① 备份管理服务器：备份和恢复任务操作转发，备份服务器管理，可以与备份服务器在物理上合设。备份和恢复任务管理和界面呈现。

② 备份客户端：属于外置客户端，用于与云平台控制节点通信，实现云平台接口的调用。

③ 备份存储：用于将备份后的数据存储到备份存储介质中。备份存储可以是磁盘存储或者虚拟带库等，本次考虑到备份性能，建议采用磁盘存储的方式来存储，后期如有需要，可以增加虚拟带库或者光盘库等作为二级备份介质。

（2）方案亮点

政务云数据保护系统对虚拟机卷（包括系统卷和/或数据卷）数据进行备份，不需要终端用户参与，也不需要在 VM 中安装代理，且不影响生产系统的运行；当生产系统由于意外丢失 VM 卷数据时，系统管理员可以通过本地备份系统恢复 VM 卷数据，以保证VM 能继续正常工作。管理员接入备份管理系统进行备份保护，支持对系统卷与数据卷的快照备份。其功能包括：

① 通过与 OpenStack 云平台联动，实现虚拟机的无客户端备份，同时对于无特殊备份需求的 VM，能够统一设立备份窗口，实现集中备份；

② 备份系统能够通过 OpenStack 云平台从存储系统直接取得 VM 的数据，无须 VM 参与，不影响业务性能；

③ 支持数据重删功能，减少对备份带宽的需求，减少对备份存储的使用；

④ 备份管理系统可以批量进行选择虚拟机或对虚拟机的某个卷进行备份，灵活设置备份策略、备份起始时间、配置全量备份和增量备份的周期；

⑤ 虚拟机备份执行：备份管理执行备份策略，调用云平台接口生成虚拟机的全量快照与增量快照，然后复制快照到本地存储、SAN 或 NAS 上保存。

2. 本地物理备份

（1）方案概述

提供集中式备份方案，通过提供统一管理平台，备份软件整合了备份与恢复、归档、复制、资源管理和搜索几大功能模块，简化 IT 部门对数据整个生命周期的管理。该解决方案解决了传统备份方法的固有缺陷，有效地降低成本，不但可实现数据本地集中备份，还可将备份数据复制到异地站点存放，实现备份数据的异地容灾，同时保证快速可靠的数据备份和恢复。

备份方案设计成 3 层结构。

① 管理服务器

管理服务器管理数据备份、归档和恢复的所有操作。它同样负责维护备份软件系统的配置和存储数据信息，并掌控所有任务、策略、用户安全和模块许可证。

只有控制信息而非数据本身会经过管理服务器软件模块。该模块同时也保存元数据库目录，该数据库包含描述备份数据特征和地址的元数据。集中化的事件控制器记录所有事件日志，并对重要事件提供统一的通知。

② 介质服务器

介质服务器主要用于接收从生产服务器发送过来的备份数据，并将之写入备份存储介质中。当备份任务完成后，返回完成信息给管理服务器，完成备份。

③ 备份代理客户端

一个客户端系统为智能数据代理提供获取数据的资源。客户端可以是独立于网络的服务器，也可以是集群环境下的虚拟机。从客户端获取的数据可以保存在本地磁盘，也可以通过 LAN 或 SAN 保存到挂载的文件系统。

客户端系统在进行备份和恢复操作过程中，必须保证可以被管理服务器和介质代理访问。这是为了确保有效控制备份的恢复、及时更新系统数据索引和追踪数据。

统一基础设施平台本地集中备份系统的架构如图 8.26 所示。

本地物理机备份数据流如下所述。

• 备份主服务器（Master）按定义的策略定时发起备份指令，通过管理网传送给生产服务器（租户虚拟机）。

• 生产服务器接受备份指令，从生产存储设备读取需要备份的数据。

• 生产节点将读取到的数据通过业务网络写入 Media 服务器。

• Media 服务器接受备份数据，并通过 SAN 网络将之写入备份存储设备。

• 备份完成后，生产服务器和介质服务器通过管理网络发送信息告知 Master 服务器。

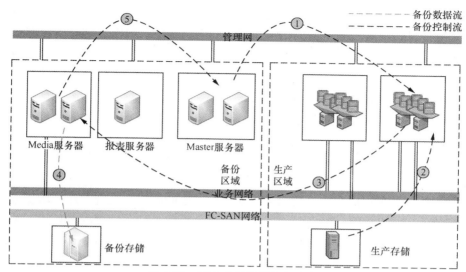

图 8.26　平台本地数据备份方案

（2）方案特点

① 提供统一备份功能

可提供统一的备份功能，支持 Windows、Linux、Unix 主流操作系统平台的海量文件备份，可对运行在这些平台上的主流数据库包括 Oracle、DB2、MS SQL、MySQL，主流应用程序包括 SharePoint、Exchange、SAP、Lotus Notes 备份和恢复。

② 可扩展性强

该方案可以直接添加备份服务器和存储介质，灵活扩展备份系统。系统的标准化和可扩展性保证在保护 PB 级的备份数据时不需要进行数据的再压缩和再重删。

③ 管理集中化

统一数据管理平台建立在一个服务器上，提供统一的数据管理策略和一致的数据接入方法，统一化平台的报告与告警也可以提升管理和操作的效率。同时，平台还提供了包含整个公安、检查院、法院、司法等部门的所有不同种类应用集成设备的逻辑视图，而不仅仅只是政务部门存储设备的物理视图。

④ 可维护性高

该系统提供蜂鸣器告警、邮件告警、短信告警等告警方式，实时上报告警信息，并且支持多种远程接入模式，比如远程桌面和远程协助。

8.5.3　备份策略设计

1. 备份类型介绍

（1）完全备份（Full Backup）

备份全部选中的文件夹，并不依赖文件的存档属性来确定备份哪些文件。在备份过程中，任何现有的标记都被清除，每个文件都被标记为已备份。换言之，清除存档属性。

完全备份就是指对某一个时间点上的所有数据或应用进行完全复制。实际应用中就是用一盘磁带对整个系统完全备份，包括其中的系统和所有数据。这种备份方式最大的好处就是只要用一盘磁带，就可以恢复丢失的数据，因此大大加快了系统或数据的恢复时间。它的不足之处在于，各个全备份磁带中的备份数据存在大量的重复信息。另外，由于每次需要备份的数据量相当大，因此备份所需时间较长。

（2）差异备份（Differential Backup）

备份自上一次完全备份之后有变化的数据。差异备份过程中，只备份有标记的那些选中的文件和文件夹。它不清除标记，即备份后不标记为已备份文件。换言之，不清除存档属性。

差异备份是指在一次全备份后到差异备份的这段时间内，系统对那些增加或者修改文件进行备份。在恢复时，系统只需对第一次全备份和最后一次差异备份进行恢复。差异备份在避免了另外两种备份策略缺陷的同时，又具备了它们各自的优点。首先，它具有增量备份需要的时间短、节省磁盘空间的优势；其次，它又具有了全备份恢复所需磁带少、恢复时间短的特点。系统管理员只需要两盘磁带，即全备份磁带与灾难发生前一天的差异备份磁带，就可以将系统恢复。

（3）增量备份（Incremental Backup）

备份自上一次备份（包含完全备份、差异备份、增量备份）之后有变化的数据。增量备份过程中，系统只备份有标记的、选中的文件和文件夹，它清除标记，即备份后标记文件，换言之，清除存档属性。

增量备份是指在一次全备份或上一次增量备份后，以后每次的备份只需备份与前一次相比增加或被修改的文件。这就意味着，第一次增量备份的对象是全备后所产生的增加和修改的文件；第二次增量备份的对象是第一次增量备份后所产生的增加和修改的文件，如此类推。这种备份方式最显著的优点就是：没有重复的备份数据，因此备份的数据量不大，备份所需的时间很短，但增量备份的数据恢复是比较麻烦的，必须具有上一次全备份和所有增量备份磁带（一旦丢失或损坏其中的一盘磁带，就会造成恢复失败），并且它们必须沿着从全备份到依次增量备份的时间顺序逐个反推恢复，因此极大地延长了恢复时间。

2. 备份对比分析

备份对比分析如图 8.27 所示。

假设一周 7 天为一个备份周期，初始数据为 10TB，每天数据变化量为 1TB。

若每天完全备份，则一周的备份数据量为 10+11+12+13+14+15+16=91（TB）；

若每周一全备，其余每天增量备份：则一周的备份数据量为 10+1+1+1+1+1+1=16（TB）；

若每周一全备，其余每天差异备份：则一周的备份数据量为 10+1+2+3+4+5+6=31（TB）；

完全备份：备份数据时，将指定位置的所有数据备份，不管这些数据上次是否已经备份。完全备份实际上就是将指定位置的所有文件打包成一个文件，因此占用备份空间最多，备份窗口大，还原窗口小。

差异备份：差异备份是将指定位置上的自上次完全备份以来变化过的数据进行备份

（每次差异备份都是相对于上次完全备份以来的变化数据）。由于差异备份只备份变化过的数据，因此备份时差异备份产生的数据量通常比完全备份要小很多。

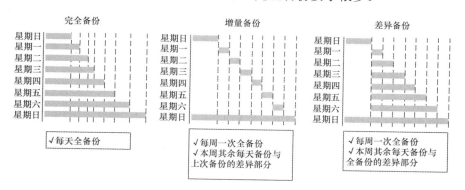

图 8.27　备份对比分析

增量备份：增量备份时，将指定位置的自上次备份以来变化过的数据进行备份，而不考虑上次备份的类型。当还原的时候，系统需要将之前每一次增量备份的数据和首次完全备份全部恢复，故恢复窗口相对较大。

3. 备份策略组合

（1）完全备份与差异备份

以每周数据备份计划为例，系统可以在星期一进行完全备份，在星期二至星期五进行差异备份。如果在星期五数据被破坏了，系统则只需要还原星期一完全的备份和星期四的差异备份。这种策略备份数据需要较多的时间，但还原数据时使用较少的时间。

（2）完全备份与增量备份

以每周数据备份为例，在星期一进行完全备份，在星期二至星期五进行增量备份。如果在星期五数据被破坏了，系统则需要还原星期一正常的备份和从星期二至星期五的所有增量备份。这种策略备份数据需要较少的时间，但还原数据时使用较多的时间。

本次从项目的实际角度出发，备份策略建议采用完全备份与差异备份组合的方式进行，即每周进行一次完全备份，每天进行差异备份。

8.5.4　备份容量设计

对备份容量的计算，假设主存储容量为 X'，初始备份数据量为 X，备份策略按每天增备，每周全备，备份数据保存 4 个完全副本进行设计，相关数据计算如下。

日均数据增量为：

X TB × 0.5‰≈ Y TB（按前端容量的 0.5‰计算）。

不带重删的备份存储容量计算：

全备容量 = 第 1 周全备容量 + 第 2 周全备容量 + 第 3 周全备容量 + 第 4 周全备容量 = X TB +（X TB +Y TB×7）+（X TB +Y TB× 14）+（X TB +Y TB×21）= X TB × 4 + Y TB × 42 = Z TB

增备容量：$Y \times (30 - 4) = M$TB。

不带重删的备份容量：Z TB $+ M$ TB $= N$ TB。

冗余后的备份存储容量：$N \times (1 + 20\%) \approx L$ TB（建议按照 20% 容量冗余）。

8.6 基础软件详细设计

为满足政务云上政务应用需求，本数据中心提供用于云平台上的操作系统、中间件、数据库等基础软件，以满足不同政务应用的定制化、多元化及高度整合性的基础软件环境。

8.6.1 操作系统软件

操作系统软件是政务应用运行环境基础软件中的基础组成部分，政务云建设方案将在操作系统软件的选择上通过稳定性、兼容性、高可用性来选择操作系统软件。具体要求如下。

1. 稳定成熟性

操作系统软件的无故障连续运行的时间应满足政务应用运行要求，在政府行业得到广泛的应用，不存在技术风险。

2. 兼容性

操作系统软件应支持政务应用运行要求，满足政务应用的移植要求。

3. 高可用性

操作系统软件支持多节点高可用集群部署，满足政务应用对操作系统可用性的要求。

8.6.2 数据库软件

数据库软件是政务应用运行环境的基础软件中的重要组成部分，政务云建设方案通过开放性、高可用性、可扩展性、操作性以及稳定成熟性来选择关系型数据库软件，包括 MySQL、MSSQL 等。功能上要求支持数据库的创建和访问，数据库的管理、备份和恢复，支持用户使用客户端软件进行数据库管理。

1. 开放性

数据库软件能在所有主流平台上运行，支持主流的工业标准，采用完全开放的策略，可以使政务应用灵活选择，兼容政务应用。

2. 可扩展性

数据库软件具有可扩展性，数据库管理扩充到多节点的环境。

3. 高可用性

数据库软件支持多节点、高可用部署模式。

4. 操作性

数据库软件提供图形化和命令行操作管理界面，支持多种操作系统环境的操作管理。

5. 稳定成熟性

数据库软件应完全向下兼容，在政府行业得到广泛的应用，不存在技术风险。

8.6.3 中间件软件

中间件软件是政务应用运行环境基础软件中的重要组成部分，政务云建设方案依据开放性、可伸缩性、高可用性要求选择中间件软件。

1. 开放性

中间件软件支持主流的操作系统，支持开发标准和开发环境，支持主流数据库平台，支持多种主流的网络通信协议。

2. 可伸缩性

中间件软件可以进行横向和纵向扩展，支持负载均衡算法，支持政务应用的运行环境。

3. 高可用性

中间件软件支持集群技术，满足政务应用的运行要求。

4. 稳定成熟性

中间件软件应完全向下兼容，在政府行业得到广泛的应用，不存在技术风险。

第9章　信息安全

9.1　安全体系总体架构

政务云大数据中心信息安全体系主要包括组织队伍建设、安全管理制度建设和技术防范措施建设等三大方面，具体体系架构如图 9.1 所示。

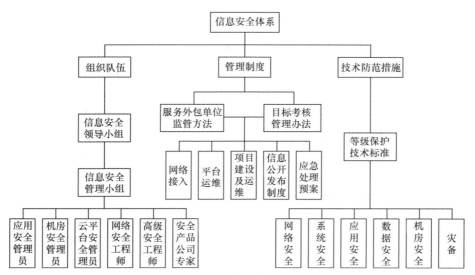

图 9.1　安全体系架构

9.2 安全管理组织

政务云的安全组织由信息安全领导小组和信息安全管理小组组成。

信息安全领导小组的主要职责是根据省政务信息化的工作要点,认真落实领导小组关于国家基础信息网络和重要信息系统安全保障工作的方针、政策和重大部署,对政务云网络和信息安全工作进行监督、检查和常规管理;及时掌握和解决影响网络和信息安全运行方面出现或存在的有关问题,组织力量对突发事件进行应急处理,最大限度地防止或降低网络和信息安全事件的发生,确保政务云网络和信息工作的安全。

信息安全管理小组以信息安全领导小组为决策中心,包括政务云安全管理人员、省直和市州安全管理人员。主要职责是负责政务云和电子政务安全保密的各项工作。信息安全管理小组下面包括省直安全管理员、地市安全管理员、云平台安全管理员、网络安全工程师、高级安全工程师、安全产品公司专家等。政务云大数据中心实施严格的安全考核机制与聘用管理制度。政务云大数据中心所有参与运维服务的人员,均需签订保密协议。

9.3 安全管理制度

只有建立科学的信息安全管理制度体系,才能确保政务云大数据中心可持续的发展,建立"统一规划、统一建设、统一管理"的信息安全长效机制。

由于政务云大数据中心定位于非涉密网,从技术上主要遵从《信息安全等级保护管理办法》《信息安全技术 信息安全等级保护基本要求》《信息安全技术 信息安全风险评估规范》、ISO/IEC 27001 信息安全管理体系标准和 ISO/IEC 13335 信息安全管理标准和国家相关的保密规定,整体上从机房、网络、主机、应用、数据等方面开展信息安全保密技术防范体系的建设。制定信息安全管理方针,制定信息安全协调、信息安全职责分配、信息处理设备的授权、信息安全保密协议、与特殊利益团体的联系以及信息安全的独立评审管理制度和流程。对政务云的安全技术架构和管理体系进行制度制定,包括系统安全管理、数据安全管理、网络安全管理、人员安全管理、数据中心物理安全管理、数据中心运行安全管理的制度制定。

建立网络安全管理制度,统一安全防范标准,统一规划政务云专网 IP 地址、接入规范、路由规范、安全设备配置标准;建立网站安全管理制度,统一规划各厅局委办网站群建设,执行统一的网站安全防护标准;建立应用安全管理制度,统一用户和权限管理,统一安全防护系统的部署管理,统一数字证书安全认证管理,统一应用云服务平台管理;建立政务云安全监控管理机制,建立统一的安全运维管理规范,网络和信息系统坚持日常信息安全保密检察工作,严格执行信息安全保密管理措施并落实到位;建立系统操作确认制度,对系统软件、应用软件和业务数据以及改动设备和系统的配置和连接等操作,设定操作申请、确认机制,拥有相应权限的管理员需要遵循该机制相应的系统级别操作;在人员及外包管理上,制定外包服务管理办法,与和政务云相关的管理人员及技术人员、电子政务外包服务单位和软件开发商签订保密协议;完善系统上线或升级的管理制度,严格做好测试和数据备份工作。通过不断完善政务云安全保密制度体系建设,逐步实现安全保密工作的标准化、规范化、精细化。

在每年度考核工作中,将安全保密纳入考核内容的重要指标;在网络安全上要求各厅局委办严格执行网络接入规范、终端 IP 管理规定,每年开展一次网络安全大检察;在网站与公务人员网上办公等应用管理中,实行安全保密"一票否决";按合同约定对政务云各环节的外包服务中发生的安全保密事故实行责任追究和从重经济处罚。

9.4　安全等级保护需求对应项

政务云大数据中心的目标需达到《信息安全技术　信息系统安全等级保护基本要求》(国标 GB/T 22239-2008)安全等保三级,表 9.1 为根据国标的相关内容,对各项等保要求在本项目中需要的安全配置或安全服务的部分进行了罗列。

表 9.1　等保三级对应需求表

分类	要求	细节	说明	配置说明	服务说明
技术要求	物理安全	物理位置的选择	(a) 机房和办公场地应选择在具有防震、防风和防雨等能力的建筑内		
			(b) 机房场地应避免设在建筑物的高层或地下室,以及用水设备的下层或隔壁		
		物理访问控制	(a) 机房出入口应安排专人值守,控制、鉴别和记录进入的人员		
			(b) 需进入机房的来访人员应经过申请和审批流程,并限制和监控其活动范围		
			(c) 应对机房划分区域进行管理,区域和区域之间设置物理隔离装置,在重要区域前设置交付或安装等过渡区域	机房基础设施项目已具备	
			(d) 重要区域应配置电子门禁系统,控制、鉴别和记录进入的人员		
		防盗窃和防破坏	(a) 应将主要设备放置在机房内		
			(b) 应将设备或主要部件固定,并设置明显的不易除去的标记		
			(c) 应将通信线缆铺设在隐蔽处,可铺设在地下或管道中		
			(d) 应对介质分类标识,存储在介质库或档案室中		

（续表）

分类	要求	细节	说明	配置说明	服务说明
技术要求	物理安全	防盗窃和防破坏	（e）应利用光、电等技术设置机房防盗报警系统	机房基础设施项目已具备	
			（f）应对机房设置监控报警系统		
		防雷击	（a）机房建筑应设置避雷装置		
			（b）应设置防雷保安器，防止感应雷		
			（c）机房应设置交流电源地线		
		防火	（a）机房应设置火灾自动消防系统，能够自动检测火情、自动报警，并自动灭火		
			（b）机房及相关的工作房间和辅助房应采用具有耐火等级的建筑材料		
			（c）机房应采取区域隔离防火措施，将重要设备与其他设备隔离开		
		防水与防潮	（a）水管安装，不得穿过机房屋顶和活动地板下		
			（b）应采取措施防止雨水通过机房窗户、屋顶和墙壁渗透		
			（c）应采取措施防止机房内水蒸气结露和地下积水的转移与渗透		
			（d）应安装对水敏感的检测仪表或元件，对机房进行防水检测和报警		
		防静电	（a）主要设备应采用必要的接地防静电措施		
			（b）机房应采用防静电地板		
		温湿度控制	机房应设置温、湿度自动调节设施，使机房温、湿度的变化在设备运行所允许的范围之内		
		电力供应	（a）应在机房供电线路上配置稳压器和过电压防护设备		
			（b）应提供短期的备用电力供应，至少满足主要设备在断电情况下的正常运行要求		
			（c）应设置冗余或并行的电力电缆线路为计算机系统供电		
			（d）应建立备用供电系统		
		电磁防护	（a）应采用接地方式防止外界电磁干扰和设备寄生耦合干扰		
			（b）电源线和通信线缆应隔离铺设，避免互相干扰		
			（c）应对关键设备和磁介质实施电磁屏蔽		

（续表）

分类	要求	细节	说明	配置说明	服务说明
技术要求	网络安全	结构安全	（a）应保证主要网络设备的业务处理能力具备冗余空间，满足业务高峰期的需要	DDoS设备保障设备处理空间不被攻击占用	
			（b）应保证网络各个部分的带宽满足业务高峰期的需要	DDoS设备保障设备处理空间不被攻击占用	
			（c）应在业务终端与业务服务器之间进行路由控制，建立安全的访问路径	VPN	
			（d）应绘制与当前运行情况相符的网络拓扑结构图		拓扑图描绘
			（e）应根据各部门的工作职能、重要性和所涉及信息的重要程度等因素，划分不同的子网或网段，并按照方便管理和控制的原则为各子网、网段分配地址段		地址段规划
			（f）应避免将重要网段部署在网络边界处且直接连接外部信息系统，重要网段与其他网段之间采取可靠的技术隔离手段	防火墙	
			（g）应按照对业务服务的重要次序来指定带宽分配优先级别，保证在网络发生拥堵的时候优先保护重要主机	防火墙自带的上网行为管理或者流控	
		访问控制	（a）应在网络边界部署访问控制设备，启用访问控制功能	防火墙	
			（b）应能根据会话状态信息为数据流提供明确的允许/拒绝访问的能力，控制粒度为端口级	防火墙	
			（c）应对进出网络的信息内容进行过滤，实现对应用层 HTTP、FTP、TELNET、SMTP、POP3 等协议命令级的控制	IPS	
			（d）应在会话处于非活跃一定时间或会话结束后终止网络连接	防火墙	
			（e）应限制网络最大流量数及网络连接数	防火墙	
			（f）重要网段应采取技术手段防止地址欺骗	防火墙、交换机MAC地址绑定	
			（g）应按用户和系统之间的允许访问规则，决定允许或拒绝用户对受控系统进行资源访问，控制粒度为单个用户	防火墙	
			（h）应限制具有拨号访问权限的用户数量	防火墙	
		安全审计	（a）应对网络系统中的网络设备运行状况、网络流量、用户行为等进行日志记录	安全审计系统	

分类	要求	细节	说明	配置说明	服务说明
技术要求	网络安全	安全审计	（b）审计记录应包括：事件的日期和时间、用户、事件类型、事件是否成功及其他与审计相关的信息	安全审计系统	
			（c）应能够根据记录数据进行分析，并生成审计报表	安全审计系统	
			（d）应对审计记录进行保护，避免受到未预期的删除、修改或覆盖等	安全审计系统	
		边界完整性检查	（a）应能够对非授权设备私自联到内部网络的行为进行检查，准确定出位置，并对其进行有效阻断	MAC地址绑定、漏洞扫描	
			（b）应能够对内部网络用户私自联到外部网络的行为进行检查，准确定出位置，并对其进行有效阻断	审计系统	
		入侵防范	（a）应在网络边界处监视以下攻击行为：端口扫描、强力攻击、木马后门攻击、拒绝服务攻击、缓冲区溢出攻击、IP碎片攻击和网络蠕虫攻击等	IPS	
			（b）当检测到攻击行为时，记录攻击源IP、攻击类型、攻击目的、攻击时间，在发生严重入侵事件时应提供报警	IPS	
		恶意代码防范	（a）应在网络边界处对恶意代码检测和清除	IPS、IDS（启用防病毒模块）	
			（b）应维护恶意代码库的升级和检测系统的更新	IPS、IDS（启用防病毒模块）	
		网络设备防护	（a）应对登录网络设备的用户进行身份鉴别		运维人员多账户
			（b）应对网络设备的管理员登录地址进行限制	堡垒机	
			（c）网络设备用户的标识应唯一	堡垒机	
			（d）主要网络设备应对同一用户选择两种或两种以上组合的鉴别技术来进行身份鉴别	堡垒机	
			（e）身份鉴别信息应具有不易被冒用的特点，口令应有复杂度要求并定期更换	堡垒机	
			（f）应具有登录失败处理功能，可采取结束会话、限制非法登录次数和当网络登录连接超时自动退出等措施	堡垒机	
			（g）当对网络设备进行远程管理时，应采取必要措施防止鉴别信息在网络传输过程中被窃听	堡垒机（自带监控功能）	
			（h）应实现设备特权用户的权限分离	堡垒机	

（续表）

分类	要求	细节	说明	配置说明	服务说明
技术要求	主机安全	身份鉴别	（a）应对登录操作系统和数据库系统的用户进行身份标识和鉴别	堡垒机	
			（b）操作系统和数据库系统管理用户身份标识应具有不易被冒用的特点，口令应有复杂度要求并定期更换	堡垒机	
			（c）应启用登录失败处理功能，采取结束会话、限制非法登录次数和自动退出等措施	堡垒机	
			（d）当对服务器进行远程管理时，应采取必要措施，防止鉴别信息在网络传输过程中被窃听	堡垒机	
			（e）应为操作系统和数据库系统的不同用户分配不同的用户名，确保用户名具有唯一性	堡垒机	
			（f）应采用两种或两种以上组合的鉴别技术对管理用户进行身份鉴别	堡垒机	
		访问控制	（a）应启用访问控制功能，依据安全策略控制用户对资源的访问	堡垒机	
			（b）应根据管理用户的角色分配权限，实现管理用户的权限分离，仅授予管理用户所需的最小权限	堡垒机	
			（c）应实现操作系统和数据库系统特权用户的权限分离	堡垒机	
			（d）应严格限制默认账户的访问权限，重命名系统默认账户，修改这些账户的默认口令	堡垒机	
			（e）应及时删除多余的、过期的账户，避免共享账户的存在	堡垒机	
			（f）应对重要信息资源设置敏感标记	Web应用防护	
			（g）应依据安全策略严格控制用户对有敏感标记的重要信息资源的操作	Web应用防护	
		安全审计	（a）审计范围应覆盖到服务器和重要客户端上的每个操作系统用户和数据库用户	安全审计系统	
			（b）审计内容应包括重要用户行为、系统资源的异常使用和重要系统命令的使用等系统内重要的安全相关事件	安全审计系统	
			（c）审计记录应包括事件的日期、时间、类型、主体标识、客体标识和结果等	安全审计系统	
			（d）应能够根据记录数据进行分析，并生成审计报表	安全审计系统	

（续表）

分类	要求	细节	说明	配置说明	服务说明
技术要求	主机安全	安全审计	（e）应保护审计进程，避免受到未预期的中断	安全审计系统	
			（f）应保护审计记录，避免受到未预期的删除、修改或覆盖等	安全审计系统	
		剩余信息保护	（a）应保证操作系统和数据库系统用户的鉴别信息所在的存储空间，被释放或再分配给其他用户前得到完全清除，无论这些信息是存放在硬盘上还是在内存中		应用开发商提供
			（b）应确保系统内的文件、目录和数据库记录等资源所在的存储空间，被释放或重新分配给其他用户前得到完全清除		应用开发商提供
		入侵防范	（a）应能够检测到对重要服务器进行入侵的行为，能够记录入侵的源IP、攻击的类型、攻击的目的、攻击的时间，并在发生严重入侵事件时提供报警	IPS	
			（b）应能够对重要程序的完整性进行检测，并在检测到完整性受到破坏后设有恢复措施		应用开发商提供
			（c）操作系统应遵循最小安装的原则，仅安装需要的组件和应用程序，并通过设置升级服务器等方式保持系统补丁及时得到更新	漏洞扫描	
		恶意代码防范	（a）应安装防恶意代码软件，并及时更新防恶意代码软件版本和恶意代码库	网络版杀毒软件	
			（b）主机防恶意代码产品应具有与网络防恶意代码产品不同的恶意代码库	网络版杀毒软件	
			（c）应支持防恶意代码的统一管理	网络版杀毒软件	
		资源控制	（a）应通过设定终端接入方式、网络地址范围等条件限制终端登录	防火墙、堡垒机	
			（b）应根据安全策略设置登录终端的操作超时锁定	堡垒机	
			（c）应对重要服务器进行监视，包括监视服务器的CPU、硬盘、内存、网络等资源的使用情况	网管系统	
			（d）应限制单个用户对系统资源的最大或最小使用限度	堡垒机、网管系统	
			（e）应能够对系统的服务水平降低到预先规定的最小值时进行检测和报警	网管系统	
	应用安全	身份鉴别	（a）应提供专用的登录控制模块，对登录用户进行身份标识和鉴别	堡垒机	
			（b）应对同一用户采用两种或两种以上组合的鉴别技术实现用户身份鉴别		应用开发商提供

（续表）

分类	要求	细节	说明	配置说明	服务说明
技术要求	应用安全	身份鉴别	（c）应提供用户身份标识唯一和鉴别信息复杂度检查功能，保证应用系统中不存在重复用户身份标识，身份鉴别信息不易被冒用	堡垒机	
			（d）应提供登录失败处理功能，可采取结束会话、限制非法登录次数和自动退出等措施	堡垒机	
			（e）应启用身份鉴别、用户身份标识唯一性检查、用户身份鉴别信息复杂度检查以及登录失败处理功能，并根据安全策略配置相关参数	堡垒机	
		访问控制	（a）应提供访问控制功能，依据安全策略控制用户对文件、数据库表等客体的访问	Web应用防护	应用开发商配合
			（b）访问控制的覆盖范围应包括与资源访问相关的主体、客体及它们之间的操作	Web应用防护	应用开发商配合
			（c）应由授权主体配置访问控制策略，并严格限制默认账户的访问权限	堡垒机	堡垒机
			（d）应授予不同账户为完成各自承担任务所需的最小权限，并在它们之间形成相互制约的关系	堡垒机	应用开发商配合
			（e）应具有对重要信息资源设置敏感标记的功能		应用开发商提供
			（f）应依据安全策略严格控制用户对有敏感标记重要信息资源的操作	Web应用防护	应用开发商配合
		安全审计	（a）应提供覆盖到每个用户的安全审计功能，对应用系统重要的安全事件进行审计	安全审计系统	
			（b）应保证无法单独中断审计进程，无法删除、修改或覆盖审计记录	安全审计系统	
			（c）审计记录的内容至少应包括事件的日期、时间、发起者信息、类型、描述和结果等	安全审计系统	
			（d）应提供对审计记录数据进行统计、查询、分析及生成审计报表的功能	安全审计系统	
		剩余信息保护	（a）应保证用户鉴别信息所在的存储空间被释放或再分配给其他用户前得到完全清除，无论这些信息是存放在硬盘上还是在内存中		应用开发商提供
			（b）应保证系统内的文件、目录和数据库记录等资源所在的存储空间被释放或重新分配给其他用户前得到完全清除		应用开发商提供

（续表）

分类	要求	细节	说明	配置说明	服务说明
技术要求	应用安全	通信完整性	应采用密码技术保证通信过程中数据的完整性		应用开发商提供
		通信保密性	（a）在通信双方建立连接之前，应用系统应利用密码技术进行会话初始化验证		应用开发商提供
			（b）应对通信过程中的整个报文或会话过程进行加密		应用开发商提供
		抗抵赖	（a）应具有在请求的情况下为数据原发者或接收者提供数据原发证据的功能		应用开发商提供
			（b）应具有在请求的情况下为数据原发者或接收者提供数据接收证据的功能		应用开发商提供
		软件容错	（a）应提供数据有效性检验功能，保证通过人机接口输入或通过通信接口输入的数据格式或长度符合系统设定要求		应用开发商提供
			（b）应提供自动保护功能，当故障发生时自动保护当前所有状态，保证系统能够恢复		应用开发商提供
		资源控制	（a）当应用系统的通信双方中的一方在一段时间内未有任何响应，另一方应能够自动结束会话	Web应用防护	应用开发商配合
			（b）应能够对系统的最大并发会话连接数进行限制	Web应用防护	应用开发商配合
			（c）应能够对单个账户的多重并发会话进行限制	Web应用防护	应用开发商配合
			（d）应能够对一个时间段内可能的并发会话连接数进行限制	Web应用防护	应用开发商配合
			（e）应能够对一个访问账户或一个请求进程占用的资源分配最大限额和最小限额	Web应用防护	应用开发商配合
			（f）应能够对系统服务水平降低到预先规定的最小值时检测和报警	Web应用防护	应用开发商配合
			（g）应提供服务优先级设定功能，并在安装后根据安全策略设定访问账户或请求进程的优先级，根据优先级分配系统资源	Web应用防护	应用开发商配合
	数据安全及备份恢复	数据完整性	（a）应能够检测到系统管理数据、鉴别信息和重要业务数据在传输过程中完整性受到破坏，并在检测到完整性错误时采取必要的恢复措施		应用开发商提供
			（b）应能够检测到系统管理数据、鉴别信息和重要业务数据在存储过程中完整性受到破坏，并在检测到完整性错误时采取必要的恢复措施		应用开发商提供

（续表）

分类	要求	细节	说明	配置说明	服务说明
技术要求	数据安全及备份恢复	数据保密性	（a）应采用加密或其他有效措施实现系统管理数据、鉴别信息和重要业务数据传输的保密性		应用开发商提供
			（b）应采用加密或其他保护措施实现系统管理数据、鉴别信息和重要业务数据存储的保密性		应用开发商提供
		备份和恢复	（a）应提供本地数据备份与恢复功能，完全数据备份至少每天一次，备份介质场外存放	备份系统	
			（b）应提供异地数据备份功能，利用通信网络将关键数据定时批量传送至备用场地	备份系统	
			（c）应采用冗余技术设计网络拓扑结构，避免关键节点存在单点故障	备份系统	
			（d）应提供主要网络设备、通信线路和数据处理系统的硬件冗余，保证系统的高可用性	备份系统	
管理要求	安全管制制度	管理制度	（a）应制定信息安全工作的总体方针和安全策略，说明机构安全工作的总体目标、范围、原则和安全框架等		制订管理制度
			（b）应对安全管理活动中的各类管理内容建立安全管理制度		制订管理制度
			（c）应对管理人员或操作人员执行的日常管理操作建立操作规程		制订管理制度
			（d）应形成由安全策略、管理制度、操作规程等构成的全面的信息安全管理制度体系		制订管理制度
		制定和发布	（a）应指定或授权专门的部门或人员负责安全管理制度的制定		制订管理制度
			（b）安全管理制度应具有统一的格式，并进行版本控制		制订管理制度
			（c）应组织相关人员对制定的安全管理制度论证和审定		制订管理制度
			（d）安全管理制度应通过正式、有效的方式发布		制订管理制度
			（e）安全管理制度应注明发布范围，并对收发文登记		制订管理制度
		评审和修订	（a）信息安全工作领导小组应负责定期组织相关部门和相关人员对安全管理制度体系的合理性和适用性进行审定		制订管理制度

（续表）

分类	要求	细节	说明	配置说明	服务说明
管理要求	安全管制制度	评审和修订	（b）应定期或不定期对安全管理制度进行检查和审定，对存在不足或需要改进的安全管理制度进行修订		制订管理制度
	安全管理机构	岗位设置	（a）应设立信息安全管理工作的职能部门，设立安全主管、安全管理各个方面的负责人岗位，并定义各负责人的职责		制订管理制度
			（b）应设立系统管理员、网络管理员、安全管理员等岗位，并定义各个工作岗位的职责		制订管理制度
			（c）应成立指导和管理信息安全工作的委员会或领导小组，其最高领导由单位主管领导委任或授权		制订管理制度
			（d）应制定文件明确安全管理机构各个部门和岗位的职责、分工和技能要求		制订管理制度
		人员配备	（a）一定数量的系统管理员、网络管理员、安全管理员等		制订管理制度
			（b）应配备专职安全管理员，不可兼任		制订管理制度
			（c）岗位应配备多人共同管理		制订管理制度
		授权和审批	（a）各个部门和岗位的职责明确授权审批事项、审批部门和批准人等		制订管理制度
			（b）系统变更、重要操作、物理访问和系统接入等事项建立审批程序，按照审批程序执行审批过程，对重要活动建立逐级审批制度		制订管理制度
			（c）审批事项，及时更新需授权和审批的项目、审批部门和审批人等信息		制订管理制度
			（d）审批过程并保存审批文档		制订管理制度
		沟通和合作	（a）各类管理人员之间、组织内部机构之间以及信息安全职能部门内部的合作与沟通，定期或不定期召开协调会议，共同协作处理信息安全问题		制订管理制度
			（b）应加强与兄弟单位、公安机关、电信公司的合作与沟通		制订管理制度
			（c）应加强与供应商、业界专家、专业的安全公司、安全组织的合作与沟通		制订管理制度
			（d）应建立外联单位联系列表，包括外联单位名称、合作内容、联系人和联系方式等信息		制订管理制度

（续表）

分类	要求	细节	说明	配置说明	服务说明
管理要求	安全管理机构	沟通和合作	（e）应聘请信息安全专家作为常年的安全顾问，指导信息安全建设，参与安全规划和安全评审等		制订管理制度
		审核和检查	（a）安全管理员应负责定期进行安全检查，检查内容包括系统日常运行、系统漏洞和数据备份等情况		漏洞扫描、数据备份
			（b）应制定安全审核和安全检查制度规范安全审核和安全检查工作，定期按照程序进行安全审核和安全检查活动		制订管理制度
			（c）应由内部人员或上级单位定期进行全面安全检查，检查内容包括现有安全技术措施的有效性、安全配置与安全策略的一致性、安全管理制度的执行情况等		制订管理制度
			（d）应制定安全检查表格实施安全检查，汇总安全检查数据，形成安全检查报告，并对安全检查结果进行通报		制订管理制度
	人员安全管理	人员录用	（a）应指定或授权专门的部门或人员负责人员录用		制订管理制度
			（b）应严格规范人员录用过程，对被录用人的身份、背景、专业资格和资质等进行审查，对其所具有的技术技能进行考核		制订管理制度
			（c）应签署保密协议		制订管理制度
			（d）应从内部人员中选拔从事关键岗位的人员，并签署岗位安全协议		制订管理制度
		人员离岗	（a）应严格规范人员离岗过程，及时终止离岗员工的所有访问权限		制订管理制度
			（b）应取回各种身份证件、钥匙、徽章等以及机构提供的软硬件设备		制订管理制度
			（c）应办理严格的调离手续，关键岗位人员离岗须承诺调离后的保密义务后方可离开		制订管理制度
		人员考核	（a）应定期对各个岗位的人员进行安全技能及安全认知的考核		制订管理制度
			（b）应对关键岗位的人员进行全面、严格的安全审查和技能考核		制订管理制度
			（c）应对考核结果记录并保存		制订管理制度
		安全意识教育和培训	（a）应对安全责任和惩戒措施做书面规定并告知相关人员，对违反违背安全策略和规定的人员进行惩戒		安全培训

（续表）

分类	要求	细节	说明	配置说明	服务说明
管理要求	人员安全管理	安全意识教育和培训	（b）应对定期安全教育和培训做书面规定，针对不同岗位制定不同的培训计划，对业务人员进行信息安全基础知识、岗位操作规程等培训		安全培训
			（c）应对各类人员进行安全意识教育、岗位技能培训和相关安全技术培训		安全培训
			（d）应对安全教育和培训的情况和结果记录并归档保存		安全培训
		外部人员访问管理	（a）对外部人员允许访问的区域、系统、设备、信息等内容应做书面的规定，并按照规定执行		制订管理制度
			（b）应确保在外部人员访问受控区域前先提出书面申请，批准后由专人全程陪同或监督，并登记备案		制订管理制度
	系统定级		（a）应明确信息系统的边界和安全保护等级		自行定级
			（b）应以书面的形式说明确定信息系统为某个安全保护等级的方法和理由		自行定级
			（c）应组织相关部门和有关安全技术专家对信息系统定级结果的合理性和正确性论证和审定		自行定级
			（d）应确保信息系统的定级结果经过相关部门的批准		自行定级
	系统建设管理	安全方案设计	（a）应根据系统的安全保护等级选择基本的安全措施，并依据风险分析的结果补充和调整安全措施		安全咨询、服务、设计
			（b）应指定和授权专门的部门对信息系统的安全建设进行总体规划，制定近期和远期的安全建设工作计划		安全咨询、服务、设计
			（c）应根据信息系统的等级划分情况，统一考虑安全保障体系的总体安全策略、安全技术框架、安全管理策略、总体建设规划和详细设计方案，并形成配套文件		安全咨询、服务、设计
			（d）应组织相关部门和有关安全技术专家对总体安全策略、安全技术框架、安全管理策略、总体建设规划、详细设计方案等相关配套文件的合理性和正确性进行论证和审定，并且经过批准后，才能正式实施		安全咨询、服务、设计

（续表）

分类	要求	细节	说明	配置说明	服务说明
管理要求	系统建设管理	安全方案设计	（e）应根据等级测评、安全评估的结果定期调整和修订总体安全策略、安全技术框架、安全管理策略、总体建设规划、详细设计方案等相关配套文件		安全咨询、服务、设计
		产品采购和使用	（a）应确保安全产品采购和使用符合国家的有关规定		厂商产品资质
			（b）应确保密码产品采购和使用符合国家密码主管部门的要求		厂商产品资质
			（c）应指定或授权专门的部门负责产品的采购		厂商产品资质
			（d）应预先对产品进行选型测试，确定产品的候选范围，并定期审定和更新候选产品名单		厂商产品资质
		自行软件开发	（a）应确保开发环境与实际运行环境物理分开，开发人员和测试人员分离，测试数据和测试结果受到控制		制订管理制度
			（b）应制定软件开发管理制度，明确说明开发过程的控制方法和人员行为准则		制订管理制度
			（c）应制定代码编写安全规范，要求开发人员参照规范编写代码		制订管理制度
			（d）应确保提供软件设计的相关文档和使用指南，并由专人负责保管		制订管理制度
			（e）应确保对程序资源库的修改、更新、发布进行授权和批准		制订管理制度
		外包软件开发	（a）应根据开发需求检测软件质量		制订管理制度
			（b）应在软件安装之前检测软件包中可能存在的恶意代码		制订管理制度
			（c）应要求开发单位提供软件设计的相关文档和使用指南		制订管理制度
			（d）应要求开发单位提供软件源代码，并审查软件中可能存在的后门		制订管理制度
		工程实施	（a）应指定或授权专门的部门或人员负责工程实施过程的管理		制订管理制度
			（b）应制订详细的工程实施方案控制实施过程，并要求工程实施单位能正式地执行安全工程过程		制订管理制度
			（c）应制定工程实施方面的管理制度，明确说明实施过程的控制方法和人员行为准则		制订管理制度

（续表）

分类	要求	细节	说明	配置说明	服务说明
管理要求	系统建设管理	测试验收	（a）应对系统测试验收的控制方法和人员行为准则做书面规定		制订管理制度
			（b）应指定或授权专门的部门负责系统测试验收的管理，并按照管理规定的要求完成系统测试验收工作		制订管理制度
			（c）应委托公正的第三方测试单位对系统进行安全性测试，并出具安全性测试报告		制订管理制度
			（d）在测试验收前应根据设计方案或合同要求等制订测试验收方案，在测试验收过程中应详细记录测试验收结果，并形成测试验收报告		制订管理制度
			（e）应组织相关部门和相关人员对系统测试验收报告审定，并签字确认		制订管理制度
		系统交付	（a）应对系统交付的控制方法和人员行为准则做书面规定		制订管理制度
			（b）应指定或授权专门的部门负责系统交付的管理工作，并按照管理规定的要求完成系统交付工作		制订管理制度
			（c）应对负责系统运行维护的技术人员进行相应的技能培训		制订管理制度
			（d）应确保提供系统建设过程中制定的文档和指导用户进行系统运行维护的文档		制订管理制度
			（e）应制定详细的系统交付清单，并根据交付清单对所交接的设备、软件和文档等进行清点		制订管理制度
		系统备案	（a）应指定专门的部门或人员负责管理系统定级的相关材料，并控制这些材料的使用		实现系统备案
			（b）应将系统等级及相关材料报系统主管部门备案		实现系统备案
			（c）应将系统等级及其他要求的备案材料报相应公安机关备案		实现系统备案
		等级测评	（a）应指定或授权专门的部门或人员负责等级测评的管理		实现等级测评
			（b）应选择具有国家相关技术资质和安全资质的测评单位进行等级测评		实现等级测评
			（c）在系统运行过程中，应至少每年对系统进行一次等级测评，发现不符合相应等级保护标准要求的及时整改		实现等级测评

（续表）

分类	要求	细节	说明	配置说明	服务说明
管理要求	系统建设管理	等级测评	（d）应在系统发生变更时及时对系统进行等级测评，发现发生级别变化的及时调整级别并进行安全改造，发现不符合相应等级保护标准要求的级别及时整改		实现等级测评
		安全服务商选择	（a）应确保安全服务商的选择符合国家的有关规定		制订管理制度
			（b）应与选定的安全服务商签订与安全相关的协议，明确约定相关责任		制订管理制度
			（c）应确保选定的安全服务商提供技术培训和服务承诺，必要的与其签订服务合同		制订管理制度
	系统运维管理	环境管理	（a）应建立机房安全管理制度，对有关机房物理访问，物品带进、带出机房和机房环境安全等方面的管理做出规定		制订管理制度
			（b）应指定专门的部门或人员定期对机房供配电、空调、温湿度控制等设施进行维护管理		制订管理制度
			（c）应指定部门负责机房安全，并配备机房安全管理人员，对出入机房、服务器的开机或关机等进行管理		制订管理制度
			（d）应加强对办公环境的保密性管理，规范办公环境人员行为，包括工作人员调离办公室应立即交还该办公室钥匙、不在办公区接待来访人员、工作人员离开座位应确保终端计算机退出登录状态和桌面上没有包含敏感信息的纸档文件等		制订管理制度
		资产管理	（a）应建立资产安全管理制度，规定信息系统资产管理的责任人员或责任部门，并规范资产管理和使用的行为		制订管理制度
			（b）应对信息分类与标识方法做出规定，并对信息的使用、传输和存储等进行规范化管理		制订管理制度
			（c）应根据资产的重要程度对资产进行标识管理，根据资产的价值选择相应的管理措施		制订管理制度
			（d）应编制并保存与信息系统相关的资产清单，包括资产责任部门、重要程度和所处位置等内容		制订管理制度
		介质管理	（a）应建立介质安全管理制度，对介质的存放环境、使用、维护和销毁等方面做出规定		介质管理制度、备份介质

（续表）

分类	要求	细节	说明	配置说明	服务说明
管理要求	系统运维管理	介质管理	（b）应确保介质存放在安全的环境中，并实行存储环境专人管理		介质管理制度、备份介质
			（c）应对介质在物理传输过程中的人员选择、打包、交付等情况进行控制，对介质归档和查询等进行登记记录，并根据存档介质的目录清单定期盘点		介质管理制度、备份介质
			（d）应对存储介质的使用过程、送出维修以及销毁等进行严格的管理，对带出工作环境的存储介质进行内容加密和监控管理，对送出维修或销毁的介质应首先清除介质中的敏感数据，对保密性较高的存储介质未经批准不得自行销毁		介质管理制度、备份介质
			（e）应根据数据备份的需要对某些介质实行异地存储，存储地的环境要求和管理方法应与本地相同		介质管理制度、备份介质
			（f）应对重要介质中的数据和软件采取加密存储，并根据所承载数据和软件的重要程度对介质进行分类和标识管理		介质管理制度、备份介质
		设备管理	（a）应对信息系统相关的各种设备（包括备份和冗余设备）、线路等指定专门的部门或人员定期进行维护管理		制订管理制度
			（b）应建立基于申报、审批和专人负责的设备安全管理制度，对信息系统的各种软硬件设备的选型、采购、发放和领用等过程进行规范化管理		制订管理制度
			（c）应建立配套设施、软硬件维护方面的管理制度，对其维护进行有效的管理，包括明确维护人员的责任、涉外维修和服务的审批、维修过程的监督控制等		制订管理制度
			（d）应对终端计算机、工作站、便携机、系统和网络等设备的操作和使用进行规范化管理，按操作规程实现主要设备（包括备份和冗余设备）的启动/停止、加电/断电等操作		制订管理制度
			（e）应确保信息处理设备必须经过审批才能带离机房或办公地点		制订管理制度
		监控管理和安全管理中心	（a）应对通信线路、主机、网络设备和应用软件的运行状况、网络流量、用户行为等进行监控和报警，形成记录并妥善保存	安全审计系统	

（续表）

分类	要求	细节	说明	配置说明	服务说明
管理要求	系统运维管理	监控管理和安全管理中心	（b）应组织相关人员定期对监控和报警记录进行分析、评审，发现可疑行为，形成分析报告，并采取必要的应对措施	安全审计系统	
			（c）应建立安全管理中心，对设备状态、恶意代码、补丁升级、安全审计等安全相关事项进行集中管理	安全管理中心、堡垒机	
		网络安全管理	（a）应建立网络安全管理制度，对网络安全配置、日志保存时间、安全策略、升级与打补丁、口令更新周期等方面做出规定	安全管理中心	
			（b）应指定专人对网络进行管理，负责运行日志、网络监控记录的日常维护和报警信息分析和处理工作	安全管理中心、漏洞扫描	
			（c）应根据厂家提供的软件升级版本对网络设备进行更新，并在更新前对现有的重要文件进行备份	网管系统	
			（d）应定期对网络系统进行漏洞扫描，对发现的网络系统安全漏洞进行及时修补	漏洞扫描	
			（e）应实现设备的最小服务配置，并对配置文件进行定期离线备份	备份系统	
			（f）应保证所有与外部系统的连接均得到授权和批准	安全审计系统	
			（g）应依据安全策略允许或者拒绝便携式和移动式设备的网络接入	安全审计系统	
			（h）应定期检查违反规定拨号上网或其他违反网络安全策略的行为	安全审计系统	
		系统安全管理	（a）应建立系统安全管理制度，对系统安全策略、安全配置、日志管理和日常操作流程等方面做出具体规定		制订管理制度
			（b）应根据业务需求和系统安全分析确定系统的访问控制策略	堡垒机	
			（c）应定期进行漏洞扫描，对发现的系统安全漏洞及时进行修补	漏洞扫描	
			（d）应安装系统的最新补丁程序，在安装系统补丁前，首先在测试环境中测试通过，并对重要文件备份后，才可实施系统补丁程序的安装	漏洞扫描、安全服务	
			（e）应指定专人对系统进行管理，划分系统管理员角色，明确各个角色的权限、责任和风险，权限设定应当遵循最小授权原则	堡垒机	

（续表）

分类	要求	细节	说明	配置说明	服务说明
管理要求	系统运维管理	系统安全管理	（f）应依据操作手册对系统进行维护，详细记录操作日志，包括重要的日常操作、运行维护记录、参数的设置和修改等内容，严禁进行未经授权的操作	安全审计系统	
			（g）应定期对运行日志和审计数据进行分析，以便及时发现异常行为	安全审计系统	
		恶意代码防范管理	（a）应对防恶意代码软件的授权使用、恶意代码库升级、定期汇报等做出明确规定	网络版杀毒软件	
			（b）应提高所有用户的防病毒意识，及时告知防病毒软件版本，在读取移动存储设备上的数据以及网络上接收文件或邮件之前，先进行病毒检查，对外来计算机或存储设备接入网络系统之前也应进行病毒检查	网络版杀毒软件	
			（c）应指定专人对网络和主机进行恶意代码检测并保存检测记录	网络版杀毒软件	
			（d）应定期检查信息系统内各种产品的恶意代码库的升级情况并记录，对主机防病毒产品、防病毒网关和邮件防病毒网关上截获的危险病毒或恶意代码及时分析处理，并形成书面的报表和总结汇报		安全巡检
		密码管理	应建立密码使用管理制度，使用符合国家密码管理规定的密码技术和产品		制订管理制度
		变更管理	（a）应确认系统中要发生的变更，并制订变更方案		制订管理制度
			（b）应建立变更管理制度，系统发生变更前，向主管领导申请，变更和变更方案经过评审、审批后方可实施变更，并在实施后将变更情况向相关人员通告		制订管理制度
			（c）应建立变更控制的申报和审批文件化程序，对变更影响进行分析并文档化，记录变更实施过程，并妥善保存所有文档和记录		制订管理制度
			（d）应建立中止变更并从失败变更中恢复的文件化程序，明确过程控制方法和人员职责，必要时对恢复过程进行演练		制订管理制度
		备份与恢复管理	（a）应建立备份与恢复管理相关的安全管理制度，对备份信息的备份方式、备份频度、存储介质和保存期等进行规范	备份系统	
			（b）应识别需要定期备份的重要业务信息、系统数据及软件系统等	备份系统	

（续表）

分类	要求	细节	说明	配置说明	服务说明
管理要求	系统运维管理	备份与恢复管理	（c）应根据数据的重要性和数据对系统运行的影响，制订数据的备份策略和恢复策略，备份策略须指明备份数据的放置场所、文件命名规则、介质替换频率和将数据离站运输的方法	备份系统	
			（d）应建立控制数据备份和恢复过程的程序，对备份过程进行记录，所有文件和记录应妥善保存	备份系统	
			（e）应定期执行恢复程序，检查和测试备份介质的有效性，确保可以在恢复程序规定的时间内完成备份的恢复	备份系统	
		安全事件处置	（a）应报告所发现的安全弱点和可疑事件，但任何情况下用户均不应尝试验证弱点		安全服务
			（b）应制订安全事件报告和处置管理制度，明确安全事件的类型，规定安全事件的现场处理、事件报告和后期恢复的管理职责		安全服务
			（c）应根据国家相关管理部门对计算机安全事件等级划分方法和安全事件对本系统产生的影响，对本系统计算机安全事件进行等级划分		安全服务
			（d）应制订安全事件报告和响应处理程序，确定事件的报告流程，响应和处置的范围、程度，以及处理方法等		安全服务
			（e）应在安全事件报告和响应处理过程中，分析和鉴定事件产生的原因，收集证据，记录处理过程，总结经验教训，制订防止再次发生的补救措施，过程形成的所有文件和记录均应妥善保存		安全服务
			（f）对造成系统中断和造成信息泄密的安全事件应采用不同的处理程序和报告程序		安全服务
		应急预案管理	（a）应在统一的应急预案框架下制订不同事件的应急预案，应急预案框架应包括启动应急预案的条件、应急处理流程、系统恢复流程、事后教育和培训等内容		安全服务
			（b）应从人力、设备、技术和财务等方面确保应急预案的执行有足够的资源保障		安全服务
			（c）应对系统相关的人员进行应急预案培训，应急预案的培训应至少每年举办一次		安全服务

（续表）

分类	要求	细节	说明	配置说明	服务说明
管理要求	系统运维管理	应急预案管理	（d）应定期对应急预案进行演练，根据不同的应急恢复内容，确定演练的周期		安全服务
			（e）应规定应急预案需要定期审查和根据实际情况更新的内容，并按照执行		安全服务

根据表 9.1 可以看出，在技术层面，数据中心主要考虑从网络安全、主机安全、应用安全、数据安全、机房安全几个层面来实现整体安全（物理安全在基础设施项目中已考虑）。

1. 网络安全

具体包含边界访问控制、协议过滤管理、流量审计、DDoS 防护、网络入侵防御、网络入侵检测、带宽管理、网络漏洞扫描、VPN 等。

2. 主机安全

具体包含系统认证、主机和终端防毒、漏洞管理、主机日志审计、安全管理中心。

3. 应用安全

具体包含应用认证、Web 应用防护、网页防篡改、应用审计。

4. 数据安全

具体包含备份、容灾等内容。

5. 安全管理制度

具体包含安全管理制度和运维安全体系的建设等。

9.5 安全技术方案设计

9.5.1 总体设计

根据上述的安全建设需求对应项，在网络、主机、应用、数据、机房和灾备等几个方面，政务云利用国内最先进和成熟的技术手段，实现对整个政务云的网络和信息安全防护，整体安全设计物理拓扑如图 9.2 所示。

9.5.2 网络安全

网络安全为数据中心安全最重要的一道防线，为确保服务，政务云数据中心依据不同的业务类型划分为不同的区域，各区域通过防火墙实现安全隔离。

安全规划重点为：

① 敏感区域如互联网接入区、安全接入平台区，在接入时均以硬件防火墙隔离，并严格实施身份认证、审核及日志记录确保数据安全；

② 互联网接入区设置防 DDoS 攻击流量清洗设备，确保数据中心可正常运营，后端连接 IPS 入侵防御系统、外部防火墙，进行边缘防护；

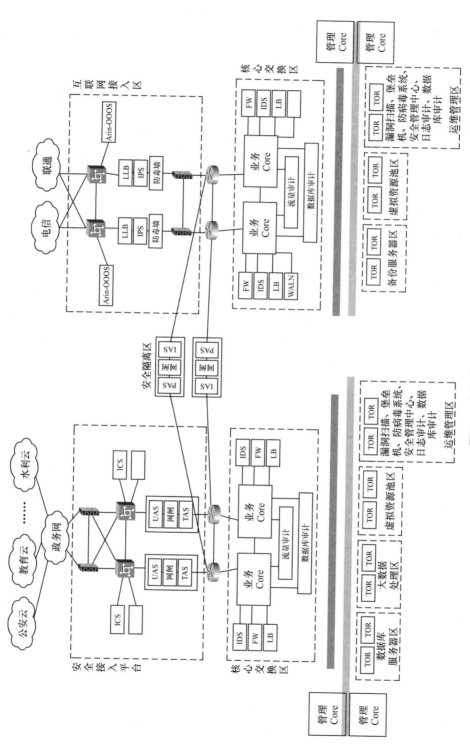

图 9.2 安全技术防范架构

③ 互联网业务区设置 WAF 防火墙、网页防篡改等设备，防止包括网页篡改、网页挂马、敏感信息发布等攻击；

④ 核心网络旁挂内部防火墙，确保政务云内部网络安全，设置安全隔离区，确保内外网之间互访需经过安全隔离区网闸的流量过滤；

⑤ 各模块区域汇聚交换机将依据各区域内应用设置策略，并设置安全告警阈值，便于安全管理。

1. 安全域划分

安全域的划分主要依据系统应用功能、资产价值和资产所面临的风险。目前安全域主要分为：内网安全接入平台区、内网核心交换区、内网应用服务器区、内网数据库区、内网运行管理区、外网互联网接入区、外网核心交换区、外网服务器区、外网数据库区、外网运行管理区，如图 9.3 所示。

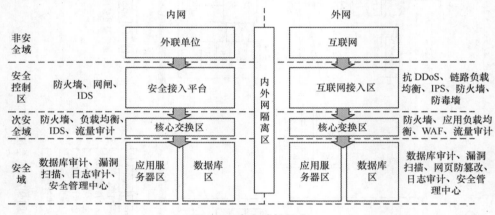

图 9.3　安全域的划分

灾备数据中心的安全域划分和政务云数据中心保持一致。

2. 防火墙

在政务云网络边界安全设计上，数据中心应严格遵循等级保护的安全规范和标准的要求，需采用一致的边界安全隔离方式。这种边界安全的一致性主要体现在以下 5 个方面。

① 各逻辑区域之间采用相同的安全隔离策略。

② 各逻辑区域之间采用相同厂商、相同品牌的防火墙设备。

③ 各逻辑区域之间的对应防火墙设备采用相同的安全规则配置。

④ 数据中心的各二层透传区域，通过 STP 根节点的调整，避免产生环路的隐患。

⑤ 通过数据中心对应逻辑区域防火墙设备的一致性和安全规则配置的一致性，确保政务云数据中心内部各逻辑区域的一致性。

防火墙作为重要的边界防护设备，本期工程将其部署在安全域之间，同时部署在不同等级保护级别的区域之间。按照如下高可用的原则、纵深防御的安全原则进行部署：

① 所有区域防火墙进行冗余部署；

② 在安全接入平台区域和互联网接入区域部署防火墙进行边界防护；

③ 核心交换区旁挂防火墙进行区域内部流量的访问控制。

部署位置说明如下：

① 安全接入平台区；

② 互联网接入区；

③ 内网核心旁挂防火墙；

④ 外网业务区核心旁挂防火墙；

⑤ 管理区核心旁挂防火墙。

3. 网闸

网闸是使用带有多种控制功能的固态开关读写介质连接两个独立主机系统的信息安全设备。由于物理隔离网闸所连接的两个独立主机系统之间，不存在通信的物理连接、逻辑连接、信息传输命令、信息传输协议，不存在依据协议的信息包转发，只有数据文件的无协议"摆渡"，且对固态存储介质只有"读"和"写"两个命令。所以，物理隔离网闸从物理上隔离，阻断了具有潜在攻击可能的一切连接，使"黑客"无法入侵、无法攻击、无法破坏，实现了真正的安全。

部署位置说明如下：

① 安全接入平台区；

② 内网与外网隔离区域。

4. 安全数据交换系统

安全数据交换系统（Topwalk-DTP）是一款集安全性和高效性于一体，能够实现跨安全域数据交换的网络安全产品。产品由非信任端服务器（UAS）和信任端服务器（TAS）组成，提供基于数据库和文件的安全数据交换，适用于对跨安全域数据交换有高效、安全、可靠需求的政府及企业用户。

部署区域：安全接入平台区。

5. 防 DDoS 攻击

部署 DDoS 防御，抵御大流量的 DDoS 攻击，为政务云提供 DDoS 攻击防护，对 SYN FLOOD、UDP FLOOD、ICMP FLOOD、DNS FLOOD、CC 等多种 DDoS 攻击种类的准确识别和控制，同时还能提供蠕虫病毒流量的识别和防范服务能力。

部署位置说明：外网互联网接入区。

6. 入侵防御系统

集成部署入侵防御系统（Intrusion Protection System），主要用于检测政务云应用主机存在的攻击迹象，通过应急响应机制，将攻击影响减少到最低的程度。入侵防御系统通过实时侦听网络数据流，寻找网络违规模式和未授权的网络访问尝试。当发现网络违规行为和未授权的网络访问时，网络监控系统能够根据系统安全策略做出反应，包括实时报警、事件登录或执行用户自定义的安全策略（如与防火墙建立联动）等，主要内容包括：

① 入侵检测产品应有国家相关安全部门的证书；

② 对配置更改，入侵防御系统配置改动，进行监控；

③ 定期备份配置和日志；

④ 入侵防御系统设置加长口令；

⑤ 网络管理人员调离或退出本岗位时口令应立即更换。

部署位置说明：互联网接入区。

7. 防毒墙

防毒墙主要利用"恶意站点过滤引擎""深度内容检测与特征匹配引擎"和"启发式引擎"三大过滤引擎对进出网络的 HTTP、HTTPS、FTP、SMTP、POP3、IMAP 等几种协议流量进行依次的扫描过滤，最大程度地确保检测的准确性，减少漏查和误报。

其具体功能点如下：

① 分析检测并阻止 HTTP、HTTPS、FTP、SMTP、POP3、IMAP 双向流量中的病毒、木马、间谍软件、蠕虫、后门等网络威胁；

② 间谍软件回传阻止；

③ 过滤阻断病毒发布源；

④ 防钓鱼；

⑤ 过滤分块下载中的病毒；

⑥ 应对零日攻击；

⑦ 快速定位内部威胁终端；

⑧ 过滤阻断 Botnet（僵尸网络）Web 服务器；

⑨ 细粒度的应用控制。

防毒墙在分析识别 IM、P2P、流媒体、网络游戏、网络炒股等互联网应用或内容后，通过基于用户按时间段制订允许、阻断、限流和记录日志等细粒度的策略达到对互联网应用的控制、分析与监控；同时为了满足策略群组中特定用户的需求，还可以设定特定的例外 IP 或用户。

网络流量整形、优化及关键网络应用加速递进式的带宽统计报表，能够提供基于网络应用和基于用户的精细化流量分析，帮助管理员在全局与细节上掌握网络带宽使用状况，提升企业网络透明度，指导网络运维，从而方便企业管理员有针对性地实施基于网络应用、用户和时间段的带宽分配与管控策略。

基于网络应用、IP/IP 组 /IP 地址段、用户/用户组、时间段的上行流量和下行流量带宽保证以及带宽限制，不仅能够提供对非关键网络应用的控制和限速，达到为企业网络流量整形的目的，还能够为关键的业务系统或网络应用提供带宽保证，达到网络流量优化和网络应用加速的目的。

Web 服务器保护功能部署在 Web 服务器的前端，通过对进出 Web 服务器的 HTTP/HTTPS 协议相关内容的实时分析监测、过滤，来精确判定并阻止各种 Web 入侵行为，阻断对 Web 服务器的恶意访问与非法操作，适应 Web2.0 时代的主动实时监测过滤风险，而不是被动地遭受攻击后的恢复，将恶意代码、非授权篡改、应用攻击等众多因素结合在一起进行综合防范，从而做到对 Web 服务器的保护，防止网站被挂马和植入病毒、恶意代码、间谍软件等，防 SQL 注入，防 XSS 攻击等。

高性能的产品平台优化重写 TCP 协议栈且支持多核的专用操作系统，并结合专注网络具有并行扫描技术的病毒扫描引擎，是网神 SecAV 3600 防毒墙高性能的技术保障，为客户提供了高性能的产品平台，并且随着硬件配置的提升，性能可近似线性增长。

部署位置说明：互联网接入区。

8. 入侵检测系统

入侵检测系统（Intrusion Detection System）是对防火墙有益的补充，入侵检测系统被认为是防火墙之后的第二道安全闸门，对网络检测，提供对内部攻击、外部攻击和误操作的实时监控，提供动态保护，大大提高了网络的安全性。

入侵检测系统主要有以下特点。

事前警告：入侵检测系统能够在入侵攻击对网络系统造成危害前，及时检测到入侵攻击的发生，并报警。

事中防护：网络系统入侵攻击发生时，入侵检测系统可以通过与防火墙联动、TCP Killer 等方式报警及动态防护。

事后取证：网络系统被入侵攻击后，入侵检测系统可以提供详细的攻击信息，便于取证分析。

入侵检测的功能和优点主要体现在以下几个方面。

① 能在网络中实现基于内容的检测；能够在看似合法访问的信息中发现攻击的信息（如隐藏在 URL 中的攻击行为），并做出相应的处理；能够对网络的入侵行为进行详细完整的记录，为以后的调查取证提供有力的保障。

② 对发现的入侵行为有多重灵活的处理方式，比如，中断非法连接、发出电子邮件或传呼警告等。

③ 能够检测来自外部的攻击，还能够检测来自内部的相互攻击。

部署位置说明如下：

① 安全接入平台区核心旁挂 IDS；

② 内网核心交换区核心旁挂 IDS；

③ 外网核心交换区旁挂 IDS。

9. 流量审计

流量审计系统提供流量分析功能，产品内置 NetFlow 接收引擎，分析 NetFlow 信息，统计分析当前网络流量状况，用户可根据此功能分析网络中的应用分布以及网络带宽使用情况等。

① 基于流的流量分析，提供收集 NetFlow 信息的能力。

② 可以对接口、传输协议、应用协议、应用协议组、源目的地址、源目的端口进行统计分析，可以多条件组合分析。

③ 支持流量趋势分析。

④ 支持流量分析的下钻与上卷。

⑤ 支持 IP 分组流量统计。

（1）网络协议内容审计

流量审计系统可针对常见的网络协议进行内容和行为的审计，主要包括如下内容。

① 网页：HTTP 浏览与发布。

② 邮件：SMTP、POP3、IMAP、WebMail。

③ 文件传输：FTP。

④ 文件共享：Netbios、NFS。

⑤ 即时通信：MSN、QQ、飞信、飞秋、腾讯通。

⑥ 文件共享：SMB、NFS。

⑦ Telnet 审计。

⑧ DNS 审计。

⑨ Rlogin 审计。

⑩ Radius 审计。

（2）基本信息审计

基本信息主要包括 TCP 五元组、应用协议识别结果、IP 地址溯源结果等。

① 源地址，目的地址，源端口，目的端口，传输协议。

② 源 MAC，目的 MAC，源用户，目的用户。

③ 源国家，目的国家，源区域，目的区域，源城市，目的城市。

④ 应用协议名，应用协议分组。

⑤ VLANID，时间。

（3）多维度统计分析

流量审计系统提供多维度的统计分析，系统内置的统计分析引擎能从多维度统计分析业务系统与数据库系统的压力。分析 SQL 语句以及网络带宽上的性能瓶颈，为保障系统持续稳定运行打下基础，为网络扩容提供依据。

① 支持自定义多维度统计分析场景，用户可根据自身的业务需求，对审计结果的任意属性进行统计分析。

② 支持统计分析的下钻与上卷。

③ 事件实时统计，查看统计结果时快速返回，操作人员无须等待。

④ 统计结果以饼图、柱图展示，可导出统计结果报表。

部署位置说明：

内网核心交换区旁挂流量审计系统；

外网核心交换区旁挂流量审计系统。

10. 链路负载均衡

互联网接入主要服务于运营商，根据客户需求调研，互联网接入前期由两个运营商互联网链路构成，后期视业务需要升级至三条链路。考虑到互联网接入采用多运营商、多链路的情况，跨不同运营商链路访问时，网络存在延时大、丢包率高而导致客户体验不好等问题。故本期通过链路负载均衡器（LLB）组网，实现对外发布区的应用系统和网络服务器在访问互联网络的服务和网站时能够在多条不同的链路中动态分配和负载均衡，实现智能寻路。

部署位置说明：互联网接入区。

11. 云服务器网络

政务云计算资源采用虚拟化架构，云服务器网络的安全要求包括：

① 应用系统按照安全要求进行云服务器资源隔离；

② 云服务器的业务网络和管理网络应逻辑隔离。

12. 漏洞扫描

在管理区域部署漏洞扫描系统，扫描的对象包括云服务器、防火墙、路由器和交换机等，通过定期对 IT 系统扫描，可以及时发现存在的漏洞；通过与防火墙、入侵防御系统的有效配合，可以有效提高系统的安全性。

漏洞扫描的策略主要内容包括：

① 按照业务系统本身的特点制定定期的漏洞扫描策略，避开业务高峰时段，分网段、分业务制定单独的策略；

② 在突发的安全事件中，迅速定位可疑位置，对可疑的网段及设备进行漏洞扫描，及时处理漏洞；

③ 根据不同的扫描对象选择或制定不同的策略，如针对防火墙、云服务器、路由器和交换机等，扫描结束后生成详细的安全评估报告，其中包括缺少的安全补丁、词典中可猜中的口令、不适当的用户权限、不正确的系统登录权限、操作系统内部是否有黑客程序驻留、不安全的服务配置等；

④ 快速全面的漏洞结果分析，提交分析报告。安全管理人员可根据报告中详述的内容修改操作系统、防火墙、路由器、交换机中不安全的配置。

部署位置说明：内外网运管区。

13. 虚拟专网（VPN）

对于外部进入政务云的管理访问或安全访问通过安全认证网关设备，启用虚拟专用网（VPN）技术访问政务云上的敏感信息。虚拟专用网（VPN）要求包括：

① 提供灵活的 VPN 网络组建方式，支持 IPSec VPN 和 SSL VPN，保证系统的兼容性；

② 支持多种认证方式，支持"用户名＋口令"、证书、"USB＋证书＋口令"三因素认证方式；

③ 支持隧道传输保障技术，可以穿越网络和防火墙；

④ 支持网络层以上的 B/S 和 C/S 应用；

⑤ 能够为用户分配专用网络上的地址并确保地址的安全性；

⑥ 对通过互联网络传递的数据必须经过加密，确保网络其他未授权的用户无法读取该信息；

⑦ 提供审计功能。

部署位置说明：

① 外网运管区 SSL VPN 及 IPSeC VPN 系统；

② 内网核心防火墙开启 SSL VPN 功能。

14. 操作监控与审计（堡垒机）

保障政务云网络和数据不受来自外部和内部用户的入侵和破坏，运用操作监控与审

计设备（堡垒机）实时收集和监控网络环境中每一个组成部分的系统状态、安全事件、网络活动，以便集中报警、记录、分析、处理。其具体要求包括：

① 对操作系统、数据库、网络设备、安全设备等一系列授权账号进行密码的自动化周期更改；

② 统一账户管理策略，对所有服务器、网络设备、安全设备等账号集中管理和监控；

③ 角色管理能力，审计巡检员、运维操作员、设备管理员等自定义设置，以满足审计需求；

④ 统一的认证接口，对用户进行认证，支持身份认证模式，包括动态口令、静态密码、硬件 key 和生物特征等多种认证方式；设备具有灵活的自定义接口，可以与第三方认证服务器之间互联；

⑤ 基于用户、目标设备、时间、协议类型 IP 和行为等要素实现细粒度的操作授权；

⑥ 对不同用户制定不同策略，实行细粒度的访问控制；

⑦ 对字符串、图形、文件传输和数据库等全程进行操作行为审计；通过设备录像方式实时监控运维人员对操作系统、安全设备、网络设备和数据库等各种操作；对违规行为进行事中控制；对终端指令信息能够进行精确搜索，录像精确定位。

部署位置说明：

① 内网运管区；

② 外网运管区。

15. 防病毒系统

根据政务云下安全服务的特点，部署防病毒系统，提供防病毒和防恶意软件服务（可选），避免对业务系统的安全影响。资源池下虚拟机迁移时，系统将继续保持安全防护，统一管理和执行安全策略。

部署位置说明：

① 内网运管区；

② 外网运管区。

16. 安全管理中心

安全管理中心系统由设备状态实时监视、数据采集与处理、数据存储、安全事件实时关联分析、告警响应以及系统管理等子系统构成。各子系统相互耦合、协作，保证整个系统稳定、高效。系统架构如下所述。

（1）安全信息数据自动收集

自动收集各种安全设备（如防火墙、IDS、AV 等）、网络设备（如路由器、交换机）、应用系统（如 Web、Mail）、操作系统（如 Windows、Linux、Unix）等所产生的海量安全信息数据，数据采集速度高达 20 000条/秒，支持远程、代理两种数据收集模式，支持 Syslog、SNMPTrap、Netflow、JDBC、SSH、SNMP Get、WMI、Telent 等协议安全信息数据的收集。

（2）安全信息格式归一化处理

将不同系统所产生的不同格式、难以理解的安全信息数据统一格式化处理，提炼出有用信息，清晰、明确地展示给管理者。

（3）原始安全信息数据高效存储

完备的安全信息原始数据存储策略，符合塞班斯、等保、分保等合规性要求。管理者可以针对不同的管理对象设置不同的存储策略，采用专用数据存储技术对海量安全信息数据实时压缩，压缩比高达 10:1，每兆存储空间可存储 20 000 条以上安全信息。数据加密存储，防篡改，支持自定义存储位置（磁盘阵列、SAN、NAS 等外部存储网络），以获取超大存储空间；支持存储空间实时动态监视，图形化显示最新存储空间使用情况；支持按存储空间、存储时间进行多维度存储策略管理。若存储空间超过设定阈值，则系统自动报警，提醒管理者备份原始数据。数据的备份支持手动备份、自动备份两种模式。

（4）安全事件实时分析

系统在自动收集原始安全信息数据的同时根据事件规则对数据进行实时、深度的安全事件分析，并将分析所得的安全事件存储并通知告警平台，支持安全事件的实时监视、查询。

（5）安全事件实时告警

安全事件告警响应模块根据实时分析所得的符合安全事件告警规则的安全事件进行实时安全告警，支持按事件级别产生告警，可设置事件发生频率；支持自定义告警规则；支持的响应方式包括 SNMP Trap、执行本地命令、声音告警和电子邮件。

（6）设备状态实时监视

系统实时监控单位网络设备、安全设备、主机以及应用信息系统的基本信息、流量信息、连接数信息、接口使用信息、CPU 使用率、内存使用率等状态信息。实时监视对象可手动添加配置。

（7）安全信息高效查询

系统支持对海量安全信息进行组合条件检索查询，独特的海量数据查询技术，真正实现了即查即显。查询结果根据归一化后的格式展现给管理者，便于管理者事后追溯。同时，系统为具有一定专业知识的高级管理者提供归一化数据与原始数据同屏对比显示功能，高级管理者可以更深入地分析原始安全信息数据。系统支持多条件检索查询；支持原始数据全文检索。查询结果支持 Word、Pdf、Excel 等多种格式导出；支持将备份数据进行还原检索查询；支持查询结果的二次查询。

（8）多样化统计分析报表

系统在对安全信息数据进行详尽的分析及统计的基础上支持丰富的报表，实现分析结果的可视化。为了帮助管理员对网络事件进行深度的挖掘分析，系统提供 500 多种统计主题，支持管理员从不同角度进行安全信息的可视化分析。审计报表支持按照排行、流量和概要进行统计，同时支持日、月、年等统计周期。对于统计结果系统提供了表格及多种图形表现形式（柱状图、曲线图），使管理员一目了然。另外，系统在进行安全

事件实时分析的同时进行统计分析，大大减少了管理者在需要时查看统计分析报表的等待时间，海量数据统计分析报表查看时间小于 20s。

（9）系统状态实时监控

系统以图形化的方式为管理者实时展现本系统的运行状况，包括流量、内存使用率、CPU 使用率和存储空间使用率等；同时也支持实时安全信息监控、实时告警事件监控、实时安全事件监控。

部署位置说明：

① 内网运管区；

② 外网运管区。

9.5.3 主机安全

1. 可信网关

可信边界安全网关是基于 SSL 协议的独立远程接入安全平台，无须改变网络结构和应用模式，为基于 B/S 和 C/S 架构的网络应用提供身份认证、传输安全和访问控制等安全服务；完全支持 Web 应用，以及 Exchange、SMB、FTP、Telnet、CRM、ERP、Mail、Oracle 和 SQL Server 等 C/S 模式应用。

可信边界安全网关支持广泛的身份认证机制，包括第三方的 Radius 认证系统、第三方动态口令认证系统以及第三方基于 PKI 的认证系统。

可信边界安全网关与目前市场通用的 SSL VPN 的区别在于它完全采用国产加密算法，采用国产加密卡存储数字证书，该证书不可导出，具有极强的安全性。

该产品能解决以下的安全问题。

（1）解决身份认证问题

在远程跨信任域访问中需防止非法用户冒充合法用户身份或一个合法用户冒充另一合法用户身份，最常用的方法就是身份认证。可信边界安全网关提供对用户身份的认证功能、终端和网关之间的相互身份的认证功能和业务应用系统对用户的身份认证功能。

（2）解决设备认证问题

可信边界安全网关自动收集终端硬件信息，根据管理员事先设置的终端信息（如终端软硬件特征码、硬盘号、CPU 号等），确保只有经过注册的合法用户终端才能与网关相连接，保证接入终端设备的合法性。

（3）解决通信加密问题

一旦用户终端与可信边界安全网关之间建立了 SSL 安全通道，所有应用数据的传输都在 SSL 记录协议的安全保护下进行，依据 SSL 握手协议阶段确定的加密算法和密钥，对数据加密保护；使用哈希算法和数字签名技术，对数据传输进行完整性保护。

（4）解决访问控制问题

可信边界安全网关采用了基于角色的应用授权和访问控制机制，依据"最小授权"原则，对用户的应用服务访问权限严格控制，有效避免了发生超越权限的访问行为。

（5）解决安全审计问题

可信边界安全网关提供完备的日志审计管理，用户通过可信边界安全网关发生的应用访问行为都会被记录到系统日志中，以便事后查看和分析。

可信边界安全网关适用于保证操作者的物理身份与数字身份相对应的场合，包括政府、公安、军队、税务、电力、铁路、海关、银行、证券、教育及航空等各类行业，包括以下功能。

① 身份认证

支持口令和数字证书双因素认证方式。

② 设备认证

自动收集终端硬件信息，确保只有经过注册的合法用户终端才能与网关相连接，保证接入终端设备的合法性。

③ 通信加密

所有应用数据的传输都在 SSL 记录协议的安全保护下进行。

④ 访问控制

对用户的应用服务访问权限严格控制，有效避免了发生超越权限的访问行为。

⑤ 虚拟门户

具有虚拟门户功能。

⑥ 单点登录

具有单点登录功能。

⑦ 客户端安全

支持多种客户端，提供客户端应用绑定功能，通过主机检查、缓存清除、ARL（Access Restriction List 访问限制列表）、用户登录锁定等措施保证客户端的安全，提供客户端安全检查功能，并可定制主机检查顺序，多种职能客户端功能。

⑧ 安全审计

提供完备日志审计管理，用户应用访问行为都被记录到系统日志中，以便事后查看和分析。

⑨ 部署位置说明：

安全接入平台区。

2. 主机系统安全

系统安全规划包括主机安全加固和系统运行安全两个方面，主机安全加固是针对主机系统的脆弱性，制定身份鉴别与认证、访问控制和审计跟踪等安全策略；系统运行安全是制订系统操作程序和职责，以及对应用系统的安装过程管理的策略。

完善系统上线或升级的管理制度，严格做好测试和数据备份工作。

系统操作确认机制：对系统软件、应用软件和业务数据以及改动设备和系统的配置和连接等操作，设定操作申请、确认机制，拥有相应权限的管理员需要遵循该机制相应的系统级别操作。

政务云通过身份认证、访问控制、审计跟踪和系统安全操作等方式构造全面细致的

系统安全防护机制。

3. 虚拟机系统安全

① 数据中心由云管理平台统一管理虚拟化，对虚拟机管理均经过加密，虚拟主机的访问及存取更受身份识别的严格管控，并经由防火墙对虚拟环境进行逻辑隔离以确保安全。

② 云平台可针对虚拟机进行流量控制，避免带宽占用影响到虚拟机服务。

③ 平台更提供商用虚拟化防火墙、防毒等软件，可供使用者选用。

④ 平台针对每个虚拟机的操作、流量进行监控，并保存日志供查询及审核。

4. 应用负载均衡

政务云各类应用系统通过虚拟机或物理机承载，为了保证应用系统的稳定性，通常使用多台虚拟机或物理机承载同一套应用系统。通过应用负载均衡，能够有效地分担应用系统的访问请求，将访问流量按照设定的策略负载分担到各个节点上，以提高业务系统的稳定性和冗余性，任一节点发生故障都不会导致系统不可用。同时由于访问请求被合理分配，也有效提高了各节点的资源利用率。

常见的负载均衡算法包括：轮询、加权轮询、哈希、最小连接、最快响应等。

政务云应用负载均衡部署采取以下两种模式。

在虚拟化环境中，通过 NFV（网络功能虚拟化）形态，将负载均衡以虚拟化方式部署于平台中，实现对虚拟机的应用负载均衡。

在物理机环境中，通过部署硬件应用负载均衡器，实现对物理服务器的应用负载均衡。

部署位置说明：

① 内网核心交换区部署；

② 外网核心交换区部署。

5. 日志审计

日志审计系统通过对客户网络设备、安全设备、主机和应用系统日志进行全面的标准化处理，及时发现各种安全威胁、异常行为事件，为管理人员提供全局的视角，确保客户业务的不间断运营安全；通过日志关联分析引擎，为政务云管理人员提供全维度、跨设备、细粒度的关联分析，透过事件的表象真实地还原事件背后的信息，提供真正可信赖的事件追责依据和业务运行的深度安全。

日志审计系统能够实现解析规则与关联规则的定义与分发、日志信息的统计与报表、海量日志的存储与快速检索以及平台的管理。通过各种事件的归一化处理，实现高性能的海量事件存储和检索优化功能，提供高速的事件检索能力、事后的合规性统计分析处理。

部署位置说明：

① 内网运管区；

② 外网运管区。

9.5.4 应用安全

1. 网页防篡改系统

网页防篡改系统包含防篡改、防攻击两大子系统的多个功能模块，为网站安全建立全面、立体的防护体系。

防篡改模块具有如下功能：

① 支持多种保护模式，防止静态和动态网站内容被非法篡改。新一代内核驱动及文件保护，确保防护功能不被恶意攻击或者非法终止；

② 采用核心内嵌技术，支持大规模连续篡改攻击保护；

③ 完全杜绝被篡改内容被外界浏览；

④ 支持断线/连线状态下篡改检测；

⑤ 支持多服务器、多站点、各种文件类型的防护。

部署位置说明：

外网运管区。

2. WAF 防火墙

WAF 防火墙有效防止网页篡改、信息泄露、木马植入等恶意网络入侵行为，从而减小政务云 Web 类型服务器被攻击的可能性。

通过在政务云部署 WAF 防火墙，用来控制对 Web 应用的访问，实现对 Web 类型服务器相关的操作行为进行审计记录，包括管理员操作行为记录、安全策略操作行为、管理角色操作行为、其他安全功能配置参数的设置或更新等行为。增强被保护政务云 Web 应用的安全性，屏蔽 Web 应用固有的弱点，保护 Web 应用编程错误导致的安全隐患。

部署位置说明：

外网核心交换区旁挂 WAF。

3. Web 漏洞扫描

Web 漏洞扫描系统可对包括门户网站、电子商务、网上营业厅等各种 Web 应用系统进行安全检测，同时其全面性还体现在检测技术上。Web 漏扫系统检测漏洞覆盖了 OWASP Top10 和 WASC 分类，系统支持挂马检测，支持 IPv6、Web2.0、AJAX、各种脚本语言、PHP、ASP、.NET 和 Java 等环境，支持 Flash 攻击检测、复杂字符编码、会话令牌管理、多种认证方式（Basic、NTLM、Cookie、SSL 等），支持代理扫描、HTTPS 扫描等。

部署位置说明：

① 内网运管区；

② 外网运管区。

4. 数据库审计

数据库审计实时记录政务云上政务应用的数据库活动，对数据库操作进行细粒度审计的合规性管理，对数据库遭受到的风险行为进行告警，对攻击行为进行阻断。通过对用户访问数据库行为的记录、分析和汇报，帮助用户事后生成合规报告、事故追根溯源，同时加强内外部数据库网络行为记录，提高数据资产的安全。

部署位置说明：

内网核心交换区旁挂数据库审计。

9.5.5 数据安全

数据中心需具备数据可靠存储资源的能力，保证数据在存储时的可用性、完整性，保证一个副本或备份有效，数据要存储在合同、服务水平协议和法规允许的地理位置；支持数据处理过程中对数据的保护，保证各个独立用户的数据安全；具备数据处理过程中数据可靠读写的能力，保证用户数据在处理过程中的可用性与完整性；对数据使用行为进行监控，对数据实施安全访问控制。数据备份恢复机制、租户间数据隔离机制、数据访问日志记录机制构成了衡量数据安全的关键要素。

9.5.6 机房安全

机房安全是指对政务云数据中心机房内所有物品实行严格的进出审批及进出登记管理，对记录文档永久保存。

为确保政务云各数据中心的公共安全，数据中心应与本地公安联防、消防部门等建立密切联系。

数据中心应实施严格的环境安全管理制度，包含多重门禁控制、楼宇保安巡逻等；对数据中心机房关键区域实行严格的门禁准入管理，对需进出数据中心的设备和物品履行严格的核查及放行手续，其中进出机房的设备还必须获得数据中心管理层的审批后才可核查与放行，从员工进入数据中心开始到离开数据中心实施全程监控管理。

数据中心还应实行严格的授权准入制度与分区域管理，外来人员需获得授权并在内部人员陪同下才能进入数据中心的各安全管制区域；对授权进入机房内的服务厂商，值班人员负责在现场陪同工作，并对相关操作记录。政务云数据中心将严格遵守国家的法律、法规，以及行业监管部门的相关规定，确保运维服务期间数据安全和业务秘密。

9.5.7 灾备安全

数据中心的灾备安全方案应参照主数据中心的安全方案实施。

9.5.8 设备级安全

1. AAA 安全认证

建议所有网络设备纳入 AAA 管理系统实现统一认证、授权、审计管理，网络设备虚拟终端（VTY，Virtual TYpe Terminal）登录通过 AAA 系统控制。AAA 管理系统中针对路由器、交换机的管理用户至少分为两种权限类型，读写权限和只读权限，管理用户应授权到个人。

此外，网络设备设置本地特权用户及静态密码，作为 AAA 系统失效的备份机制，本地特权用户具有设备最高管理权限。

2. 网络设备访问控制

对路由器和交换机的管理，主要通过设备本身的 Console/Aux 控制端口、网络远端 VTY（虚拟终端）。通常 Console/Aux 控制端口连接访问服务器作为带外网络管理，VTY

（虚拟终端）远程访问是访问设备的最常用的方法。

（1）Console/Aux 控制端口

数据中心应加强机房安全控制，避免非法人员接触设备 Console/Aux 控制端口，并适当降低 Console/Aux 控制端口的非活动超时时间，降低被盗用的风险。

Console/Aux 非活动超时时间建议使用 5 分钟。

（2）VTY（虚拟终端）远程访问

默认情况下，网络设备对 VTY 远程登录没有访问控制，所以使用 ACL 限制对 VTY 的访问，只允许信任的用户从指定位置进行访问非常重要，而且可以进一步使用扩展访问列表进行更好地审查和控制；对于非法扫描和入侵企图都能有详细的 TCP/IP 信息记录。另外，需配置 VTY 远程登录允许的协议，控制在 Telnet 和 SSH 两种。

Telnet 是当前网络设备配置和管理最常用的技术手段之一。当前所有网络设备必须启用 Telnet 协议功能。该协议功能要求网络设备设置访问控制，只允许运管区的服务器能够 Telnet 网络设备。

SSH 协议具备 Telnet 的所有功能，同时大大提高了安全性。建议同时启用 SSH 协议。网络配置管理逐步从 Telnet 向 SSH 过渡。

同时，网络设备适当降低虚拟终端远程访问端口的非活动超时时间，限制远程访问的 session 连接数，降低被盗用的风险，提高设备的安全性。

建议虚拟终端远程访问端口的非活动超时时间为 5 分钟，最大时域（session）数为 5。

（3）SNMP 网管协议访问

通过 SNMP（Simple Network Management Protocol）网管协议能够收集设备的运行状态数据，并且对数据处理，将数据图形化，分析数据以便流量调整，是全网网管系统必须依靠的协议。但另一方面，数据中心应务必保证对 SNMP 的使用进行严格控制，使其不成为安全方面的漏洞。

建议全网网络设备启用 SNMP 版本 2 代理，为网管设备提供丰富的管理信息。

强烈推荐设备均使用 SNMP 的只读模式。如果计划使用简单网管协议用于读写模式，务必很好地考虑使用此模式的风险，在这种模式下，错误的配置可能使网络设备具有很大的安全隐患。

访问控制列表限制对设备 SNMP 的访问，明确哪些网段可通过指定 Community 值访问本机的 SNMP，防止网络外的非法用户通过 SNMP 对网络探测。

3. 网络设备自身安全

（1）关闭不必要的网络服务

路由器和多层交换机均有一些缺省开启的服务，很有可能会被非法利用，通过关闭这些服务，可以增强网络设备自身的安全，只有明确需要时才启用这些特性。

表 9.2　需关闭的服务列表

服务名称	方式	解释
service pad	全局	端口扫描、非法登录……

（续表）

服务名称	方式	解释
service finger	全局	端口扫描、非法登录……
ip source-route	全局	源路由攻击、DOS……
service dhcp	全局	关闭DHCP服务
service udp-small-servers	全局	关闭echo、discard等小型服务，防止DOS攻击
service tcp-small-servers	全局	关闭echo、discard等小型服务，防止DOS攻击
ip bootp server	全局	关闭Bootp协议，防止DOS攻击
ip http server	全局	关闭端口的端口扫描、非法登录……
ip domain-lookup	全局	关闭域名查找服务
cdp enable	端口	关闭外连端口的CDP协议，防止信息泄露
ip proxy-arp	端口	关闭端口ARP代理，对红色代码等病毒有效防止
ip unreachable	端口	关闭端口针对ICMP Unreachable的回答
ip directed-broadcast	端口	关闭端口的直接广播
ip redirects	端口	关闭端口对数据包重定向的服务
shutdown	端口	关闭暂不使用的物理端口

（2）调整系统默认配置

网络设备通常提供一些标准的初始配置，针对不同的网络应用环境，应适当更改这些系统默认配置，以增强设备的安全性。

默认情况下，所有连接到路由器 VTY 远程访问、Console/Aux 控制端口的非活动超时时间都是 10 分钟，留下一定范围内以提供抢占合法用户登录后空隙的机会。数据中心应适当缩减非活动超时时间，降低被盗用的风险。但需要注意的是，设置空闲为 0 的会话连接始终保留，通常被看作是不好的习惯。在路由器上非常有限的访问端口被占用后，新的连接就无法建立，且在某些特定情况下，这些被保持的连接很有可能会被非法利用。

第10章　消防安全

数据中心作为一个系统工程，要正常发挥其作用，必须将各子系统协调好。消防系统作为机房安全保护子系统，一方面，机房的整体功能需要该系统的支持，另一方面，消防安全保护支持功能也需要机房的其他子系统的协调支持。所以消防系统的设计必须更加深入地配合机房的整体系统设计，本书就当前数据中心常用的消防系统进行简单介绍。

10.1　消防系统

10.1.1　气体灭火系统

气体灭火系统广泛地用于各类重要设备机房的保护。该系统的特点是对设备没有明显的损害，系统也相对简单、灵活。

气体灭火系统可分为化学气体灭火剂和惰性气体灭火剂。化学气体灭火剂的原理是灭火剂参与燃烧过程，并切断燃烧的链式反应。典型的化学气体灭火剂是七氟丙烷，该灭火剂的优点是灭火效率高，尤其是对油类灭火。但这类气体多数都是超级温室气体，所以不宜大量使用。此外，化学气体在灭火过程中，在高温环境下还会分解出氢氟酸等副产品，而氢氟酸有很强的腐蚀性，会缓慢腐蚀电子设备。

惰性灭火剂的灭火原理是，降低保护区内的氧气浓度，使之不能支持燃烧，这与化学气体灭火剂完全不同。典型的惰性灭火剂是 IG-541，其成分为氮气、氩气、二氧化碳按 5:4:1 的混合物。对于数据中心，惰性气体的灭火浓度较化学气体高很多倍，所以钢瓶较多，占用钢瓶间面积也比较大，但灭火剂便宜，其综合造价略高于化学气体灭火系统。

洁净气体是 1996 版 NEPA2001 中出现的定义，即不导电、易挥发、蒸发时无残留

物的气体灭火剂。洁净气体是针对哈龙 1301 或 1211 的概念，也就是对大气臭氧层没有破坏作用的气体。七氟丙烷、三氟丙烷、混合惰性气体及二氧化碳等都属于洁净气体，但不是"绿色"环保型气体。

气体灭火系统的使用应充分考虑到系统的特点。气体灭火系统应用于规模比较小的机房，也不宜长距离输送。保护区过大，会使灭火剂很难到达规定的灭火浓度，并且非常不经济。

气体灭火系统对保护区的密封性有苛刻的要求，在实际工程中很难做到严格的密闭。根据美国 FM 的调查结果，气体灭火的失败率是 49%，而失败的绝大多数原因是灭火剂达不到设计的灭火浓度。迄今为止，国内还没有气体灭火成功的案例。另外，国内、外还频繁地发生气体灭火系统误喷，甚至伤人事故。因此，出于安全考虑，气体灭火系统不得用于有人职守的机房。

10.1.2 细水雾系统

细水雾是高压水经过特殊喷嘴而产生的极其细小且具有充足动量的水喷雾。该技术灭火、控火的效率远高于普通水喷淋系统，并且具有高效、环保、节水的特点，在欧洲广泛地用于数据设备机房的保护。

细水雾技术极大地增加了单位体积水的表面积，能更高效地吸收热能，进而冷却火焰。水雾在吸收热能后迅速汽化，其体积将增加 1 650 倍。另外，产生的水蒸气既稀释了火焰周围氧气的浓度，同时又阻止了外部氧气的补充，进而灭火。此外，细水雾还具有阻挡辐射热和"洗涤"烟雾的功能。该功能尤其有利于人员或数据中心的保护。

细水雾系统分为高压、中压和低压系统，而用于数据中心的系统主要是高压系统。通常，喷头的最低工作压力不宜小于 8.0MPa，雾滴直径不宜大于 200μm（最好小于 100μm）。该系统可为开式系统，也可为闭式系统，而在欧洲的大型数据机房，基本上采用的是高压闭式系统。

开式系统由闭式细水雾喷嘴、选择阀、泵组及水箱等构成，其工作原理类似于雨淋系统。闭式系统由闭式细水雾喷嘴、区域阀、泵组及水箱构成，工作原理类似于水喷淋系统。

高压细水雾消防栓是类似于消防水喉的手持式灭火设备，由高压细水雾水枪、高压软管、箱体等组成。该设备可直接与细水雾管道系统连接，具有很好的机动性和良好的操控性，便于普通工作人员使用，尤其适用于数据机房。

细水雾系统可参考的国际标准主要有美国防火协会的《细水雾消防系统规范》和欧盟的《细水雾消防系统设计、安装规范》。系统的设计除了应执行相关的设计规范外，还应符合由独立第三方火灾实验室提供的、符合国际上相关测试协议的火灾测试报告。

10.2 火灾自动报警系统

火灾自动报警系统是人们为了早期发现、通报火灾，并及时采取有效措施，控制和扑灭火灾，而设置在建筑物中或其他场所的一种自动消防设施，是人们同火灾进行斗争的有力工具。

10.2.1 系统的组成

火灾自动报警系统是由触发器件、火灾报警装置、火灾警报装置以及具有其他辅助功能的装置组成的火灾报警系统。它能够在火灾初期，将燃烧产生的烟雾、热量和光辐射等火灾参数，通过感温、感烟和感光等火灾探测器变成电信号，传输到火灾报警控制器，并同时显示出火灾发生的部位，记录火灾发生的时间。一般火灾自动报警系统和自动喷水灭火系统、室内消火栓系统、防排烟系统、通风系统、空调系统、防火门、防火卷帘、挡烟垂壁等相关设备联动，自动或手动发出指令、启动相应的装置。

1. 触发器件

在火灾自动报警系统中，自动或手动产生火灾报警信号的器件称为触发件，主要包括火灾探测器和手动火灾报警按钮。火灾探测器是能对火灾参数（如烟、温度、火焰辐射、气体浓度等）响应，并自动产生火灾报警信号的器件。按响应火灾参数的不同，火灾探测器分成感温火灾探测器、感烟火灾探测器、感光火灾探测器、可燃气体探测器和复合火灾探测器 5 种基本类型。不同类型的火灾探测器适用于不同类型的火灾和不同的场所。手动火灾报警按钮是以手动方式产生火灾报警信号、启动火灾自动报警系统的器件，也是火灾自动报警系统中不可缺少的组成部分之一。

2. 火灾报警装置

在火灾自动报警系统中，用以接收、显示和传递火灾报警信号，并能发出控制信号和具有其他辅助功能的控制指示设备称为火灾报警装置。火灾报警控制器就是其中最基本的一种。火灾报警控制器担负着为火灾探测器提供稳定的工作电源；监视探测器及系统自身的工作状态；接收、转换、处理火灾探测器输出的报警信号；进行声光报警；指示报警的具体部位及时间；同时执行相应辅助控制等诸多任务，是火灾报警系统中的核心组成部分。

在火灾报警装置中，还有一些如中断器、区域显示器、火灾显示盘等功能不完整的报警装置，它们可视为火灾报警控制器的演变或补充。其在特定条件下应用，与火灾报警控制器同属火灾报警装置。

火灾报警控制器的基本功能主要有：主电、备电自动转换，备用电源充电功能，电源故障监测功能，电源工作状态指示功能，为探测器回路供电功能，控制器或系统故障声光报警，火灾声、光报警、火灾报警记忆功能，时钟单元功能，火灾报警优先报故障功能，声报警音响消音及再次声响报警功能。

3. 火灾警报装置

在火灾自动报警系统中，用以发出区别于声、光环境的火灾警报信号的装置称为火灾警报装置。它以声、光音响方式向报警区域发出火灾警报信号，以警示人们采取安全疏散、灭火救灾措施。

4. 消防控制设备

在火灾自动报警系统中，当接收到火灾报警后，能自动或手动启动相关消防设备并

显示其状态的设备，称为消防控制设备。消防控制设备主要包括火灾报警控制器，自动灭火系统的控制装置，室内消火栓系统的控制装置，防烟排烟系统及空调通风系统的控制装置，常开防火门、防火卷帘的控制装置，电梯回降控制装置，以及火灾应急广播、火灾警报装置、消防通信设备、火灾应急照明与疏散指示标志等控制装置中的部分或全部。消防控制设备一般设置在消防控制中心，以便于实行集中统一控制。有的消防控制设备也设置在被控消防设备所在现场，但其动作信号则必须返回消防控制室，实行集中与分散相结合的控制方式。

5. 电源火灾自动报警系统

电源火灾自动报警系统属于消防用电设备，其主电源应当采用消防电源，备用电采用蓄电池。系统电源除为火灾报警控制器供电外，还为与系统相关的消防控制设备等供电。

10.2.2 火灾自动报警系统的基本形式

1. 基本形式

根据现行国家标准《火灾自动报警系统设计规范》规定，火灾自动报警系统的基本形式有3种，区域报警系统、集中报警系统和控制中心报警系统。

① 区域报警系统由区域火灾报警控制器和火灾探测器等组成，或由火灾控制器和火灾探测器等组成，功能简单的火灾自动报警系统称为区域报警系统，适用于较小范围的保护。

② 集中报警系统由集中火灾报警控制器、区域火灾报警控制器和火灾探测器等组成，或由火灾报警控制器、区域显示器和火灾探测器等组成，功能较复杂的火灾自动报警系统统称为集中报警系统，适用于较大范围内多个区域的保护。

③ 控制中心报警系统由消防控制室的消防控制设备、集中火灾报警控制器、区域火灾报警控制器和火灾探测器等组成，或由消防控制室的消防控制设备、火灾报警控制器、区域显示器和火灾探测器等组成，功能复杂的火灾自动报警系统称为控制中心报警系统。该系统的容量较大，消防设施控制功能较全，适用于大型建筑的保护。

2. 报警区域与探测区域

火灾自动报警系统的保护对象形式多样，功能各异，规模不等。为了便于早期探测、早期报警，方便日常的维护管理，在安装的火灾自动报警系统中，人们一般都将其保护空间划分为若干个报警区域，每个报警区域又划分了若干个探测区域，这样就可以在火灾发生时，能够迅速、准确地确定着火部位，便于有关人员采取有效措施。

因此，所谓报警区域是人们在设计中将火灾自动报警系统的警戒范围按防火分区或楼层划分的部分空间，是设置区域火灾报警控制器的基本单元。一个报警区域可以由一个防火分区或同楼层相邻几个防火分区组成，但同一个防火分区不能在两个不同的报警区域内；同一报警区域也不能保护不同楼层的几个不同的防火分区。

探测区域是将报警区域按照探测火灾的部位划分的单元，是火灾探测器部位编号的基本单元。一般一个探测区域对应系统中一个独立的部位编号。

第 11 章　运行维护管理

11.1　运维服务体系

数据中心 IT 运维服务体系的建设，应包含运维服务制度、流程、组织、队伍、技术和对象等方面的内容，整合运维服务资源，规范运维行为，确保服务质效，形成统一管理、集约高效的一体化运维体系，从而保障政务云平台系统网络和应用系统安全、稳定、高效、持续地运行。

运维规范是政务云信息化、高效率的基本保障，科学严谨的 IT 管理理论被越来越多的企业重视，以 ITIL 和 ITSS 为代表，在实践中都得到了广泛的应用。

政务云运维服务体系遵循 ITIL 或 ITSS 标准，涵盖 IT 服务组成要素及 IT 服务全生命周期所需标准，核心可概括为"全面性"和"权威性"，主要体现在以下几个方面。

全面覆盖：全面覆盖政务云 IT 服务的组成要素，IT 服务的生命周期，同时覆盖咨询、设计和开发、信息系统集成、数据处理和运营等 IT 服务的不同业务类型。

统筹规划：政务云运维体系遵从 ITSS，从建设到运维都是从体系的规划入手，按照"急用先行，成熟先上"的原则而制定。

科学权威：ITSS 是严格按照《中华人民共和国标注化法》《中华人民共和国标准化法实施条例》的要求，遵循公开、公正的原则而研究制定的系列国家标准，用于指导 IT 服务行业的健康发展。

全面兼容：ITSS 是在充分吸收质量管理原理和过程改进方法精髓的基础上，结合我国国情，由行业主管部门主导，以企业为主体，产学研用联合研发的，同时与 ITIL、CMMI、COBIT、Escm、ISO/IEC20000 等国际最佳实践和国际标准兼容。

11.1.1 运维服务体系建设原则

政务云平台运维服务体系的建设原则包含以下几个方面。

① 以完善的运维服务制度、流程为基础。为保障政务云平台运行维护工作的质量和效率，应制定相对完善、切实可行的运行维护管理制度和规范，确定各项运维活动的标准流程和相关岗位设置等，使运维人员在制度和流程的规范和约束下协同操作。

② 以先进、成熟的运维管理平台为手段。通过建立统一、集成、开放并可扩展的政务云平台的运维管理平台，实现对各类运维事件的全面采集、及时处理与合理分析，实现运行维护工作的智能化和高效率。

③ 以高素质的运维服务队伍为保障。政务云平台运维服务的顺利实施离不开高素质的运维服务人员，因此必须不断提高运维服务队伍的专业化水平，才能有效利用技术手段和工具，做好各项运维工作。

11.1.2 运维服务体系架构

运维服务体系由运维服务制度、运维服务流程、运维服务组织、运维服务队伍、运维技术服务平台以及运行维护对象 6 部分组成，涉及制度、人、技术、对象 4 类因素，制度是规范运维管理工作的基本保障，也是流程建立的基础。运维服务组织中的相关人员遵照制度要求和标准化的流程，采用先进的运维管理平台对各类运维对象进行规范化的运行管理和技术操作。

1. 运维服务制度和流程

为确保政务云运维服务工作正常、有序、高效、协调地进行，运维服务组织需要根据管理内容和要求制定一系列管理制度，覆盖各类运维对象，包括从投产管理、日常运维管理到下线管理以及应急处理的各个方面。此外，为实现运维服务工作流程的规范化和标准化，该组织还需要制定流程规范，确定各流程中的岗位设置、职责分工以及流程执行过程中的相关约束。

2. 运维服务组织和队伍

政务云运维管理部门根据其运维服务工作的内容和流程确定各项工作中的岗位设置和职责分工，并按照相应岗位的要求配备所需不同专业、不同层次的人员，组成专业分工下高效协作的运维队伍。

3. 运维服务工作流程

为保障运行维护体系的高效、协调运行，运维服务组织应依据管理环节、管理内容、管理要求制定统一的运行维护工作流程，实现运行维护工作的标准化、规范化。其环节包括事件管理、问题管理、变更管理和配置管理。

4. 运维技术服务平台

运维技术服务平台包含实施运行维护和技术服务的各种手段和工具，通过技术手段固化标准化的流程、积累和管理运维知识并开展主动性运维工作。

11.2　运维服务组织架构

政务云服务管理体系要保证总体服务质量，需要从上而下贯彻执行运维方针与政策，构建全面的运维管理体系。基于组织架构和运维流程的合理规划，整个组织体系划分成三个层面，即运维管理领导决策层面、运维管理层面、运维管理执行层面。

首先要明确领导层（决策层）、管理层、执行层（业务及服务部门）三者之间的任务、使命和关系，如图 11.1 所示。

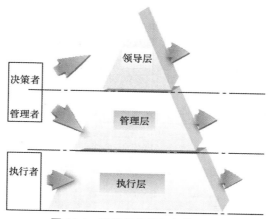

图 11.1　运维服务组织架构分层

1. 决策层

运维管理决策层的职责主要是制定运维管理方针、政策，规划运维管理的重点工作，审阅并审核运维管理层提交的运维管理计划、制订系统安全管理和维护策略等工作。决策层的人员主要是由云服务平台的相关领导组成。

2. 管理层

运维管理层的主要职责是实现运维管理决策领导提出的系统维护方针和政策，制订云服务平台运维计划及运维策略，按照云服务平台的系统维护要求制订相应的管理规范并发布和维护，组织和管理相关人员进行云平台系统维护和实施。运维管理层由各运维团队具有丰富经验的运维管理主管、专家、顾问等构成。

3. 执行层

运维管理执行层的职责是根据制定的运维管理策略及运维管理计划保障云平台的日常运维及紧急情况下的运维，最终形成一体化云平台运维管理体系，保障客户和用户对云服务平台的业务需求。

运维管理执行层的成员主要由云数据中心内部的系统工程师、安全工程师、网络工程师、主机工程师、机房管理工程师等工作人员以及设备供应商、软件供应商、网络运营商、厂商等有经验的技术工程师、技术专家团队等人员构成。

11.2.1 运维服务团队架构

政务云运维服务团队主要由客户服务团队、云平台运维团队、基础设施管理团队组成，如图 11.2 所示。

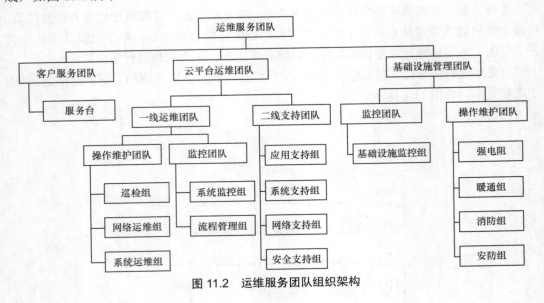

图 11.2　运维服务团队组织架构

11.2.2 运维服务团队职责

运维服务团队职责如表 11.1 所示。

表 11.1　运维服务团队职责

项目组织	工作职责
运维管理团队	负责各运维团队的统一管理
服务台	负责政务云面向客户服务
巡检组（一线）	负责对硬件设备的日常巡检服务
系统运维组（一线）	负责云平台的主机系统日常运行维护 负责云平台的虚拟化系统日常运行维护 负责云平台的存储系统日常运行维护
网络运维组（一线）	负责云平台的网络系统日常运行维护
系统监控组（一线）	负责云平台的软硬件、应用系统的监控告警
流程管理组（一线）	负责云平台运维流程管理
应用支持组（二线）	负责云平台的应用系统技术支持
系统支持组（二线）	负责云平台的主机系统技术支持 负责云平台的虚拟化系统技术支持 负责云平台的存储系统技术支持

（续表）

项目组织	工作职责
网络支持组（二线）	负责云平台的网络系统技术支持
安全支持组（二线）	负责云平台的安全技术支持
强电组	负责云平台的数据中心电力设施的日常运行维护
暖通组	负责云平台的数据中心空调设施的日常运行维护
消防组	负责云平台的数据中心消防设施的日常运行维护及消防支持
安防组	负责云平台的数据中心内部安保
基础设施监控组	负责云平台的数据中心基础设施的监控告警管理

11.3　运维服务流程管理

政务云平台运维管理服务体系以 ITSS 和 ITIL 为基础，结合政务云数据中心运营服务的专业特点而建立，为政务云 IT 服务管理实践提供了一个客观、严谨、可量化的标准和规范。政务云根据自己的能力和需求定义自己所要求的不同服务水平，参考 ITSS 和 ITIL 来规划和制定其 IT 基础架构及服务管理，从而确保 IT 服务管理能为企业的业务运作提供更好的支持。IT 运维服务管理流程涉及如下：

① 服务台；

② 事件管理（Incident Management）；

③ 问题管理（Problem Management）；

④ 配置管理（Configuration Management）；

⑤ 变更管理（Change Management）；

⑥ 发布管理（Release Management）。

11.3.1　用户服务管理

政务云平台通过用户服务门户（热线，网站）向客户提供统一的用户服务，具体流程和架构如图 11.3 所示。

① 客户在服务平台通过电话、邮件、Web 方式访问政务云平台热线，热线负责建立事件单，并对用户的咨询、建议、故障处理，如无法处理，则将事件单传递到 1 级技术支持。

② 1 级技术支持进一步处理用户事件，1 级技术支持可以处理大部分用户事件，对于较复杂的事件无法处理的，传递给 2 级技术支持处理。

③ 原则上要求用户事件单在 2 级技术支持处闭环，如果事件涉及研发和厂商配合处理，需联系相应人员配合处理。

④ 所有用户事件单关闭后，需由政务云平台热线与用户确认事件是否解决。

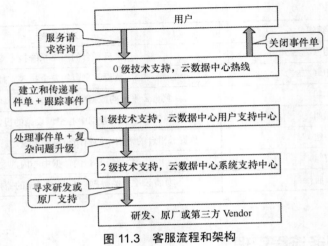

图 11.3　客服流程和架构

11.3.2　事件管理

事件管理的目的在于尽快恢复基础设施服务，或响应服务要求。事件管理服务要求记录所有的事件，并建立流程来管理事件的影响。事件管理流程规定了所有事件的记录、优先排序、业务影响、分类、更新、调整、解决和正式关闭等状态，并通知客户，使其了解其报告的事件或服务请求的进展情况，当不能达到约定的服务等级或无法完成约定的措施时，应提前知会客户。

政务云事件处理流程规则：

① 根据各类用户问题创建事件单：事件单包括用户信息、事件描述等基本信息；

② 在政务云问题知识库中匹配解决方案，对事件初步判断；

③ 对事件跟踪，传递事件，知会相关人员处理事件；

④ 如果事件处理需要涉及变更，知会用户处理时间；

⑤ 跟踪事件处理过程，直至事件闭环；

⑥ 事件管理所涉及的所有人员都可以访问相关的信息，如已知错误、事件解决方案和配置管理数据库，应对重大事件分类并根据过程管理；

⑦ 事件管理包括确定、记录、跟踪和纠正项目实施过程中出现的事件，并制定相应的解决方案以降低或预防事件的重复出现。

一般的，事件等级分为一级事件、二级事件、三级事件、四级事件。

一级事件：政务云系统完全不可用，影响所有政务云应用。

二级事件：政务云系统部分不可用，影响部分政务云应用。

三级事件：普通个人事件，影响政务云单个或少数用户使用。

四级事件：用户咨询类问题。

政务云平台出现重大事件（1/2 级事件）服务响应见表 11.2。

表 11.2　事件分级及服务响应表

事件级别	服务响应
一级事件	在5分钟内做出响应，在1个小时内解决
二级事件	在30分钟内做出响应，在4个小时内解决
三级事件	在4小时内做出响应，在48个小时内解决
四级事件	在24小时内做出响应，在一周内解决
事件情况统计和记录报告	每月提交，提交时间不迟于下月服务周期开始后10个工作日内

11.3.3　问题管理

问题管理服务是针对事件找出造成事件发生的根本原因，并且防止同样的事件再次发生而必需的管理流程，此管理流程的核心是 RCA（Root Cause Analysis），用于判定问题发生的根本症结，并总结归纳解决此类问题所用的有效方法。当服务恢复后需进一步找到解决问题的永久方案。

RCA 是用于提高服务质量及客户满意度的程序，并确保贯彻执行低成本高效率的预防措施。RCA 必须总结并记录问题，其中包括：

① 问题发生的根本原因；

② 详尽描述恢复服务的措施；

③ 详尽描述解决问题的永久方案及预防措施。

RCA 的其他相关文档应按客户的需求及对业务的影响进行归档。如问题负责人无法独立完成 RCA 报告，则需其他相关技术支持人员提供相应的技术支持，共同完成此RCA 报告。

恢复服务并永久解决问题（问题负责人）：当服务恢复后，事件解决者应判定此问题是彻底解决还是临时解决。如果没有彻底解决，则需进一步找出永久解决方案。

寻找问题永久解决方案（问题负责人）：问题负责人需搜集所有可能的信息，并从多种角度寻找问题永久的解决方案及预防措施，包括：

① 问题症状的描述；

② 问题根本原因的分析；

③ 解决问题的相关文档；

④ 永久解决方案。

如果问题负责人不能彻底解决问题（例如：问题无法再次模拟；客户不想付因解决问题而产生的相应费用等），诸如此类的问题都应记录在案，并且所有与客户联络后得到的相关信息也须记录在问题管理系统中，以备后用。

11.3.4　变更管理

变更管理是实现所有 IT 基础设施和应用系统的变更，变更管理应记录并对所有要求的变更进行分类，评估变更请求的风险、影响和业务收益。其主要目标是以对服务最

小的干扰实现有益的变更。

变更管理服务策略：

① 确保以一种受控的方式对变更进行评估、批准、实施和评审；

② 应清楚规定服务和基础设施变更的范围，并形成文件；

③ 应记录并分类所有要求的变更，如紧迫、紧急、重大和轻微等。应评估变更请求的风险、影响和业务收益；

④ 变更管理过程应包括恢复和补救失败变更的方法；

⑤ 应批准并检查更新，并以受控的方式实施；

⑥ 应评审所有变更以确保成功以及实施后所采取的措施；

⑦ 应建立策略和程序，以控制紧急变更的授权和实施；

⑧ 计划的变更日期应作为制定变更和发布时间表的基础，时间表应包括批准实施的所有变更以及建议实施日期的详细信息，应保持时间表并与相关方沟通；

⑨ 应定期分析变更记录，以检测日益增多的变更等级、频繁发生的类型、出现的趋势以及其他相关信息，应记录变更分析所得出的结果和结论；

⑩ 应记录由变更管理所确定的改进措施，并作为服务改进计划的输入；

⑪ 变更管理服务是 IT 服务管理标准 ITIL 中的一个重要范畴，政务云平台变更遵循变更流程和变更方案；

⑫ 政务云运维管理变更流程使用如表 11.3 所示的风险分类。

表 11.3 风险分类

类别	描述
紧急变更	紧急变更具有最大的风险因子，可能对服务水平目标产生重大影响。这类变更在时间上紧迫，需要走特殊审批流程进行处理
重大变更	重大变更具有重大的风险因子，可能对服务水平目标产生重大影响。这类变更通常需要详尽的规划，安排和各支持小组之间的协同工作，并且需要对日常的维护窗口进行延长。这类变更通常是在比较长的一段时间内分步执行
正常变更	中等变更具有较低的风险因子，可能对服务水平目标产生极小的影响。这类变更通常需要周到的规划、安排和各支持小组之间的协同工作
标准变更	流程经过验证的，文档工作只是用于记录和审计的目的。这类变更可以作为日常维护工作的一部分。这类变更此前已经通过充分的评估并且批准，被称为业务照常变更

11.3.5 配置管理

配置管理流程负责核实 IT 基础设施和应用系统中实施的变更，以及配置项之间的关系是否已经被正确记录下来，确保配置管理数据库能够准确地反映现存配置项的实际版本状态。

11.3.6 服务水平管理

服务水平管理包含以下内容。

① 目标：定义、协商、记录并能管理服务等级。

② 所有方面应协商并记录：所提供的服务、相应的服务等级目标以及工作量特性，应在一个或多个服务等级协议（SLA）中书面规定。

③ 所有相关方应协商并记录服务等级协议（SLA）、支持性服务约定、供方合同和相应的程序。

④ 服务等级协议（SLA）应处于变更管理过程的控制之下。

⑤ 应通过所有相关方定期评审的方式来保持服务等级协议（SLA），以确保服务等级协议的更新和持续有效。

⑥ 应根据目标来监视并报告服务等级，报告中应展示当前的信息以及发展趋势；应报告并评审不符合的原因；应记录这一过程中所确定的改进措施，并作为服务改进计划的输入。

11.4　数据中心运维管理

11.4.1　日常运行运维管理的目标

为了确保政务云的数据中心系统能够保持长期、稳定、可靠地运行，为政务云提供生产系统的运行管理，数据中心通过标准化、规范化的工作流程管理，实施基础设施的日常监控及维护，按照定制的运维手册进行具体操作等工作，对系统运行中的问题及时响应和处理，确保生产系统的高可靠性、高可用性、高可管理性和高可恢复性。同时，通过编制应急预案、配合演练对文档、流程和操作手册检验和完善，确保数据中心的持续稳定运行。

为满足政务云客户的要求，按日采用邮件或其他提交方式提交设备巡检报告，巡检内容包括机房所有设备（含服务器、网络设备）物理状态检查、温/湿度检查等。

11.4.2　机房运行环境的管理

为确保政务云数据中心机房得到真正的高质量、安全可靠的维护服务，达到生产系统运营管理中可靠性的目标，数据中心需对政务云机房环境及配套的基础设施提供专门的运行维护服务。

1. 基础设施及机房环境维护

政务云生产机房所提供的基础设施维护内容包括：对机房专有的配电系统、空调系统、消防系统、漏水检测系统及安防系统的日常巡检及保养维护。

建立积极有效的监控管理机制，通过场地与环境集中监控系统对相关设备系统监控和记录，及时处理发现的故障和隐患，以保障为政务云提供的机房的基础设施和机房环境的稳定与正常。

2. 供配电系统

负责数据中心所配备的冗余变压器、高压及低压配电系统、后备柴油发电机、UPS

的日常巡检与维护，定期巡检、记录机房配电系统的运行情况，发现问题及时处理。

3. 空调系统

数据中心会定时检察机房的环境温湿度，确保机房始终处于（23±1）℃，湿度在40%～55%之间的恒温、恒湿、新风状态。数据中心会定期记录空调系统的运行情况，发现问题及时处理。

4. 消防系统

数据中心将定期巡检，记录消防系统的运行情况，定期组织消防培训和演练。

5. 声光报警

对机房的 UPS、温度、电源等重要环境设施集中监控，并实现声光报警。

11.4.3　配电系统巡检及维护

1. 电力系统日常巡检

每日定期频度实施巡逻，对各设备状态进行确认。

2. 电力系统定期巡检

定期巡检确认要点：

① 配电盘显示状态问题的有无；

② 电压、电流是否在正常运行的范围内；

③ 运转状态是否正常；

④ 有无异常声音与异味。

11.4.4　温湿度定期检查

每日定期频度实施巡回检查，确认机房空调机的状态。

巡检包括以下内容：

① 空调机定期巡检；

② 空调/服务器分电盘的巡检；

③ 给排气送风机的巡检；

④ 空调机加湿装置的巡检；

⑤ 专业厂商巡检的设备。

11.4.5　消防系统巡检

消防系统巡检包括以下内容：

① 消防设备的巡检；

② 报警探头检测；

③ 防灾设备的巡检；

④ 报警装置的确认（报警试验）与中央监视设备联动的确认；

⑤ 清扫；

⑥ 专业厂商设备巡检。

11.4.6　视频监控

数据中心在外场大门、停车场、卸货平台、地下油库及围墙内侧连续设置动态记录监控系统，可以 7×24 小时随时监视并影像记录数据中心环场围墙发生的异常动态，影像资料存储 3 个月。

外场监控实施 7×24 小时监控，影像资料存储 3 个月，每月复检一次。监控探头每 3 个月校准一次。

数据中心大门内外、动力站、电力站、内部大堂、安检通道、客货电梯、客货电梯厅、空调机房、电力机房、公共通道、消防楼梯、机房模块内均设有实时监控录像系统并实施 7×24 小时监控，影像资料存储 3 个月。

内场监控实施 7×24 小时监控，影像资料存储 3 个月，每周复检一次。监控探头每 3 个月校准一次。

视频监控记录可每季度通过刻盘或其他传输方式提供给政务云。

11.4.7　门禁系统检查和维护

数据中心的各个通道门、机房模块大门、设施机房均设有电子门禁管理系统，所有人员必须持 IC 卡进入。

IC 卡采用三级电子门禁出入管理系统。一级出入管理权限为客户专用，包括数据机房模块单元区域，此区域必须经由客户书面授权后方可在允许授权时限内持卡进出上述区域。二级出入管理权限为基础设施服务专用，包括数据机房公共通道、空调机房、电力机房、消防、弱电机房等重要基础设施服务区域。三级出入管理权限仅为数据中心办公出入区域。

外来访客及参观者需提前 3 天预约并提交书面申请告知来访时间、来访者姓名、人数、有效证件号码、车辆牌号及参观区域等信息后，方可由运维管理中心的客服人员接待并带领进入数据中心指定公共区域。

所有门禁权限设置须经运维管理中心经理签署确认，客户服务经理监制并记录运维管理日志。

运维管理中心每月汇总到访外来人员清单。门禁系统实施 7×24 小时监控，所有门禁主机每月校对一次，单日门禁存储数据资料库每月复核一次。对门禁系统的巡检包括：

① 门禁设备的巡检；

② 定期组织专业厂商巡检的设备。

11.4.8　卫生清洁服务

1. 日常清洁

① 办公楼于上班之前确认及处理负责区域的清洁状况。

② 大堂、电梯厅、电梯轿厢、洗手间、员工餐厅、走廊、楼梯、金属制品、指示牌、烟灰缸、垃圾桶、公用备品清洁（警示牌等）。

③ 确保洗手间的卷筒纸、擦手纸、洗手液等消耗品供应。

④ 因出入频繁容易污染的区域应随时清洁、消毒。

⑤ 随时清洁垃圾桶、烟灰缸等，以及垃圾的分类处理及清运。

2. 定期清洁

① 维持大楼的清洁，在不影响客户业务的前提下要定期清扫、玻璃清洁、金属制品的光洁作业、大理石、墙面、灯罩、风管滤网网口的除尘，特殊区域的清洁作业等。

② 大清扫等联合进行的作业应有计划，以此来提高效率。

③ 留意定期清洁及特殊清洁所需药水、材料的性能，避免损坏设施，并保证符合国家标准及环保要求。

3. 特别清洁

机房模块内每月定时除尘清洁，是指因情况变化而必需的清洁作业，包括因租户办公地点调整变化而必需的清洁作业，因事故发生污染而需的清洁作业，计划外的工程等引起的清洁作业。

4. 夜间清洁

① 在大楼办公人员出楼后，收集办公室垃圾并放入指定堆放点，确保次日办公区域清洁。

② 因出入频繁而无法在办公时间清洁的其他垃圾处理等工作。

③ 生活垃圾由市/区环卫部门统一定期运走。

④ 建筑/装潢垃圾由市/区环卫部门或领有特殊清运执照运输公司定期运走。

⑤ 公共区域地毯清洗。

5. 垃圾及垃圾房管理

① 在大楼各区域视情况分别放置垃圾桶（箱）、烟灰缸，废纸篓等。

② 楼层内垃圾桶要将桶盖盖严。

③ 垃圾桶四周地面、墙面要求保持清洁。

④ 由专人负责垃圾房的清洁、垃圾的收集、分类、整理等工作，按照国家规定区分有毒有害物、玻璃、可回收及其他垃圾。

⑤ 保证垃圾袋装化，做到日产日清，不得随处堆放。

⑥ 垃圾房内保持清洁，无异味，无杂物堆放，地沟无积水，要求每日冲洗。

⑦ 由专人负责垃圾压缩等设备的操作工作，并同时做好清洁工作。

⑧ 经常喷洒药水，防止虫害，定期消毒。

11.4.9 设备进场管理

由客服经理担任设备的进场支持，负责安排相关人员的配合、设备进出管理等，并及时与政务云相关负责人针对设备支持工作进行沟通。

在机房日常运行管理过程中，为政务云提供设备进场支持服务，包括配合政务云迁入设备的接收、迁入设备的机房内移动、上下机架、强弱电布线、标签张贴工作。

在电源线布设方面，所有设备进入机房前，在了解设备用电需求的基础上，完成电源布线和待接 IT 设备或机柜的插头插座连接服务。这些用电需求包括设备或机柜位置、用电功率、设备电源的个数和冗余情况、外接电源的冗余方式、外接电源相数、外接电源开关的额定参数、供电电线的参数。设备端的插头插座和电缆线提供。设备进场管理包括：

① 场地环境的准备；

② 强弱电环境准备；

③ 货物运送通道准备；

④ 迁入设备的接收；

⑤ 迁入设备的机房内移动；

⑥ 设备上下机架；

⑦ 用电调查；

⑧ 设备标签张贴。

11.4.10　7×24小时值班及巡检服务

指派数据中心专人担任运营小组组长，负责现场 7×24×365 的值班工作，负责安排相关人员的值班、巡检、信息汇总等，及时与政务云相关负责人沟通，并按日提交设备巡检报告，巡检内容包括机房所有设备（含服务器、网络设备）物理状态检查、温/湿度检查等。

值班巡检服务内容包括以下方面。

① 为政务云提供基础设施环境监控服务，包括供电系统、空调系统、消防系统及安保系统等。7×24 小时不间断，检查设备状态，并按政务云要求提供巡检记录报告。为政务云提供机房 7×24×365 小时值班服务，值班服务包括机房定时巡查、出入人员登记、配合政务云进行设备接收、故障排查、简单的连接与断开、介质取放、杂物清理等服务，上述这些服务基于 ITIL（事件、问题和变更按标准流程执行）。

② 提供 7×24×365 值班服务。

③ 制定数据中心环境设备监控手册，并按手册要求进行设备监控，填写监控报告。

④ 提供每 6 小时一次的 IT 设备硬件状态检查，并记录；当发现异常时，须及时通知政务云相关负责人。

⑤ 按运维管理流程及时向管理系统报告问题/异常。

⑥ 负责提供授权操作支持服务，包括插拔网线、开关主机电源等物理操作。

⑦ 提供运维服务报告。

表 11.4　服务水平目标表

评测项目	目标
巡检时间	7×24×365
巡检频率	6小时/次

11.5 运维平台架构设计

11.5.1 技术架构设计

如图 11.4 所示，政务云运维管理平台以业务管理和业务流程模型为核心，采用面向服务（SOA）的软件设计思想，基于主流的 J2EE 架构平台，在保持技术先进性、扩展性的基础上，采用子系统、层次化、模块化的设计理念，以全开放的、组件化的架构原型，通过开源的 rabbit HQ 消息总线集成，将资源监控、自动化运维、运维流程管理融为一体。此外，系统还提供了分布式、分级式的部署模式，二级代理支持横向扩展，为客户提供可靠的、可扩展的、高性能的一体化运维管理平台。整个系统还提供开放的 RESTful Web Services 接口来持续集成。

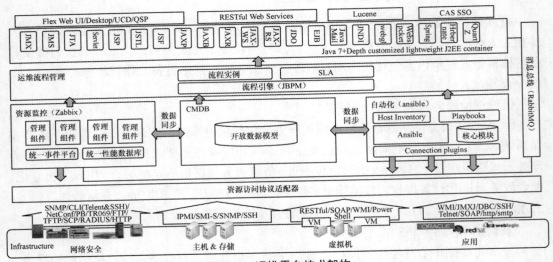

图 11.4　运维平台技术架构

系统分为资源访问及日志采集适配层、系统功能层及 Web 应用层。

资源访问和日志采集适配层支持丰富的设备访问协议，通过 SNMP、CLI（Telnet/SSH）、netconf、TR069、FTP、TFTP、SCP、RADIUS、HTTP 等协议实现传统网络及 SDN 等新网络设备和软件的统一监控和配置管理；通过 IPMI、SMI-S、SNMP、SSH 等协议实现对服务器、存储等设备的硬件监控、带外管理和操作系统的自动安装；通过 RESTful 接口、SOAP、powershell 等实现对 Vmware、H3C CAS、KVM、ctrixxen、HW Fusioncomputer 等虚拟化产品的统一管理；通过 WMI、JDBC、SSH、TELNET、SOAP、HTTP/HTTPS 等协议实现对操作系统、数据库、中间件、应用系统的统一监控和管理。

系统功能层包括资源监控、CMDB、自动化、运维流程管理模块，资源监控将协议适配层采集的各类告警和性能数据存入到统一的性能数据及告警库中，其中包含了多个功能模块（资源管理、告警管理、拓扑管理、性能管理）和组件（网络管理、主机管理、存储管理、应用管理）实现了数据的处理。CMDB 使用开放可持续集成的框架，客户可定义个性化的 CI 模型及 CI 关系，并且可通过资源监控模块实现数据的配置信息的自动发现和更新。自动化模块采用开源的 ansible 框架，实现对异构的 IT 环境的自动化运维管理，通过 connection plugins 与主机通信，hostinventory 提供了主机操作接口，而 PlayBooks 完成多个脚本任务的编排和调度。运维流程管理组件基于开源的 JBPM 流程引擎，在此之上开发了事件管理、问题管理、变更管理等多种流程实例，实现运维管理流程化。

Web 应用层采用 J2EEWeb 服务架构，使用 spring、hibernate 等多种开源的 Web 开发框架，实现与用户的交互。

系统通过 MDP 消息总线完成多个模块间的通信，实现多模块、组件的融合。通过开源的 CAS SOO 技术实现系统的统一认证和权限管理。

此外，政务云运维平台提供了开放的 RESTful API 接口，RESTful Web Services 具有体系化的结构和易扩展的特点，使运维平台的可扩展性、可定制能力极大增强。通过 REST 风格的 Web Services，几乎能够将运维平台中的任何功能集成到其他软件中。

11.5.2 功能架构设计

运维平台功能架构如图 11.5 所示。

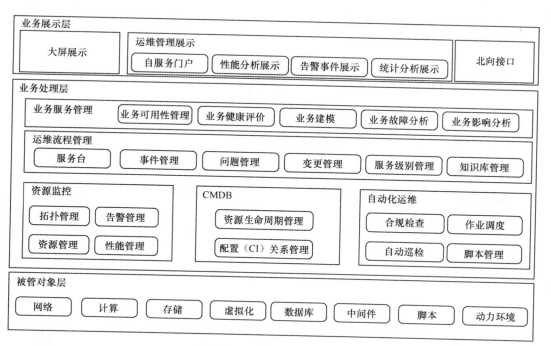

图 11.5 运维平台功能架构

架构最底层是被管对象层，即运维平台的被管对象，它包含信息中心运行管理的所

有对象，可分为网络设备、服务器、计算存储资源、系统应用软件、中间件、虚拟化资源、机房动力环境等。

第二层是业务处理层，包括数据采集和数据处理。它包含网络监控，系统监控，机房环境监控，性能数据，告警事件、日志等数据的集中采集。

数据采集实现对被管理运行对象的监控，掌握运行资源的配置状况、监控对象的运行状态和性能参数，在此基础上可按照业务建模。

业务处理层包含性能管理及分析、统一事件管理、业务可用性管理、业务健康管理、业务影响分析、CMDB 配置管理、ITSM 运维管理、自动化操作管理等，可通过了解业务的整体运行情况，进行业务预警和快速发现 IT 系统的根源故障，并可与服务管理流程的集成，以及时响应和规范化地处理故障，实现故障的闭环管理。

第三层是业务展示层，提供了多种展示视图和方式，包括 3D 机房仿真视图、拓扑视图、业务视图、大屏展示等。

11.5.3 平台总体部署架构设计

运维平台采用双机热备群集方式部署，如图 11.6 所示，运维平台双机通过前端网络交换机将各自的业务网卡置于同一 VLAN 内来获得用户认证等网络传输服务；通过后端存储交换机接入存储网络连接共享存储，各自的存储网卡同样置于同一 VLAN。

共享存储作为双机热备的基本构件，为运维平台提供存储服务。在存储设备上，运维平台使用 3 个不同逻辑卷以保障双机群集的故障转移——群集仲裁卷、分布式事务协调器卷、供数据库和运维平台安装的数据卷。

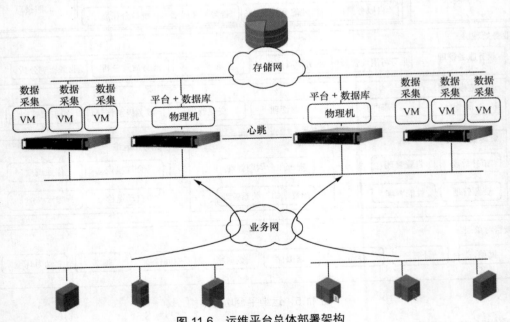

图 11.6 运维平台总体部署架构

11.5.4 分布式系统部署架构设计

政务云数据中心需同时支撑大规模的接入量，并具有大规模横向扩展的分布式部署能力。

运维平台支持分布式部署架构，如图 11.7 所示，可实现采集与处理分离，在不同的资源区内部署单独的采集单元，实现对数据的采集。此外，系统各功能组件可部署到不同的服务器上，实现负载分担，例如告警管理、资源管理、日志分析、运维流程管理、流量分析等。

运维平台分布式架构同时支持数据集中和数据分离，对于单个数据中心内部，采用数据集中式架构便于维护，而对于需要管理远端机房，则采用数据分离的架构。

1. 数据集中

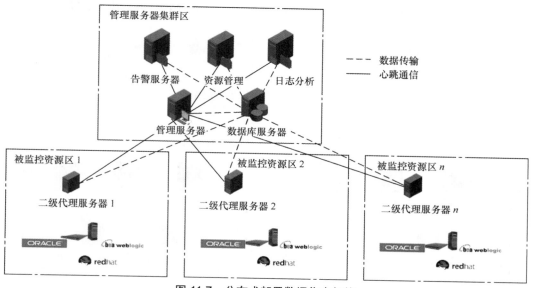

图 11.7　分布式部署数据集中架构

二级代理采集服务器的数据统一上报到集中的数据库服务器，便于数据维护。二级代理支持横向扩展，实现分布式的软件部署架构。

2. 数据分离

如图 11.8 所示，每个数据采集服务器上可配置独立的数据库，数据存放在数据采集服务器本地，管理服务器直接访问远端机房的数据库服务器，实现统一管理。

远端机房与管理服务器间可使用广域网链路连接的场景，采集数据存放在远端机房本地，无须实时上传，减少广域网带宽占用。

11.5.5 双机热备部署设计

如图 11.9 所示，系统支持双机热备份部署方式，主备集群节点间采用心跳通信，主集群节点中断后可在 5s 内实现主备切换，保障系统的高可靠运行。主备节点的数据存

储在同一个共享存储节点中，保障数据的一致性。

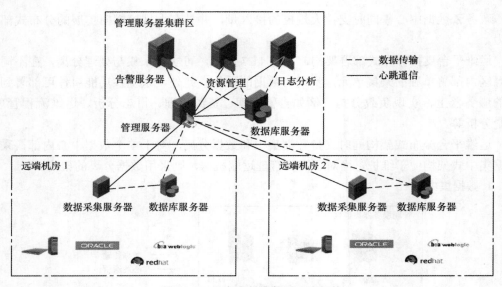

图 11.8　分布式部署数据分离架构

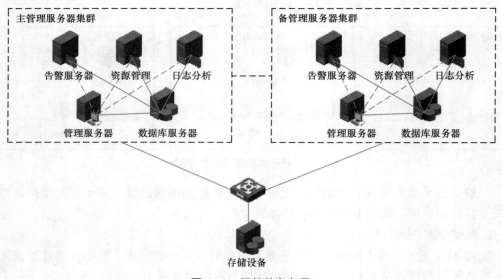

图 11.9　双机热备部署

① 主管理服务器集群和备管理服务器集群构成运维平台双机热备的群集节点。

② 存储设备为运维平台双机热备群集提供共享存储。共享存储是构建双机运维平台热备功能的基本构件。

③ 交换机为双机热备部署的后端存储网络 SW，用于连接群集节点和共享存储设备。

④ 群集节点之间的群集心跳信号的通信建议直连。

11.5.6　分级部署架构设计

政务云数据中心网络中，IT 基础结构复杂、设备众多，云平台中数据类型繁杂，数据量庞大，虚拟网络中存在较多的树形或星形拓扑。如果没有分层的网络管理，将会导致单套网管系统负载过大。针对这种情况，我们提出了分级网络管理解决方案，有效提高运维平台管理网络节点的能力，以便对整个网络进行清晰的管理。

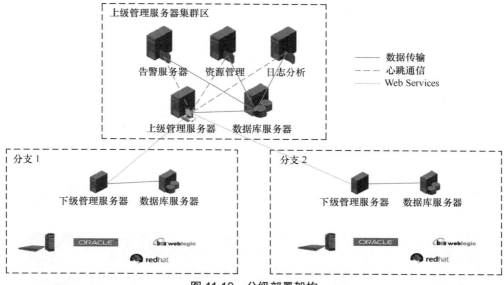

图 11.10　分级部署架构

如图 11.10 所示，整个网管系统分为上、下级两层甚至多层，同一分级的多个物理区域，其管理区域之间是独立的，各网管系统也是相互独立的。管理员需要通过上级网管直接对下级网管本身及某些重要设备进行管理，各分支节点管理本节点内的设备。

方案特点如下。

① 灵活的部署模式。在上级网管服务器的"资源/下级网管视图/增加下级网管"功能页面中，选择上一步中增加到上级网管管理设备的下级网管服务器，并配置登录方式、端口、用户、登录名和密码等信息，增加下级网管。当使用指定用户作为登录名增加下级网管时，下级网管需要提前建立以输入的登录名作为操作员登录名的操作员，并且操作员的登录密码与输入的下级网管登录密码相同。

② 精细的权限控制。

③ 支持对下级网管的配置和管理。在上级网管服务器的"资源/下级网管视图"中的下级网管列表中，列出了本服务器所配置的全部下级网管，可以点击下级网管列表项对应的图标对下级网管进行修改登录配置、删除、登录下级网管、查看下级网管网络拓扑、查看下级网管资源视图等管理操作。

④ 支持下级网管的告警上报和在上级网管处管理相关上报告警。在下级网管服务器的"告警/分级网管告警设置"功能页面中，通过配置启用告警上报与否、上级网管告警

组件部署服务器 IP 地址、上级网管告警接收端口、下级网管服务器 IP 地址、上报告警的设备范围、上报告警的告警范围等来配置下级网管收到某条告警后是否上报给上级网管。在上级网管服务器的"告警/全部告警"功能页面中，告警列表会将下级网管所上报的告警列出，操作员可以对上报的告警查看和管理操作。在上级网管服务器的全部告警列表中，操作员可以选择下级网管上报告警后点击"恢复上报告警"链接，以恢复选中的上报告警，并且自动恢复选中告警所属下级网管的全部上报告警。

11.6 运维平台功能设计

11.6.1 资源监控

1. 业务服务管理

（1）全面了解业务整体现状

通过业务卡片实时展示各个业务系统当前的健康状态、繁忙程度、可用状态、业务告警总览，体现业务的构成。图 11.11 所示为 IT 管理者提供综合运维管理的总体视图，可以全面整体了解业务系统运行情况。

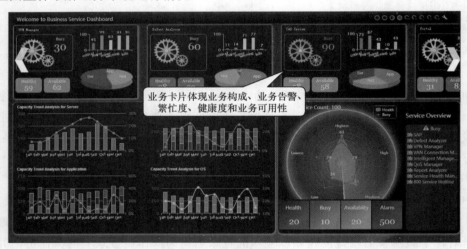

图 11.11　业务视图

以业务为单元，向下获取监控资源趋势分析，基于时间轴同步技术分析对比该业务系统相关的监控数据汇总来了解业务整体现状。Dashboard 是整体、全面了解企业业务现状的入口。

（2）业务可用度

业务最新的可用度，基于业务内各个应用/设备的基础监控数据计算得出，表示业务可用程度，此得分越高业务可用性越高。

计算业务的可用度时，根据单个应用/设备的可用性状况计算此节点的可用度得分，通过加权方法层层计算，最后得出业务的可用性得分。每一级都可以调整权重。其中，各个节点分成核心元素和非核心元素，如果核心元素不可用，则整个业务都不可用。

（3）业务健康度

业务最新的健康度得分，基于业务内各个应用/设备的基础监控数据计算得出，用于表示业务健康程度，此得分越高为越健康。

计算业务健康度时，通过单个应用/设备的告警数目和最高告警级别计算出此节点的健康度得分，通过与繁忙度类似的加权方法层层计算，最后得出业务的健康度得分。每一级都可以调整权重。

（4）业务繁忙度

业务最新的繁忙度得分，基于业务内各个应用 / 设备的基础监控数据计算得出，表示业务运转的繁忙程度，此得分越高业务越繁忙。

计算业务繁忙度时，通过单个应用/设备的性能指标计算出此节点的繁忙度得分，向上计算出所属大类（服务主机、业务应用、网络设备）的繁忙度得分，最后计算出业务的繁忙度得分，上层得分由底层同级得分加权计算得出。除了指标级的，其他任何一级都可以调整权重。

（5）业务模型

业务建模基于数据模型，如图 11.12 所示，数据模型包含 IT 资源、关系、权重。IT资源构成了数据模型的架构，它们通过关系进行关联。

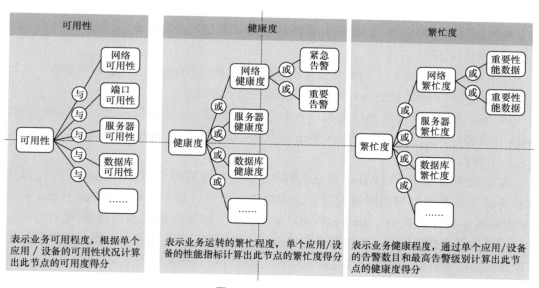

图 11.12　业务模型

业务模型除了需要定义业务类以外，还需要定义该 IT 资源对业务的影响权重，定义业务类归属、名称、描述、数据类型等。

通过数据模型，可以查询业务组件之间、业务和平台之间以及平台资源之间的关系，为业务管理数据处理和呈现提供统一的定义。

业务建模是业务可视化展示、业务分析的基础。

2. IT 资源管理

（1）网络监控

管理设备类型除了传统的路由器、交换机外，更能对网络中的无线、安全、语音、存储、监控、服务器、打印机、UPS 等设备进行管理，实现设备资源的集中化管理。

支持对设备访问参数的批量配置和校验，提供对网络设备资源的查找、修改、删除和批量导入/导出功能；提供用户的批量管理功能，包括：批量修改用户附加信息、批量注销用户，以及批量用户导入功能，节省操作员录入时间。

灵活快捷的自动发现算法不仅提供了快速自动发现方式，还提供了 4 种高级自动发现方式，包括路由方式、ARP 方式、IPSec VPN 方式、网段方式，能快速、准确地发现网络资源。

（2）服务器管理

服务器存储自动化组件，定位于管理服务器设备和存储设备。基于运维平台的性能、告警、VLAN、服务健康管理、虚拟连接管理等业务模块，提取业务配置特征，建立各种配置模板，使用各种配置模板创建自动部署计划，通过 IPMI 和 PXE 协议，完成对裸金属服务器的初始化安装工作，将 IT 管理人员从大量重复性、耗时久的工作中解脱。提供几类拓扑，方便用户从多种角度查看数据中心组网信息，掌握服务器设备、存储设备的接入及使用情况。与性能组件配合，采集服务器设备、存储设备的各种性能指标并展示，方便 IT 管理人员明确服务器设备、存储设备的使用情况。与告警组件配合，升级某些特征的事件为告警，以便及时通知 IT 管理人员进行故障处理。

（3）应用监控

应用监控管理可以对不同的业务系统、应用和网络服务进行远程监控和管理，从而充分满足用户对各种关键业务和数据中心的监控管理需求。

应用监视能够监视各种应用程序和服务器，包括 Windows 服务器、Unix 服务器、Linux 服务器、数据库、应用服务器、Web 服务器、邮件服务器、Web 服务、LDAP 服务等。

（4）虚拟化管理

虚拟化管理支持 VMWare、Hyper-V 和 KVM 等类型的虚拟化环境。其特性包括虚拟资源监视和虚拟网络配置两部分。虚拟资源监视可以实时感知 ESX、Hyper-V 和 KVM 的最新变化，将 vCenter、SCVMM 和 KVM 上的操作结果实时反馈到 VNM 中。它包括虚拟网络视图展示、虚拟网络拓扑展示、性能监控和告警展示。虚拟网络配置用于配置虚拟网络资源，包括虚拟交换机配置、VM 迁移和网络配置下发。

3. 拓扑管理

拓扑管理从网络拓扑的角度直观地提供给用户对整个网络及网络设备资源的管理。拓扑管理支持拓扑自动发现；支持自定义拓扑；自动识别各种网络设备和主机类型；设备、连接、告警等状态信息在拓扑图上的直观显示；提供设备管理便捷入口及 ping、tracert、telnet 等故障监测工具。

4. 告警管理

告警管理又称故障管理，为用户提供统一的全流程故障管理体系，如图 11.13 所示。

① 通过设备 Trap 上报与主动轮询双向确保快速、准确地发现网络故障。

② 通过实时告警关联分析，屏蔽重复无效的告警，分析生成根因告警。

③ 通过实时告警与拓扑提示、告警板声光提示、手机短信及 Email、微信等远程提示，快速通知网络管理员详细准确的故障信息。

④ 通过固化用户维护经验，为后续相关告警处理提供经验参考与快速定位指导。

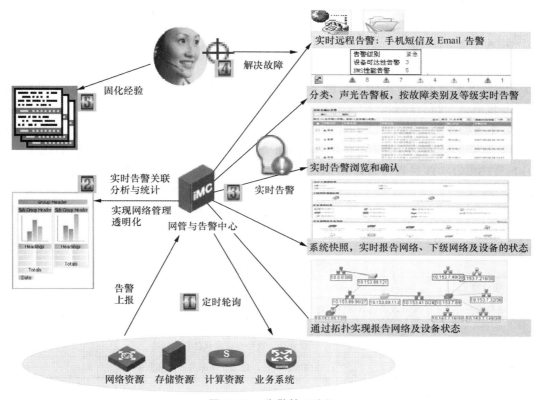

图 11.13　告警管理流程

11.6.2　配置管理数据库（CMDB）

配置管理数据库建设作为整体 IT 基础设施运维的基础，在运维管理中有着重要的意义。针对目前的 IT 运维成熟度，进行针对性的 IT 成熟度评估，对当前环境中的物理资源和逻辑资源进行梳理，构建结构成熟、信息可消费的 CMDB。通过 CMDB 和监控管理的融合完成网络、主机、应用部分数据的自动化收集，通过人工处理和功能对接等工作完成其他系统信息的统一管理。

数据资源中心可通过配置管理咨询、CMDB 数据模型的咨询设计，初步奠定配置管理系统的建设，满足对 IT 基础架构信息的注册、变更及注销管理，即对单位数量的云资源从供给、使用、出库整个生命周期的跟踪与管理，需要提供的功能包括云基础设施注册、信息变更、信息查询、信息注销等功能。

配置管理建立的基础是建立有效的配置管理数据库（CMDB），CMDB 将作为基础设施管理系统最核心的基础信息库而存在。在建立配置管理之前，数据中心必须考虑：

① 管理配置的范围；

② 理清各配置项的关系；

③ 配置的分类；

④ 各配置项在 IT 环境中的重要级别；

⑤ 配置项与人员/单位的所属关系；

⑥ 配置项的状态；

⑦ 配置与网络的关系；

⑧ 定义配置流程中的相关角色（配置经理、配置管理员、配置审核员等）、角色职责并与现有人员进行映射。

1. 配置项范围

综合考虑配置项结构的可维护性和可扩展性，建议采用三级分类。参照 ITIL V3、CIM、ITSS 等实践进行设计，得出第一级包括基础架构、软件和服务。配置项范围如表 11.5 所示。

注：从可操作性和易用性考虑，网卡、端口等设备配件不作为单独的 CI，而作为母设备的属性。

表 11.5　配置项范围

第一级分类	分类说明及二级分类
基础架构	硬件设备及其组件，包括服务器、存储设备、网络安全设备、虚拟化、机房设备等
软件	提供某种功能的软件，可能通过购买、开发等方式获取，包括应用系统、中间件、数据库、支撑软件、软件介质和软件许可证等
服务	梳理的IT服务，包括外部服务和内部服务

2. 配置项的关系设计

详细的 CI 关系描述如表 11.6 所示。

表 11.6　CI 关系说明

关系	说明	关系
连接	描述硬件CI（包括逻辑服务器）之间的关系。例如，某服务器连接交换机	服务器与交换机 服务器与SAN交换机 服务器与NAS交换机 交换机与路由器 交换机与交换机 交换机与防火墙 负载均衡与交换机 负载均衡与服务器 注：服务器包括PC服务器和小型机
依赖于	描述一般的依赖关系。例如，某应用系统依赖于某数据库	应用系统依赖于数据库、中间件

（续表）

关系	说明	关系
运行于	用于描述软件CI运行于硬件CI（包括逻辑服务器）上的关系。例如，某应用系统运行于某服务器上	应用系统运行于服务器 支撑软件运行于服务器 数据库运行于服务器 中间件运行于服务器

CI 可以分为 3 个层面，分别是：服务层面、应用层面和硬件层面，如图 11.14 所示。

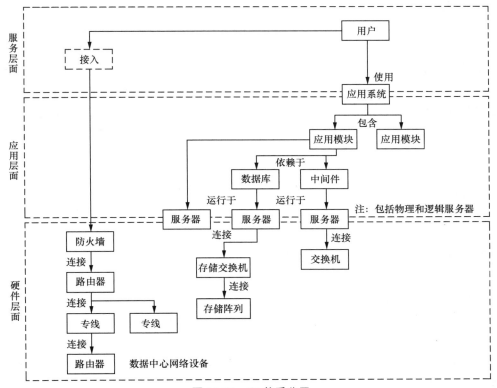

图 11.14　CI 关系分层

11.6.3　IT运维管理

1. 服务台

以服务目录的形式提供 IT 服务交付的自助式服务台。服务目录管理包括过滤服务目录、增加服务目录、修改服务目录和废弃服务目录的功能。

普通用户可发起服务请求、我的申请、我的待办、查看、过滤知识库，问题库等功能。

服务管理输出的服务目录将出现在自助服务台中，用户可点击服务目录中的服务，创建请求流程。

信息中心可为各部门提供资源管理（资源申请、资源扩容、资源下线）；网络线路管理（线路开通、线路关闭）；故障处理等服务。

2. 服务请求管理

按照运维管理需求，需为各局委办提供资源管理、线路管理、故障处理等服务请求。局委办可通过自助式服务台、电话或微信公共账号提交服务请求，数据资源中心运维人员可对局委办提交的服务请求进行受理、跟踪和统计。

服务请求流程可自定义。

3. 事件管理

按照运维管理的相关规定，规划和建立相应的故障处理工作流程，提供方便易用的用户工作界面。

故障处理的基本工作流程应该包括故障确认与记录、归类和初步支持、故障调查与分析、解决故障、结束。对于复杂或重大故障，解决故障的步骤多、过程相对复杂，要求提供更为灵活的工作流程支持，如涉及二、三线的技术支持和同一故障的多次处理。

故障记录至少包括以下内容：故障编号（唯一性）、故障类别、故障日期与时间、故障申告人信息、故障记录人、故障描述、故障紧急程度与处理优先级、故障状态（待处理、处理中和终止）、相关配置项、故障原因、故障解决方案、配置变更情况、故障处理人员、解决日期与时间、故障终止日期。

管理人员可以将各种故障处理的步骤和方法写入知识库。

4. 问题管理

支持通过分析历史事件创建问题记录，支持通过问题管理模板直接录入问题信息，创建问题记录。

管理员可自定义问题的级别，不需要手动输入信息。

支持问题指派，支持对问题解决过程的记录。

问题一旦确认并解决，问题记录关闭。

所有工单、解决方案等可记录，经审批的解决方案可记入知识库。

5. 变更管理

变更请求支持直接录入（用户直接产生一个变更请求），变更请求可与事件、问题记录关联，可以给出有关变更的信息。

变更管理支持通知功能，使不同组别或部门间保持沟通；提供变更请求的分类、优先级设定的功能。

能将变更请求分派到相应的人员，进行评估和授权等，未经授权的变更请求不能得到实施。

能为每个评估人员提供记录评估结果的入口，并记录评估结果。

记录和管理变更请求的实施计划等内容；提供沟通、监测功能，监测实施过程，并在必要时进行协调。

6. 知识库

知识库可通过有效的知识共享，提高整体生产效率；不管是哪个技术人员处理请求，用户都能得到一致的回答。

支持流程化的知识库维护能力，支持知识的创建、评审、发布等。

知识库内容支持按照关键字检索。

7. 工作流自定义

流程定制：支持对已有流程的裁减定制、步骤内容定制、新增步骤扩展，支持定制流程。

流程类型丰富：支持父子流程、流程会签、流程评价等功能。

流程注册：可按业务需求注册新的流程，并提供流程模板的定制能力。

流程和业务联动：支持和网管平台的管理流程进行联动，如告警、配置等。

流程页面生成及定制：支持流程界面的定制和自动生成，并且可定制界面元素和 CI 的绑定关系。

流程权限管理：指定对各步骤有处理权限的责任人或用户群组。

11.6.4 报表基本功能

运维凭条提供了集中的报表管理平台，实现对报表模板管理、Web 报表设计管理、周期性报表管理和报表模板的发布，同时提供实时报表和周期性报表的查看。

① 提供无压缩的数据存储机制，至少一年无压缩数据存储，提供详尽的历史趋势分析功能和报表统计内容。

② 统计时间的自定义，比如实现工作日报表统计，仅统计 9:00 ～ 18:00 的工作时间性能。

③ 统计时段的自定义。

④ 统计页面内容的自定义配置，支持按照权限生成不同的管理报表，并按角色分配报表查看人员。

⑤ 提供各类预制报表，包括网络类、主机类、虚拟化类和存储类的运行率报表、故障告警统计分析报表和性能分析报表；同时，提供自定义报表功能，以报表模板为基础，可根据模板，进行内容和报表推送方式的定制。

⑥ 支持不同指标单位数据的增长趋势分析，可手工调准显示比例。

⑦ 支持任意时段数据的查看，实现任意时段和时长数据的对比分析。

⑧ 支持分钟定期获取用户数据，支持 ARP 表、主机进程表的数据获取，并实现定期存储。

⑨ 具备通过邮件推送到用户方的能力，具备条目数和具体内容的比对。

⑩ 支持多种图表展示：提供多种报表样式，包括普通的行列报表、主/子报表、图形摘要报表、交叉表、Top$N$ 和 Bottom$N$ 报表。

⑪ 周期性报表机制：支持天报表、周报表、月报表、季度报表、半年报表、年报表；可以设定周期性报表的开始时间、失效时间；可以将自身的组织名称和 Logo 融入发布的报表中，可以定时生成后 Email 到指定邮箱。

11.6.5 用户权限管理

管理员通过设备分组、用户分组的设置，可以为操作员指定可以管理的指定设备分

组和用户分组，并指定其管理权限和角色，包括管理员、维护员和查看员，实现按角色、分权限、分资源（设备和用户）的多层权限控制；同时利用设置下级网络管理权限，通过限制登录下级网络管理系统的操作员和密码，保证访问下级网络管理系统的安全性。

11.7 运维平台系统设计

11.7.1 系统安全性

如图 11.15 所示，统一监控系统应具备统一且完善的安全机制，以保障被管系统的安全性。统一监控系统与被管系统之间采取严格的权限控制或设置防火墙等措施，保证被管系统的安全性。登录数据库的口令要求加密。

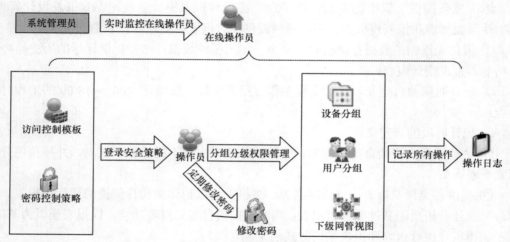

图 11.15 系统安全管理示意

安全管理包含以下主要功能。

1. 操作员登录管理

管理员通过制定登录安全策略约束操作员的登录鉴权，实现操作员登录的安全性，通过访问控制模板约束操作员可以登录的终端机器的 IP 地址范围，避免恶意尝试他人密码进行登录的行为存在；通过密码控制策略，约束操作员密码组成要求，包括密码长度、密码复杂性要求、密码有效期等，以约束操作员定期修改密码，并限制密码复杂性按要求设置。

2. 操作员密码管理

管理员为操作员制定密码控制策略，操作员仅能按照指定的策略定期修改密码，以保证访问运维平台系统的安全性。

3. 操作员在线监控和管理

系统管理员通过"在线操作员"可以实时监控当前在线联机登录的操作员信息，包括登录的主机 IP 地址、登录时间等。同时，系统管理员可以将在线操作员强制注销、禁用/取消禁用当前 IP 地址等控制操作。

4. 操作日志审计

对于操作员的所有操作，包括登录、注销的时间、登录 IP 地址以及登录期间进行的任何可能修改系统数据的操作，都会详细地记录在日志。提供丰富的查询条件，管理员可以审计任何操作员的历史操作记录，界定网络操作错误的责任范围。

11.7.2　系统可靠性

系统应考虑硬件和软件的容错、数据存储的备份等系统可靠性措施。系统需提供自动/手动备份和恢复工具，用户可以实现对系统平台的数据库进行自动备份与恢复处理；系统需提供数据转储功能，对于满足转储条件的操作日志和告警、事件信息会被系统备份成文件后存储到指定目录下，并把转储的数据从系统中删除。

网管服务器应采用相应的机制，以保证服务器故障不影响或少影响信息采集。网管服务器需支持双机热备。

系统具有自检功能，能监视系统各功能模块的运行情况，随时发现系统自身的问题。系统提供进程自监测和管理功能，当系统进程出现错误或异常停止时，向告警模块发送告警。

11.7.3　系统可用性

系统设备应能支持 7×24 小时连续不间断工作。

统一监控系统数据采集不能影响被监控系统的稳定性，也不能明显影响被监控系统的性能。

11.7.4　系统易维护性

系统具有对自身的集中维护配置功能，如集中的系统参数设置、集中的系统日志管理等。

当提交完整的产品时，产品设计者必须提交易于安装的标准安装程序（如主要软件包都放置于光盘等），提供在线帮助手册，提供必要的培训。当进行版本升级时，设计者需提供版本差异的详细说明，提供在线升级，可在线获取公司网站提供的软件版本等升级程序。

11.7.5　系统扩展性

产品为模块化结构，用户可根据本项目需求组合采用相应的产品模块以实现相应的监控目标。

考虑用户信息系统的发展，支持对范围及规模扩大后的信息系统的监管。
硬件系统具有可扩充能力，以保证系统功能、处理器及储存容量的扩展。
硬件配置的升级不会引起应用级软件的修改和开发。

应用软件的结构能保证功能的扩展。

11.7.6 系统可操作性

统一监控系统在设计、开发中遵循易操作性、健壮性、实用性、高效性和安全性的原则。

用户界面采用中文界面，提示信息通俗易懂，操作及选择键的功能定义在全系统保持一致。

系统提供在线帮助信息。

系统对于查询界面，提供跳页和滚动显示功能。

要求系统采用模块化结构，提供开放的接口，有二次开发能力，并且便于扩容。

11.7.7 系统数据库的存储与恢复

统一监控系统以集中的方式对数据存储和恢复，系统提供自动/手动数据库备份恢复工具。

操作员能灵活地安排系统数据的存储和恢复。

11.7.8 系统接入方式

系统支持本地接入和远程接入。

系统提供 B/S 的客户端，支持并发的多用户访问。

系统提供统一的系统入口，并提供丰富的各功能模块之间的导航功能。

系统的展现应美观实用。

第 12 章　招标方案

12.1　招标范围

政务云项目建设资金一般来源于省政府，按照电子政务建设的要求，项目所需的设备和服务均必须采用政府采购招标的方式进行采购。

招标内容包含硬件设备采购、系统软件采购、应用软件开发、系统集成、配套工程、工程设计、项目监理。其中，硬件设备采购是指对网络设备、计算机设备、安全设备等的采购。

项目招标方案如表 12.1 所示。

表 12.1　项目招标方案

招标	招标范围		招标组织形式		招标方式		备注
	全部	部分	自行	委托	公开	邀请	
1.硬件设备采购	√			√	√		
2.系统软件采购	√			√	√		
3.应用软件开发	√			√	√		
4.系统集成	√			√	√		
5.配套工程	√			√	√		
6.工程设计	√			√	√		
7.项目监理	√			√	√		

12.2　招标方式

监测系统招标中严格执行国家及省招标投标法、政府采购法的各项规定，相关法规和文件如下：

（1）《中华人民共和国招标投标法》；

（2）《中华人民共和国政府采购法》；

（3）《政府采购货物和服务招标投标管理办法》（财政部令第 18 号）。

本项目将充分考虑国务院、工信部、省政府的要求完成招标工作。本着"平等、公正"的原则，建议采取公开招标的方式进行项目的软硬件、服务采购。

12.3　招标组织形式

招标组织形式严格执行国家及省招标投标法、政府采购法的各项规定。考虑到项目建设的实际情况，建议将招标工作委托给具备相关资质的第三方招标单位进行，并履行相关手续。

12.4　分标规划

12.4.1　分标原则

分标规划遵循的基本原则：实现招标的目的、界限分明、方便施工、考虑行政区划、标的适宜、合理利用资源、土方调配及行业特点。

1. 实现招标的目的

分标标段要有利于实现选择资信优秀的施工企业和创造优质价廉的工程产品目的。招标者充分考虑工程项目的技术特点及国内承包市场的有关因素，保证工程分标有利于招标，并且具备严格的规范性和充分的竞争性；同时根据工程难易程度，决定招标形式、评标标准以及人力资源配备的要求。

2. 界限明确

分标标段有明确的时空界限和工程责任界限。

3. 方便施工

① 分标标段要有独立的施工作业面，并能满足开挖、运输、混凝土浇筑、金属结构安装等标段要求作业的施工条件。

② 分标标段要有能够进入独立作业面的道路条件和水、电、材料等供应条件。

③ 标段内包含的作业内容及其技术特点大致相近，避免横跨过多的技术专业。

④ 有利于各标段间先后工序作业的衔接及责任划分，尽可能减少合同争端。

⑤ 有利于施工场地与主要施工设备的充分利用及方便维护管理。

4. 标的适宜

标的大小要有利于调动市场上具有较高集成资质、技术力量雄厚、资信较好的优秀企业参与投标。标底过大，施工方容易形成垄断，不利于大多数企业参与投标，在资源缺乏时，还有可能形成层层分包的局面；标底太小，施工单位多，不便于集中管理。

5. 合理利用资源

有利于充分利用施工期、合同管理与施工监督；有利于合理使用资金，提高投资效益。

① 分标方案应考虑各主要工程项目的布置、进度和施工程序，各标段间的工作内容和施工场地尽量做到相对独立。

② 标段划分应以总进度关键线路上的技术难度较大的主要工程项目为核心，并将与核心项目施工进度关系密切、施工干扰较大的其他工程项目并入同一标段，以减少施工干扰，便于施工管理和相互协调。

12.4.2　分标方案

数据中心项目数据接口众多，功能非常复杂，专业跨度大，由单一设备厂商或集成商承建很难完成系统的建设，因此，采取分标段招标的方式来保证全系统建设目标能够有效实现。建议可按照基础设施、电力、制冷、网络及综合布线、云计算系统架构规划、信息安全、机房环境和消防以及项目建设管理等维度进行分标。

第 13 章 环保、职业安全、职业卫生

13.1 环境影响及环保措施

13.1.1 项目建设期对环境的影响

1. 环境空气影响分析

项目施工期间对环境空气的污染主要来自施工扬尘。施工现场粉尘和扬尘的产生量在不同的施工情况下变化很大，各种粉尘和扬尘在晴朗、干燥、有风的天气下，将会对周围环境空气产生较大影响。为此要求项目施工时，在施工现场周围按规定修筑防护墙及安装遮挡设施，实行封闭式施工，对有可能产生二次扬尘的作业面应洒水降尘，车辆出工地时应冲洗，防止随车带走泥土，同时对运输土石方等的车辆采取密闭措施，防止沿路抛洒，污染城市环境。

2. 地表水环境影响分析

项目施工期所产生的污水主要有基础施工中的泥浆水、建材冲洗水、车辆出入冲洗水等生产污水和施工人员所产生的生活污水等。考虑到项目施工期的短期行为，要求对施工场地所产生的污水加强管理控制，冲洗石料等建材所排放的污水应设置专门沟渠，经格栅沉淀池处理，生活污水应设置化粪池处理，经处理后的施工废水和生活污水排入开发区排水管网。采取上述措施可以减少施工期生产、生活污水中的污染物浓度。

3. 声学环境影响分析

施工期间对周围声学环境的影响主要来自于各种机械作业产生的噪声及振动。在施工的各阶段均应严格执行《建筑施工场界噪声限值》（GB l2523-2011）中的各项规定，将

施工噪声控制在限值以内。

4.固体废物影响分析

施工期间所产生的固体废物主要有基础施工所挖掘的土石方、主体结构施工所产生的施工废物料以及施工人员的生活垃圾等，不含《国家危险废物名录》中的有害废物，这些固体废物须集中堆放、土方及时回填，垃圾及时清运（须办理准运证），交有关部门进行相关处理。

13.1.2 运营期环境影响分析

1.环境空气影响分析

应执行《环境空气质量标准》（GB 3095-2012）中的相关标准。

本项目能耗为电能，对环境空气影响很小。

2.地表水环境影响分析

本项目运营期废水主要来源于生活污水，项目污水通过统一规范的排污口排放。

3.声学环境影响分析

环境保护目标应为数据中心项目所在地声环境质量，使其满足《声环境质量标准》（GB 3096-2008）中的相关标准要求，本项目噪声声源主要是各类设备及车辆运行时产生的噪声，源强 70 ~ 86 dB（A），因此项目须严格控制各类设备运行噪声值，使其符合标准。

4.固体废物环境影响分析

在国家环境保护局环控【1994】345 号文《关于在全国开展固体废物申报登记工作的通知》及《固体废物申报登记工作指南》中，固体废物分为危险废物、一般工业固体废物及其他废物，2016 年 6 月 21 日，由环境保护部联合国家发展和改革委员会、公安部向社会联合颁发了新版《国家危险废物名录》。

13.2 环保措施及方案

数据中心的建设项目经过采取相关措施处理后，对环境保护来说基本属于无公害工程。

① 对水泵房、空调机组、电梯等设备，优先选择低噪声、高效率的优质设备。对上述设备用房待设备选型确定后进行吸声隔音技术设计，以减轻噪声对周围环境的影响。

② 对有废气产生的柴油发电机房等，均采用独立的排风系统将废气排出室外。

③ 充分利用绿地等形式的主体绿化系统，净化空气、美化环境。

④ 将排气的排出口设置在非活动区域，尽可能安排在下风方向，排气经过滤处理。

⑤ 在大楼内外尽量选用高效、节能及产生眩光较小的灯具，以减小电能的损耗及对周围环境的污染，以及对电网的不良影响。

⑥ 所有设备必须是通过国家或行业鉴定，定型批量生产的产品。优先选用符合国家

环保政策、技术先进并节能的产品。

⑦ 为了防止电磁波辐射污染、保护环境、保护公共健康，生产楼无线通信的电磁波辐射应满足国际《电磁波辐射防护规定》（GB 8702-2014）的要求。

⑧ 数据中心工程一般拟配置阀控式密封蓄电池，采用低电压恒压充电方式，无酸雾溢出，对环境不构成污染。

⑨ 配置的柴油发电机组，在机房土建设计及设备安装时均采取消声措施，经消声处理后应满足国家《城市区域环境噪声标准》（GB 3096-2008）的要求。

综上所述，项目在开发建设期对周围环境会产生一定程度的影响，在全面落实各项保护措施的情况下可将污染影响降至最小程度。项目建成投产后，要严格控制污染物排放并达到国家相应的标准。

本书仅对数据中心对环境的影响进行初步的分析，实际项目的环境评价以具有环境评价资格的单位做出的环境评价报告为依据。

13.3　职业安全和职业卫生

数据中心项目建设将贯彻"以人为本"的原则，严格按照国家有关规定，充分考虑职业安全卫生，用电设备均采用符合国家安全、卫生标准的设备，并采取安全接地、短路保护、过电保护等措施。

13.3.1　主要职业危害

数据中心项目主要的职业危害为机房内的噪声危害及空气污染危害。

1. 噪声危害

噪声对人体的危害是多方面的，在噪声的刺激下，人的注意力不易集中，心情烦躁、易疲乏，反应迟钝，工作速度减慢，工作质量下降，严重者致人耳聋，甚至引起工伤事故，噪声干扰人们的工作和生活环境，危害人体健康。

机房内机组及通风系统运行过程中都会产生一定的噪声。

2. 空气污染危害

气态污染物是化学反应生成的非尘粒污染物质，常温、常压时处于气体状态，即人们常说的臭（异）味，由于机房围护结构严格封闭，室内空气压力高于外界压力，室外有害气体不易渗入机房室内，因此，有害气体的污染杂物主要来源于室内。

① 机房室内装饰材料中所含有害物质的释放，包括塑料、橡胶制品、织物、油漆涂料、保温材料、黏合剂等材料中含有的有机溶剂、助剂、添加剂等挥发性成分，以及含有苯、甲苯、甲醛、碳氢化合物的污染物成为机房内难闻异味（臭味）的来源。

② 人体散发的污染物，其中有自身产生的污染物，如体表脱落物、体表与呼吸的排出物，携带的病原微生物等，而且是不断地产生与扩散。

③ 机房内空调系统常年运行失于维护，造成病菌寄生、繁殖和传播等。

13.3.2　卫生措施

本工程按卫生防疫标准进行设计，建筑物有良好的通风采光。水池、水箱采用加盖、加网罩措施，防止水源污染。

机房中的工作人员合理安排工作及休息时间，避免长时间在噪声环境下工作，控制噪声源，尽量减少机房内噪声，并对工作人员进行定期健康体检。

机房需进行有效的通风换气，按照机房对温、湿度和新风量的要求，配装新风净化机，将源于室外的新鲜空气，经空气过滤和对高湿、热空气的处理，把清新空气送入室内，将稀释后的空气排出室内。

为防止外界未经处理的空气渗入机房室内，干扰室内空调参数，需要机房内保持一定正压值，即用增加新风量的办法，使主机房室内空气压力应高于邻区和室外，然后再让部分多余的空气从室内排出，保持空气流通。

第 14 章　项目实施进度及人员培训

14.1　项目实施进度

14.1.1　项目建设期

云数据中心建设工程是一项庞大的系统工程，涉及面广，实施难度较高，需综合考虑实际业务的需要、项目管理能力和项目风险控制等各种因素。

云数据中心项目工程建设周期一般可按 24 个月考虑，可按实际情况调整，整个建设过程包含两个阶段。

前期工作阶段，包括可研编制与评估、初设编制与评审、招投标与合同谈判，大约为 5 个月。

实施阶段，包括需求调研与深化设计、系统开发与测试、设备采购、设备安装与调试以及系统部署，大约为 23 个月。

14.1.2　实施进度计划

根据云计算数据中心工程项目建设任务，综合考虑项目立项、规划及可行性研究、招投标、系统定制、实施等因素制订项目计划。

云计算数据中心项目建设实施进度计划如表 14.1 所示。

表 14.1　项目实施进度计划表

序号	项目	第一年												第二年											
		1	2	3	4	5	6	7	8	9	10	11	12	13	14	15	16	17	18	19	20	21	22	23	24
1	编制项目建议书	■	■																						
2	编制可行性研究报告			■																					
3	编制技术规范书					■																			
4	工程招标						■																		
5	工程查勘设计							■																	
6	设备开发与实施								■	■	■	■	■	■	■	■	■								
7	现场施工								■	■	■	■	■	■	■	■	■								
8	设备到货安装调试																	■	■	■	■				
9	上线及初验																					■			
10	试运行																						■	■	■

14.2　人员组织

云数据中心建设项目应成立机构相应承担系统的实施及运行维护工作。相应人员编制计划是作为计算相关费用及生活设施的依据，不作为单位增员的指标。本工程设备维护人员的配置应本着努力提高维护人员的素质、减少维护人员的数量的原则进行，可参考《邮电通信定员标准》（LD/T 102-1977）执行。

14.3　人员培训需求和建议

14.3.1　培训对象

建设一支既熟悉应用业务又掌握信息技术的人才队伍，是云数据中心持续健康发展的重要力量。根据云数据中心工程项目建设的具体状况，针对各级领导干部、业务人员和技术人员的素质状况和工作需求，制订相应的培训目标、计划、培训内容和要求，分类、分批实施。

1. 领导干部培训

推进云计算信息化建设和应用，领导是关键。通过培训，使各级领导干部能够转变思想观念和工作方式，善于运用现代信息技术，努力提高运用信息技术进行决策、组织、管理、指挥的能力。

2. 业务人员培训

信息技术的价值在于应用。广大云计算项目使用人员是各个应用系统的应用者。项目过程中通过加强业务人员计算机基本操作技能、信息技术基础知识和有关应用软件操作技能的培训，提高相关人员的综合素质。

3. 技术人员培训

采用引进专业人员和培训现有技术人员相结合的方式建立技术支持队伍。

与硬件设备有关的技术培训。对相关人员在网络设备、安全设备、服务器、技术防范管理系统及其他设备的功能、性能、安装及运行管理使用上进行专门培训。

与软件管理有关的技术培训。对相关人员在服务器系统的运行和管理、网络安全管理、应用系统的运行和管理等方面进行专门培训。

14.3.2　培训内容

根据不同的培训对象，培训内容分为普及性、应用性、专业性三类；培训方式采取项目培训（集中授课培训）、实践培训（跟项目）、现场培训 3 种方式。

1. 普及性培训内容

本项培训内容针对云计算服务系统的各级领导及全部人员，普及信息系统知识，提高信息素养，为云计算信息化推广打好基础。

2. 专业性培训内容

本项培训内容针对各单位 IT 专业人员，要求参与培训人员完成培训后能基本承担本单位 IT 设施日常的、基础的运行维护工作，具体内容如下。

网络基础：使系统管理员了解、掌握网络的硬件及软件的构成；局域网、广域网介绍；TCP/IP 协议详解；子网划分；路由器的使用及常用命令；交换机的产品介绍；网络设计及维护。

数据库：熟悉数据库的运行方法及原理，能够实现简单的备份和恢复；能够用 SQL 语句实现数据库的检索和维护。

服务器：掌握服务器的管理方法，能够实现必要的配置、维护和管理。

系统安全：掌握计算机系统安全策略；安全体系结构与安全模型；身份认证技术；访问控制与防火墙；网络与通信安全；操作系统安全；应用系统安全；漏洞扫描、非法外联与入侵检测。

3. 应用性培训内容

本项培训主要针对各应用系统的使用人员中的骨干，要求其在完成培训后能熟练掌握各类应用系统及信息库、技术防范系统的操作、使用方法，进而在工作过程中对其他使用者再培训。

第 15 章　项目投资估算及效益分析

15.1　数据中心建设投资估算

数据中心建设投资包括机楼建设，装修，主机、存储及网络设备购置，电源及配套等建设投资，需要分项根据建设方案进行投资估算，最后累加出建设投资。投资估算应依据相关国家标准以及中国政府采购网询价及市场询价等。

15.1.1　收入种类

1. 资源出租收益

云计算数据中心建成后，利用已有的数据中心资源，包括场地资源、存储资源、计算资源和网络资源，提供按需付费的资源租用服务。资源租用服务是典型的云计算应用场景，可通过增加项目运营收入，提高数据中心的利用率，降低政府、企业、个人 30%的 IT 基础设施投入，直接提高云计算业务的经济效益。根据资源类型不同，资源租用服务有 5 种方式。

（1）场地资源租用

场地资源包括机房、机柜等物理场地。由云计算中心提供具有通信电源，并可存放一定数量服务器的标准场地（机柜）给用户，且具有配套的网络资源，如交换机端口、出口带宽等。用户按需租用整个或数个机柜存放服务器，以及租用政府数据中心的网络资源以及其他配套设施。

（2）存储资源租用

存储资源包括文件存储服务、关系数据存储服务、非关系数据存储服务、数据库托管服务等，存储资源可以按存储空间使用量（计量单位：GB）、按使用时长（计量单位：天）计费，租用给用户。用户按需购买不同规格的存储空间和使用时间。

（3）计算资源租用

政府数据中心拥有可扩展的 CPU、GPU 等计算资源，用户可以按需购买计算资源，按计算单元使用量和使用时长计费。计量单位为：标准计算单元 × 小时。

标准计算单元定义为：1 核（含 1 个运算单元）。

（4）带宽资源租用

政府数据中心采用光纤接入方式，用户可按需使用带宽资源。带宽资源以带宽（MB）和使用时长计费。

用户可按需同时租用以上 4 种中的多种不同基础设施（IaaS）资源，搭建基础环境。

（5）平台租用服务

平台租用服务包含硬件基础设施及运行在硬件之上的操作系统、数据库、Web 服务、防火墙、程序执行环境、平台管理系统等。应用程序可直接运行在云平台之上。

将平台资源按不同参数规格封装，以标准平台资源单元的形式，提供给用户使用。用户按需租用不同规格的资源单元，或按需订购自定义参数的平台资源单元。

2. 基础服务收益

基础服务包括 DNS 域名解析、主机托管服务、共享主机服务、独享主机、邮箱租用、VPN 安全、负载均衡、缓存加速、灾备等项目，根据各数据中心所在地情况制订相应的服务价格。

3. 增值服务收益测算

对于增值服务，不进行太多的收益预测，包括电子支付等。

15.1.2　收入测算

数据中心收入的测算，可以按照预计可开展业务的种类、规模、单价进行收入测算。

年收入 = $\sum$（各类业务预计发展规模 × 各类业务单价）

在测算收入时，由于业务发展有周期，因此一般第一年年收入按照计算值的一半核定实际收入。

15.2　数据中心成本测算

数据中心的成本，主要包括运营人工成本、能耗成本、网络成本、维修成本等，另外还有管理费、财务费等。其中，50% 左右的费用花费在数据中心的电力消耗上，35% 左右的费用花费在网络带宽支出。

15.3　经济效益

效益评估指标有静态回收期、动态回收期、投资收益率、财务净现值等指标。在效益初步分析时，数据中心可采用简单的静态投资回收期进行评价。

例如，投资为 X，年运营成本为 Y，年收益为 Z，则静态投资回收期 $N = X/(Z - Y)$。

15.4　社会效益

15.4.1　促进产业结构优化升级

云计算产业的发展可对电子政务、金融产业、电子信息制造业、生物医药业等产业起到很好地提升和支持作用，同时将为发展高新技术产业，尤其是新能源产业、新材料产业、影视动漫产业、多媒体应用产业等提供强大的技术支持，对改造、提升传统产业，包括钢铁工业、机械制造业等提供科研创新的平台。利用云计算数据中心，围绕具体项目特色和优势，在科学研究、资源调配、生产、销售、仓储、物流运输等环节实现信息集成，促进产业升级，提升产业核心竞争力。

15.4.2　促进基础设施完善

近年来，国内以光纤网为主的城域骨干网逐步完善，4G 网络建设规划快速推出。以已有 IT 基础设施为积淀，数据中心的建设对于完善电子政务建设、电子商务与物流化建设、信息安全建设，有着重大的提升作用，IT 基础设施更加完善。

15.4.3　提高相关服务业务的发展水平

国内云计算数据中心的市场，已经从简单的资源型需求转向技术、服务多元化需求。现阶段的数据中心不仅提供最基本的域名服务、空间租用服务、邮箱服务等基础业务，而且可以提供数据管理、应用外包、咨询评估等各类技术服务。以市场需求为导向，不仅为数据中心提供了广阔的业务空间，而且也对数据中心的技术水平和服务意识提出了更高的要求。

云计算数据中心及其相关产业的发展，将进一步把城市公共服务、政府公共事务管理、民生保障等应用纳入云平台上，全面增强政府面向社会的信息处理能力和综合服务能力，方便政府开展各类便民服务并提升工作效率，同时解决政府在信息化应用中重复投资和一次性投入过大等问题，以专业化、精细化服务降低投入和运营成本，提升信息化应用水平和质量。相关服务业的发展水平有大幅度提高。

第16章　项目风险和风险管理

  云计算数据中心项目具有涉及单位多、规模庞大、业务繁杂、技术要求高、工程管理复杂等特点。基于以上因素，数据中心有必要在项目建设中采取谨慎的风险管理措施，以确保工程在质量、时间和效益上都达到预定目标。

16.1　风险因素分析

  组织风险。组织风险主要包括由于组织内部成员对目标未达成一致，管理高层对项目不重视，工程参与人员知识与技能欠缺、团队合作精神不足、人员激励机制不当等因素导致建设队伍的不稳定，建设资金不足，与其他项目存在资源冲突等。

  管理风险。管理风险主要包括项目管理的基本原则使用不当，计划草率、质量差，进度和资源配置不合理等。

  业务风险。业务变化可能产生的风险主要包括业务流程的改变、预算科目的变化等。

  技术风险。技术风险主要包括技术目标过高，技术标准发生变化，复杂的高新技术或非常规方法的应用等。

  外部风险。外部风险主要是由于法律法规变化，项目相关接口方的情况变化等不可控制因素导致的风险。一般将不可控制的"不可抗力"不作为风险因素处理，这类事件往往采用灾难防御措施。

16.2　风险对策

为确保云计算数据中心的成功建设，数据中心可采取有效的风险管理，消除各类风险的不良影响，确保工程建设顺利实施。本项目的风险防范主要侧重于组织风险、管理风险和业务风险3个方面。

1. 项目组织风险及防范对策

① 项目建设方现有行政组织架构应能够支撑项目的项目管理。项目建设方应成立以数据中心工作组为核心的决策机制，有效地保障项目建设的顺利实施。

② 项目建设方和各互联单位现有的技术力量能够承担本期工程建设任务。项目的实施由建设方进行管理，在项目建设期间，建设方充分调动有关各方的积极性，确保项目稳步建设、有序实施。

2. 项目管理风险及防范对策

为确保工程管理的高效率，项目建设方制订并落实严格的项目具体实施计划，应用先进管理工具和方法提高进度计划管理、跟踪水平；同时借鉴行业项目管理实践的经验，合理估算项目工作量，进一步分解项目工作任务，使每个阶段均应有工作量估算、时间进度，以及可操作、可管理和可检查的交付物。

为加强在工程建设过程中对服务商的管控能力，项目建设方须加强全过程的质量控制，在招标书、合同等文件中明确服务商应遵循的质量管理体系，明确项目工作范围，引进监理公司进行工程监理，引进总集成商进行工程集成。

3. 项目业务风险及防范对策

① 在本项目应用系统建设之前，借鉴、学习已建数据中心建设经验；在业务流程设计的过程中，进行差异分析，充分了解本项目的业务需要；在应用系统规划方面，对核心业务需求进行提炼，分析归纳出具有共性特征的基础系统功能和具有个性特征的专项系统功能，以此作为项目核心系统业务组件设计的基础。

② 本项目应用系统建设采用可扩展性原则。项目对未来业务发展进行充分考虑，在系统设计策略和系统架构设计中采用松耦合的设计原则，把系统的可扩展性放在重要地位。

4. 技术风险及防范对策

当今信息技术日新月异，在项目工程建设中，可能要面对一定的技术风险。为规避这一风险，数据中心应采用较成熟的技术方案。云计算数据中心需要和外界信息系统进行业务交互，因此要严格按照有关接口标准规范执行，保障系统业务的顺畅运行。

参考文献

[1] 中华人民共和国国家标准. 数据中心设计规范（GB 50174-2017）. 北京：中国计划出版社，2009.

[2] 中华人民共和国通信行业标准. 互联网数据中心（IDC）工程设计规范（YD 5193-2014）. 北京：北京邮电大学出版社，2014.

[3] 中华人民共和国国家标准. 电子计算机场地通用规范（GB/T 2887-2011）. 北京：中国计划出版社，2011.

[4] 中华人民共和国通信行业标准. 电信专用房屋设计规范（YD/T 5003-2014）. 北京：北京邮电大学出版社，2014.

[5] 中华人民共和国国家标准. 公共建筑节能设计规范（GB 50189-2015）. 北京：中国建筑工业出版社，2015.

[6] 中华人民共和国国家标准. 绿色建筑评价标准（GB/T 50378-2014）. 北京：中国建筑工业出版社，2014.

[7] 中华人民共和国国家标准. 建筑照明设计标准（GB 50034-2013）. 北京：中国建筑工业出版社，2014.

[8] 中华人民共和国国家标准. 建筑装饰装修工程质量验收规范（GB 50210-2001）. 北京：中国建筑工业出版社，2001.

[9] 中华人民共和国国家标准. 建筑给水排水设计规范（GB 50015-2010）. 北京：中国计划出版社，2010.

[10] 中华人民共和国国家标准. 室外给水设计规范（GB 50013-2006）. 北京：中国计划出版社，2006.

[11] 中华人民共和国国家标准. 室外排水设计规范（GB 50014-2006）. 北京：中国计划出版社，2006.

[12] 中华人民共和国国家标准.供配电系统设计规范（GB 50052-2009）.北京：中国计划出版社，2009.

[13] 中华人民共和国国家标准.10kV及以下变电所设计规范（GB 50053-2003）.北京：中国计划出版社，2009.

[14] 中华人民共和国国家标准.低压变配电设计规范（GB 50054-2009）.北京：中国计划出版社，2009.

[15] 中华人民共和国国家标准.3-110kV高压配电装置设计规范（GB 50060-2008）.北京：中国计划出版社，2009.

[16] 中华人民共和国建筑行业标准民用建筑电气设计规范.（JGJ16-2008）.北京：中国建筑工业出版社，2009.

[17] 中华人民共和国国家标准.建筑物防雷设计规范（GB 50057-2010）.北京：中国建设出版社，2010.

[18] 中华人民共和国通信行业标准.信息技术设备用不间断电源通用技术条件（YD/T 1095-2008）.北京：人民邮电出版社，2008.

[19] 中华人民共和国国家标准.采暖通风与空气调节设计规范（GB 50019-2015）.北京：中国计划出版社，2015.

[20] 中华人民共和国国家标准.通风与空调工程施工质量验收规范（GB 50243-2016）.北京：中国计划出版社，2016.

[21] 中华人民共和国国家标准.综合布线系统工程设计规范（GB 50311-2015）.北京：中国计划出版社，2015.

[22] 中华人民共和国通信行业标准.电信机房铁架安装设计标准（YDT 5026-2005）.北京：人民邮电出版社，2005.

[23] 中华人民共和国国家标准.数据中心基础设施施工及验收规范（GB 50462-2015）.北京：中国计划出版社，2015.

[24] 中华人民共和国国家标准.综合布线系统工程验收规范（GB/T 50312-2016）.北京：中国计划出版社，2015.

[25] 中华人民共和国国家标准.建筑设计防火规范（GB 50016-2014）.北京：中国计划出版社，2014.

[26] 中华人民共和国国家标准.气体灭火系统设计规范（GB 50370-2005）.北京：中国计划出版社，2006.

[27] 中华人民共和国国家标准.火灾自动报警系统设计规范（GB 50116-2013）.北京：中国计划出版社，2013.

[28] 中华人民共和国国家标准.智能建筑设计标准（GB/T 50314-2015）.北京：中国计划出版社，2015.

[29] 中华人民共和国国家标准.安全防范工程技术规范（GB 50348-2004）.北京：中国标准出版社，2004.

[30] 中华人民共和国国家标准.视频安防监控系统工程设计规范（GB 50395-2007）.北京：

中国计划出版社，2015.

[31] 钟景华，朱利伟，曹播，等．新一代绿色数据中心的规划与设计．北京：电子工业出版社，2010.

[32] 巫晨云．数据中心能效影响因素及评估模型浅析．电信工程技术与标准化，2014（1）：46-49.

[33] 李杰．数据中心低压配电系统设计．智能建筑与城市信息，2011（7）：108-111.

[34] 王庆国，董超．浅谈 UPS 电源的基本工作原理、分类及配置方法．能源技术与管理，2008（6）：109-110.

[35] 朱文，叶海东．大型数据中心应急发电机系统设计．建筑电气，2013（9）：34-39.

[36] 涂强，王晔．数据中心（IDC）电源的基本要求．智能建筑与城市信息，2010（8）：25-28.